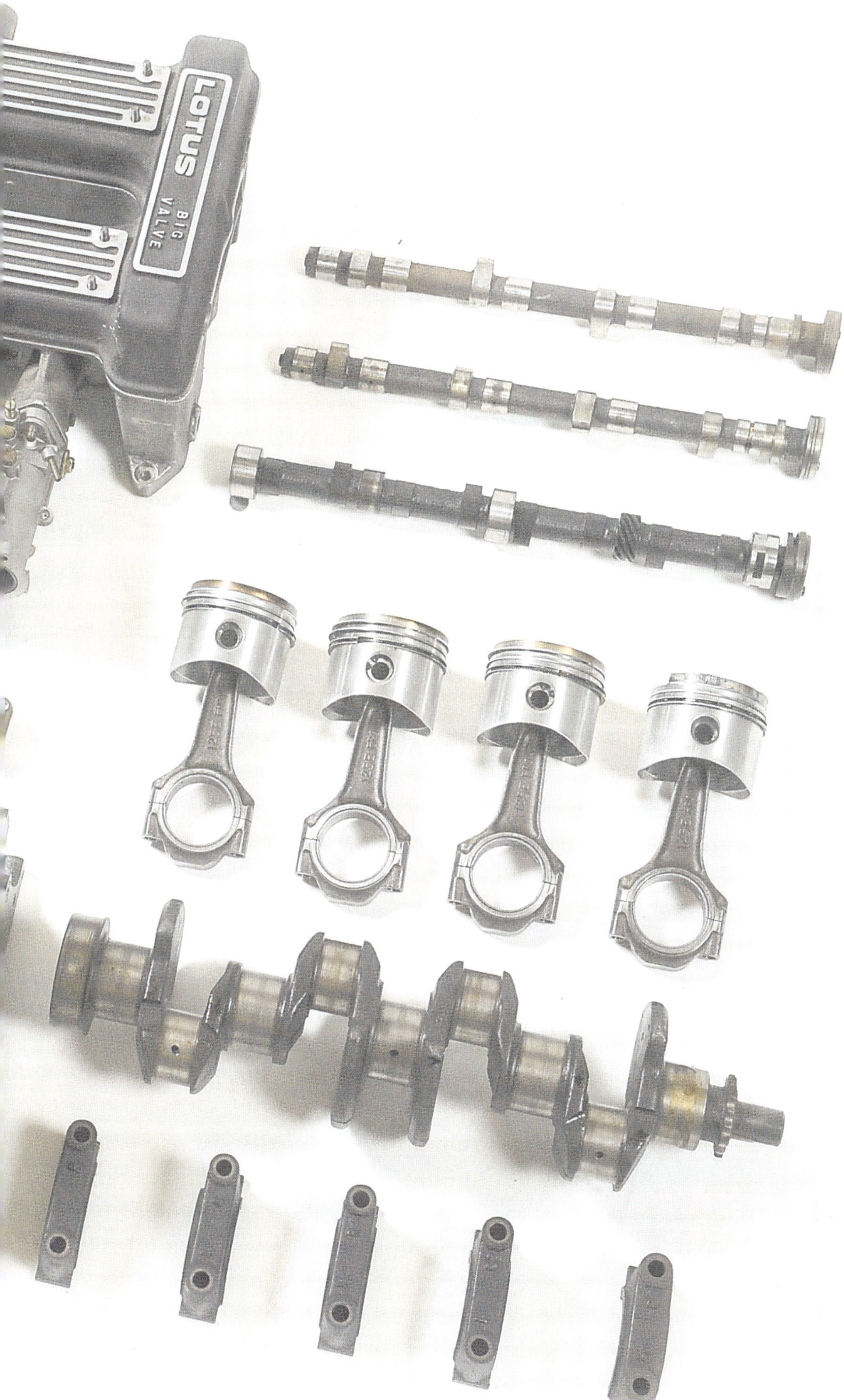
LOTUS
BIG VALVE

Lars Rosenbrock | Daniel Bartetzko | Alexander Polaschek
Fotos von Andreas Beyer und Siegfried Traub

MOTOREN ANATOMIE

Schönheit im Verborgenen

HEEL Verlag GmbH
Gut Pottscheidt
53639 Königswinter
Telefon 0 22 23 / 92 30-0
Telefax 0 22 23 / 92 30 26
Mail: info@heel-verlag.de
Internet: www.heel-verlag.de

2. Auflage 2021

Redaktion: Lars Rosenbrock, Daniel Bartetzko, Alexander Polaschek

Fotonachweis: Andreas Beyer, Siegfried Traub, Archiv Oldtimer Markt, Archive verschiedener Hersteller

Lithographie, Satz und Gestaltung: Huwer-Design, Hürth

Mit freundlicher Genehmigung von und in Kooperation mit Oldtimer Markt und Oldtimer Praxis

Printed in Italy

ISBN: 978-3-95843-769-2

EDITION OLDTIMER MARKT

Lars Rosenbrock | Daniel Bartetzko | Alexander Polaschek

Fotos von Andreas Beyer und Siegfried Traub

MOTOREN ANATOMIE

Schönheit im Verborgenen

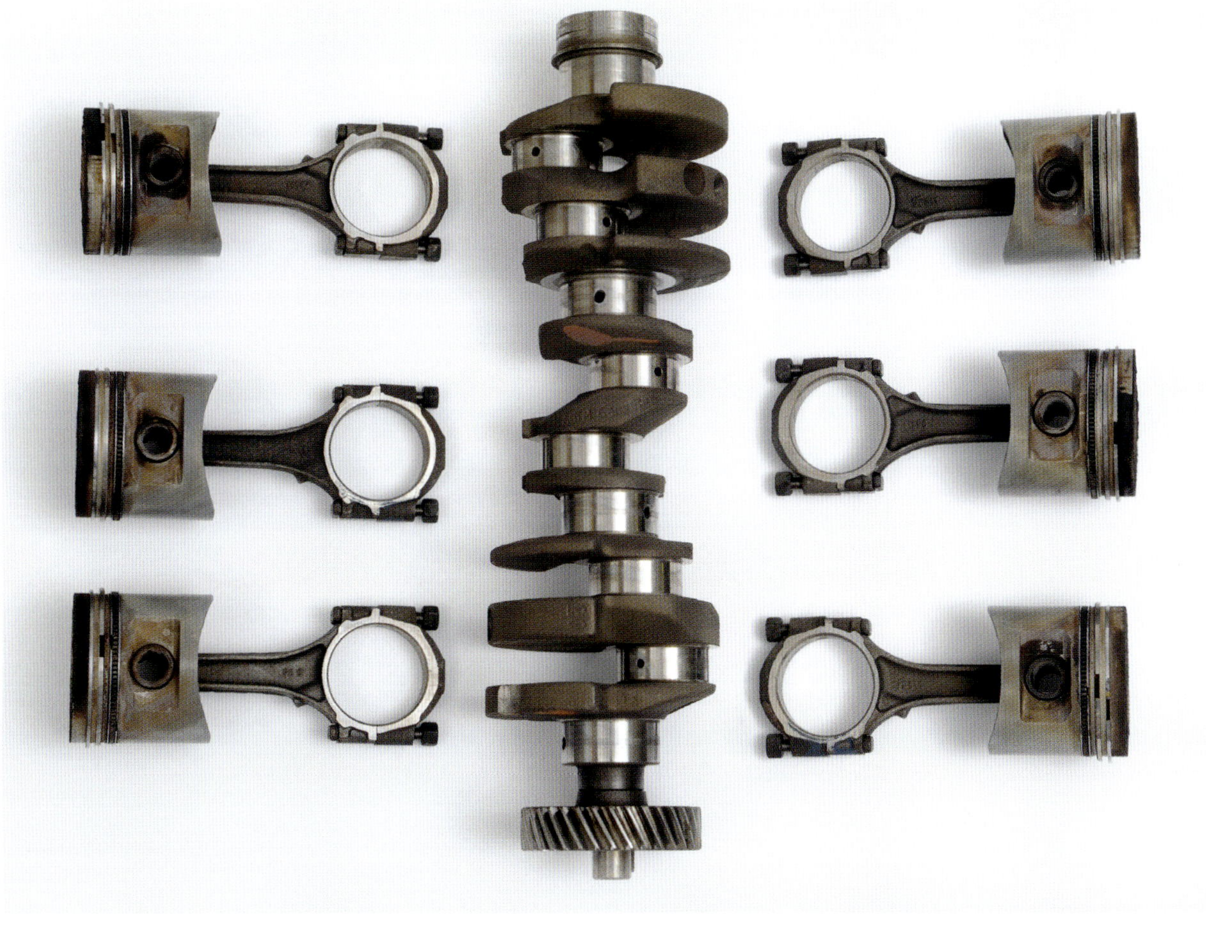

HEEL

Inhalt

Lamborghini
Lamborghini

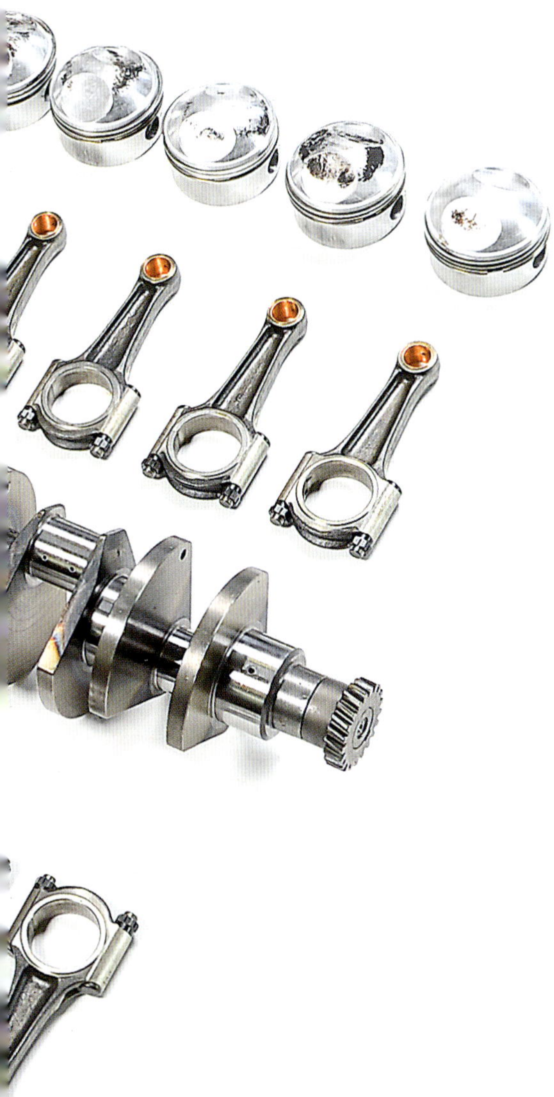

Vorwort

Wir lieben den Blick in die Motorräume klassischer Automobile, denn letztlich sind es die Triebwerke, die uns bewegen. Die konstruktive Vielfalt in der Motorenentwicklung ist faszinierend, und die genaue Betrachtung der Einzelteile eines zerlegten Motors verrät viel über die Ziele und Ansprüche seiner Konstrukteure.

Technik begeistert – und kann begeisternd schön sein. Die geschmiedete Kurbelwelle des Porsche 911 mit ihren extrem schmalen Kurbelwangen: ein Kunstwerk. Die Nockenwellengehäuse des luftgekühlten Tatra 87 aus Vorkriegstagen: filigrane Meisterstücke, gegossen aus Leichtmetall und endbearbeitet in hoher Handwerkskunst. Der Lotus-Twin-Cam-Motor: bis ins Detail schnörkellos-elegante Sachlichkeit. Der Wartburg-Dreizylinder-Zweitakter erzählt in jedem Detail von der Effizienz des Einfachen, die Einzelteile des Ferrari-Colombo-V12 von konstruktiver Ästhetik um jeden Preis.

Die Fototermine, die Recherche und die Interviews zu unserer Motoren-Anatomie-Serie in der Zeitschrift OLDTIMER PRAXIS gehörten und gehören allmonatlich für uns zu den interessantesten und spannendsten Terminen überhaupt. Wir freuen uns auch deshalb, Ihnen eine besondere Auswahl unserer gewonnenen Einblicke nun auch in Buchform präsentieren zu dürfen – und wünschen viel Spaß bei der Lektüre und beim Betrachten der tollen Fotos von Andreas Beyer und Siegfried Traub.

Lars Rosenbrock,
Alexander Polaschek,
Daniel Bartetzko,
im November 2018

Cuore sportivo

Kaum ein anderer Motor war so prägend für das Ansehen einer Marke wie der **Alfa Romeo Vierzylinder-Doppelnocker.** Unter dem bis heute beliebten Motto „cuore sportivo“ verhalf er als „sportliches Herz“ auch Familienkutschen zu gehöriger Rasanz.

Von der Ölwanne bis zum Zylinderkopf alles aus Alu, zwei obenliegende Nockenwellen – solch einen Motor erwartete man in den Fünfzigern eher auf der Rennstrecke als in einem Alltagsauto der Mittelklasse. Doch die Alfa-Techniker, bis dato mit noblem Sportgerät befasst, blieben ihrem hohen Anspruch auch beim Einstieg in die Großserie treu.

Die Konkurrenz begnügte sich zumeist noch mit gusseisernen Triebwerken, die ihre Ventile über eine untenliegende Nockenwelle und Stößelstangen im Takt hielten, als 1954 Alfas Giulietta mit dem ersten Doppelnocker neuer Prägung auf der Bildfläche erschien. Sein Konzept war abgeleitet vom Typ 1900, dem ersten, noch sehr hochpreisigen Volumenmodell, das sich ab 1950 gut verkaufte.

Der Geniestreich aber gelang Chefentwickler Orazio Satta Puliga und Motorenmann Giuseppe Busso mit der Giulietta als „Sportwagen für Jedermann“. Neben der überdurchschnittlich guten Straßenlage war der spritzige High-Tech-Motor der entscheidende Erfolgsfaktor des „Julchens“ und der folgenden „Giulia“-Modelle, die es jeweils auch als familientaugliche Viertürer gab.

TECHNISCHE DATEN

Alfa Romeo Doppelnocker

Motor:
Vierzylinder-Viertakt-Reihenmotor aus Leichtmetall, wassergekühlt, zwei obenliegende kettengetriebene Nockenwellen, fünf Kurbelwellenlager

Hubraum:
Bohrung x Hub: 74 x 75; 78 x 82; 80 x 88,5; 84 x 88,5 mm

Leistung:
1,6 l: u.a. 92 PS bei 6200 U/min, 95/102 PS bei 5500 U/min, 112 PS bei 6500 U/min

Rennmotor im Lieferwagen

Der kernig röhrende Reihenvierzylinder debütierte mit 1290 Kubikzentimetern Hubraum und leistete zunächst 53 beziehungsweise 65 und später sogar 89 PS bei 6500 Umdrehungen. Nach der Devise, dass auch teure Rennwagentechnik in großen Stückzahlen bezahlbar wird, montierten die Mailänder ihr Edel-Aggregat unverzagt sogar in „Romeo"-Lieferwagen. Schon Ende der Fünfziger war der Doppelnocker auch mit 1,6 Liter Hubraum – wie der hier sezierte Motor – und bis zu 112 PS bei 6500 Umdrehungen zu haben. Spätestens in der aerodynamisch optimierten Giulia ab 1962 war das Triebwerk für eine Spitze von über 180 Stundenkilometern gut.

Bis 1993 wurde der Doppelnocker in verschiedenen Varianten verbaut. Unterdessen wuchs der Hubraum bis auf zwei Liter und die Leistung bis auf 131 PS. Mit Einspritzanlage und Doppelzündung waren sogar bis

Viel Platz im Obergeschoss

Die halbkugelförmigen Brennräume galten lange als ideal. Da sie relativ groß ausfielen, mussten die Kolbenböden stark nach oben gewölbt werden, was die Effizienz ebenso mindert wie der Ventilwinkel von 80 Grad.

Ein solider Unterbau

Hier gibt es keine Arbeit für die Zylinderschleiferei: In dem Leichtmetallblock stecken vier nasse Laufbuchsen, die einzeln samt Kolben zu wechseln sind. Die Kurbelwelle ist üppig dimensioniert und läuft in fünf Hauptlagern.

Immer schön mit den Ketten rasseln

Der Antrieb der beiden Nockenwellen erfolgt über zwei Steuerketten: Die kurze verbindet die Kurbelwelle mit einer Zwischenwelle, die über die lange Kette die Nockenwellen antreibt. Die obere Kette hat ein Schloss und kann bei eingebautem Motor gewechselt werden.

Die Spitze der Bewegung

Ein Paar obenliegende Nockenwellen, Tassenstößel, doppelte Ventilfedern, Auslassventile mit einer kühlenden Natriumfüllung: Mit diesem Zylinderkopf aus Aluminium war Technik-Pionier Alfa Romeo für lange Jahre seiner Zeit voraus.

Alfa Romeo Giulia

Wer flott unterwegs sein wollte, aber trotzdem vier Türen und Platz für Kind und Kegel brauchte, konnte ab 1962 mit Alfa Romeos Giulia glücklich werden. Der legendäre, herrlich röhrende Doppelnocker, ein aufwendiges Fahrwerk und ein exzellenter Luftwiderstandswert von 0,34 – damit ist die kompakte Limousine im extravaganten Design ein verkappter Sportwagen. Erst 1977 endete die Giulia-Produktion.

Eine edle technische Lösung...

...ermöglicht die exakte Einstellung der Steuerzeiten. Muss um weniger als einen Zahn des Nockenwellenrades korrigiert werden, entfernt man die Schraube und verdreht das Kettenrad. Die Schraube passt dann in ein anderes der 15 Löcher und fixiert die Einstellung.

Hoffentlich alles dicht!

Zwei Weber-40 DCOE-Doppelflachstromvergaser, alternativ auch Solex- oder Dellorto-Vergaser, sorgen für Beatmung. Regelmäßiger Kontrolle bedürfen die Flansche zwischen den Vergasern und der Ansaugbrücke. Die Gummiteile werden porös. Dann kann Nebenluft zu Überhitzung führen und Motorschäden verursachen.

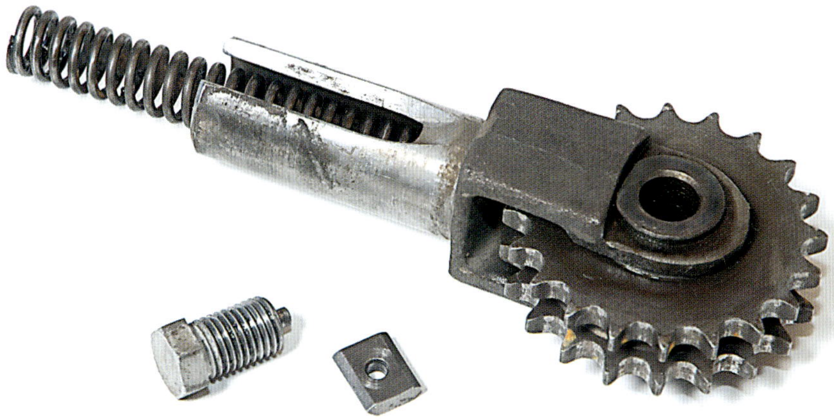

Der Steuerkettenspanner...

...ist ein klassisches Problem des Alfa-Motors – aber nur, wenn ein unkundiger Mechaniker die Arretierungsschraube zu fest anzieht. Dann verbiegt sich der kleine Keil und ruiniert den Mechanismus.

zu 165 PS möglich. Wettbewerbsversionen erreichten 220 PS. Unter Alfisti ist der Sammelbegriff für alle diese Aggregate „Nord-Motor", eine Abgrenzung zum Vierzylinder-Boxer des Alfasud, der in Süditalien produziert wurde.

Der Quelle der Kraft

Entscheidend für die hohe Leistungsausbeute ist der Querstrom-Zylinderkopf, der dank obenliegender Nockenwellen hohe Drehzahlen ermöglicht. Bei den hubraumstärkeren Varianten setzt aber der längere Kolbenhub Grenzen. Für die V-förmig hängenden Einlass- und Auslassventile rotiert jeweils eine eigene Nockenwelle. Die Auslassventile sind zur besseren Wärmeableitung natriumgefüllt.

Sehr exakt funktioniert die Verbindung zwischen Nockenwellen und Ventilen über Tassenstößel anstatt Kipphebel, was die Verwendung „scharfer" Nockenwellen mit langen Öffnungszeiten erleichtert. Der Preis ist allerdings ein sehr aufwendiges Verfahren zur Einstellung des Ventilspiels, bei dem die Nockenwellen auszubauen sind. Justiert wird mit Distanzhütchen, die es in unterschiedlichen Stärken im 25/100-Abstand von 1,3 bis 3,5 Millimeter gibt. Selbst versierte Spezialisten veranschlagen dafür drei Stunden. Dass mancher Mechaniker damit wie auch mit der Einstellung der Doppelvergaser überfordert ist, hat dem Ruf des Motors geschadet.

Für den Nockenwellenantrieb sorgen zwei Duplex-Steuerketten, die im Normalfall für 80.000 und mehr Kilometer gut sind. Es sei denn, der Kettenspanner wird durch Montagefehler zerstört, was des Öfteren vorkommt. Eine weitere häufige Schadensursache ist Falschluft durch Risse in den Vergaserflanschgummis, die zu Überhitzung und Löchern in den Kolben führen kann, wie übrigens auch die Verwendung falscher oder minderwertiger Zündkerzen. Empfindlich reagiert der Motor, der behutsam warmgefahren werden will, auch auf zu wenig, schlechtes oder überaltertes Öl.

Solider Unterbau

Ein Ritzel auf der Kurbelwelle bewegt die Zahnradpumpe der Druckumlaufschmierung. An der Pumpenwelle dockt von oben der Verteilerantrieb an. Reparaturfreundlich sind die nassen Laufbuchsen, die einfach aus dem Alugehäuse gezogen werden. Eine Fehlerquelle bereits beim Einbau ist der O-Ring zwischen Buchse und Gehäuse, der Wassermantel und Ölkreislauf trennt. Als grundsolide und belastbar gilt der Kurbeltrieb. Einzige Schwachstelle: Die Ölkanalbohrungen in den Wangen der fünffach gelagerten Welle sind mit Aluminiumstopfen verschlossen, die zum Herausfallen neigen. Experten schneiden Gewinde in die Bohrungen und kleben Madenschrauben ein.

Kenner sind sich einig, dass der Nord-Motor ebenso standfest wie leistungsfähig ist und zu Unrecht als anfällig gilt. Aber er braucht eine kundige Hand: Probleme resultieren größtenteils aus Wartungsmängeln.

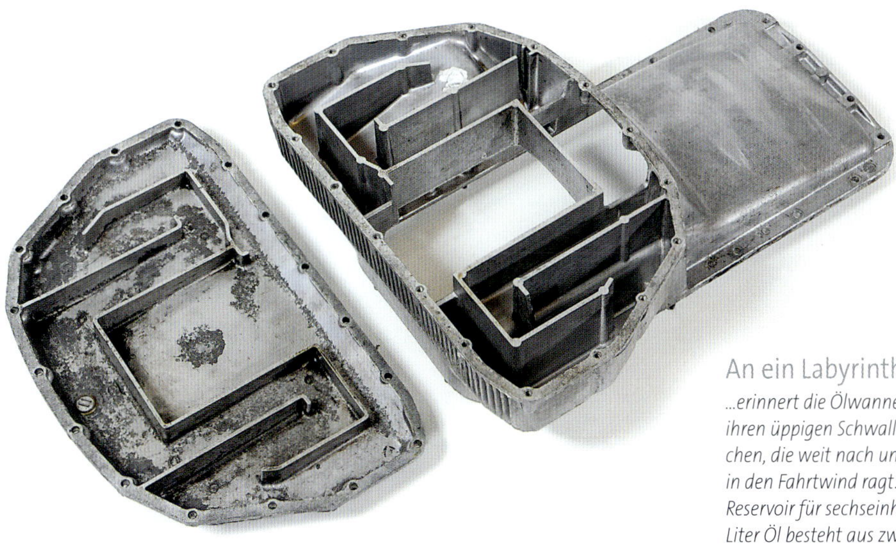

An ein Labyrinth...

...erinnert die Ölwanne mit ihren üppigen Schwallblechen, die weit nach unten in den Fahrtwind ragt. Das Reservoir für sechseinhalb Liter Öl besteht aus zwei verschraubten Aluminium-Teilen.

QuerTreiber

Vor allem als quer eingebauter, kompakter Antrieb des legendären Mini machte der **Austin A-Serien-Motor** Furore. Als die Produktion des kleinen Vierzylinders im Jahr 2000 endete, fehlten nur ein paar Monate zum 50. Jubiläum…

Das britische ohv-Triebwerk zählt zu den am längsten gebauten Motoren der Welt. Knapp 5,4 Millionen Minis und etliche weitere Kleinwagen von der Insel brachte es mit bis zu 96 Serien-PS in Schwung. Konstruktiver Geniestreich des Mini: Getriebe und Differenzial sind platzsparend in der Ölwanne untergebracht.

Als Alec Issigonis Ende der Fünfziger seinen revolutionären Fronttriebler für die British Motor Corporation (BMC) entwickelte, hatte sich der A-Serien-Motor schon einige Jahre bewährt. Der Reihenvierzylinder debütierte bereits 1951 im „Baby"-Austin A30. Er hatte 803 ccm Hubraum, eine dreifach gelagerte Kurbelwelle und untenliegende Nockenwelle. Für den Morris Minor wurde der Graugussblock dann auf 948 Kubik aufgebohrt und leistete 37 PS. Der 1959 präsentierte Mini, deutlich leichter, wäre damit 140 km/h schnell gewesen. Bei BMC fand man das übertrieben und verkürzte den Hub, um das Volumen um hundert Kubik zu verringern.

TECHNISCHE DATEN

Austin A-Serie

Motorbauart:
Wassergekühlter ohv-Reihenvierzylinder, Grauguss-Block und -Kopf, Alu-Ölwanne als Getriebegehäuse

Hubraum (Mini) u. a.:
1959 bis 1982: 848 ccm (Bohrung x Hub: 62,9 x 68,26 mm)
1962 bis 1992: 998 ccm (Bohrung x Hub: 64,58 x 76,2 mm)
1962 bis 1981: 1098 ccm (Bohrung x Hub: 64,58 x 83,72 mm)
1964 bis 2000: 1275 ccm (Bohrung x Hub: 70,6 x 81,28 mm)

Leistung (Mini):
von 34 PS bei 5500 U/min bis 96 PS bei 6130 U/min (Mini ERA Turbo)

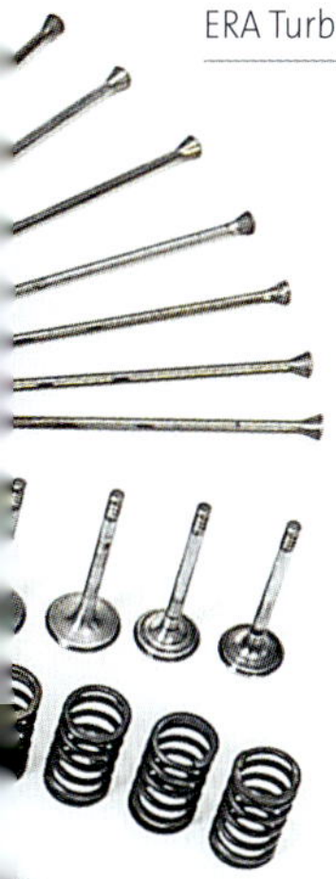

Das Kupplungsgehäuse...
...beinhaltet auch die Lagerung für den Primärantrieb aus Zwischenrad und Getriebeeingangsrad. Der zentrale Simmerring verursacht öfter Ärger.

In den Folgejahren wurde der Mini schwerer und das Verhältnis zur Leistung entspannter. Über mehrere Stufen erstarkte die A-Serie bis auf 1275 Kubik. Die Spezifikationen sind zahlreich. Am Ende der Entwicklung stehen die 1992 eingeführten 1275er Einspritzer.

„Die ganz alten und hubraumschwachen Motor-Varianten sind heute eher unbeliebt", erklärt Mini-Schrauber Achim König und legt für uns ein Triebwerk der Generation „A+" auf die Werkbank. Diese ab 1980 produzierten und ursprünglich für den Austin/MG-Metro bestimmten Motoren besitzen einen stabileren Block und Detailverbesserungen. „Wer einen Motor aufbaut, macht das in der Regel auf dieser Basis."

Der Kurbeltrieb...

...ist eigentlich für 100.000 Kilometer gut und dann reicht in der Regel Polieren – wenn nicht schon bei der Montage geschludert oder Material minderer Qualität verbaut wurde, was nach Königs Erfahrung leider nicht ganz selten vorkommt: „Sind die äußeren Lagerschalen in Ordnung und die mittleren zeigen starken Verschleiß, dann ist die Kurbelwelle ab Werk nicht gerade. Auch Brüche kommen vor. Radien an den Lagerzapfen und besseres Material verringern dieses Risiko bei den jüngeren Motoren." Gleichzeitig seien dort die Gewichtsdifferenzen zwischen den Kolben-Pleuel-Einheiten nicht mehr so krass wie vordem: „Nur noch fünf bis sieben statt bis zu 25 Gramm."

Der Zylinderkopf

Der vom renommierten Spezialisten Harry Weslake entworfene Grauguss-Zylinderkopf weist die Besonderheit auf, dass der Gasaustausch über fünf Kanäle geschieht. Jeweils zwei Zylinder teilen sich einen Einlasskanal, Zylinder eins und vier verfügen über je einen einzelnen Auslasskanal, Zylinder zwei und drei teilen sich einen weiteren. Die Ventile in den herzförmig gestalteten Brennräumen werden von der unten liegenden Nockenwelle über Stoßstangen und Kipphebel betätigt. Der Nockenwellenantrieb geschieht über eine Rollenkette. „Viele Probleme zwischen Kopf und Block entstehen zwischen den mittleren beiden Zylinderbohrungen, da hier durch zwei nebeneinander liegende Auslassventile die meiste Hitze entsteht", sagt König. „Bei den Köpfen der älteren Motoren kommen öfter Risse zwischen Ein- und Auslassventil vor."

Herzförmig...
...sind die Brennräume im Grauguss-Zylinderkopf gestaltet.

Modellpflege

An neueren Kurbelwellen sollen Radien an den Rändern der Lagerzapfen Brüche verhindern.

Das Primärrad ist mit Anlaufscheiben und einer C-Scheibe auf der Kurbelwelle arretiert.

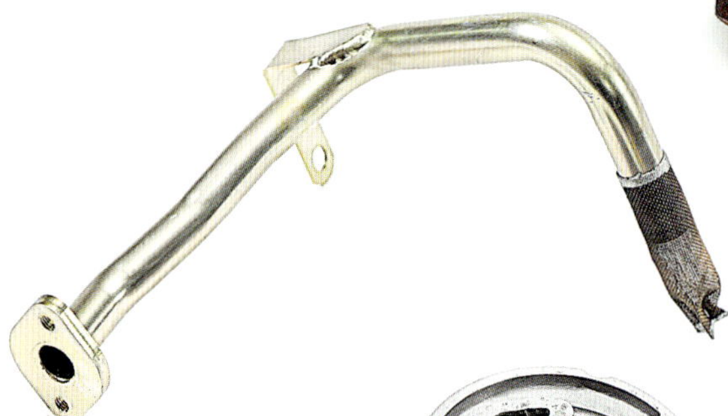

Die Ölpumpe...

...wird direkt von der Nockenwelle angetrieben. Den Öldruck regelt ein federbelasteter Kegel.

Eine Rollenkette treibt die unten liegende Nockenwelle an, die die Ventile über Stößel und Stoßstangen steuert.

Trendsetter

Der Mini, von Alec Issigonis als „vernünftiger" Kleinwagen erdacht, ist nicht nur als niedlicher und bei Bedarf auch äußerst agiler Winzling unsterblich geworden. Mit dem für seine Zeit äußerst ungewöhnlichen Sparmobil debütierte 1959 der Archetyp des modernen Kompaktmobils mit quer eingebautem Motor und Frontantrieb. Um auf nur drei Metern Gesamtlänge genug Platz für vier Personen und Gepäck unterzubringen, wurde der von einem Hilfsrahmen gehaltene Antriebsstrang auf gerade mal 61 Zentimeter zusammengestaucht. Nicht minder originell waren die Zehnzoll-Räder an den äußersten Ecken des 600-Kilo-Autos und die von Alex Moulton erdachte Federung mit Gummielementen.

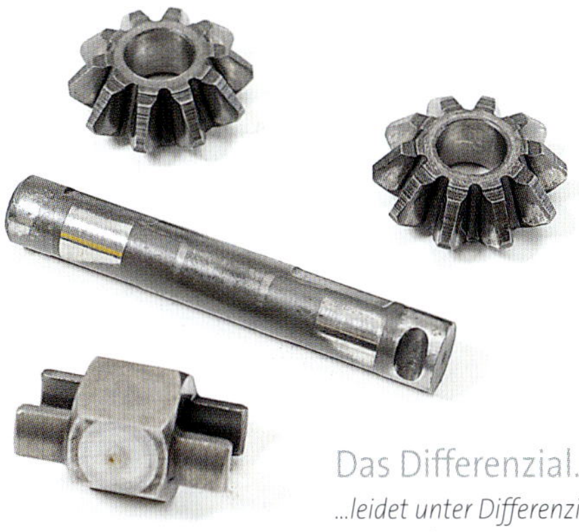

Das Differenzial...
...leidet unter Differenzialbolzen aus minderwertigem Material.

Das Getriebe
Das Räderwerk mit vier Vorwärtsgängen und einem Rückwärtsgang rotiert in einem Alu-Gehäuse, das auch als Motorölwanne dient.

Die Kraftübertragung

Ein mitunter kritischer Punkt ist das Räderwerk der Kraftübertragung von der Kurbelwelle zum direkt darunter liegenden Getriebe. Dies geschieht über ein Primärrad auf der Kurbelwelle, das mit zwei Ritzeln versehen ist: Das innere ist schräg verzahnt und greift in ein Zwischenrad, das wiederum auf einem Ritzel der Getriebeeingangswelle läuft. Das äußere Ritzel ist der Sitz der Kupplungsmitnehmerscheibe. In eingekuppeltem Zustand ist dieses Ritzel über Nuten auf dem Konus der Kurbelwelle fixiert. Achim König kennt mehrere Fehlerquellen: „Manche Primärradbuchsen sind nicht ganz maßhaltig. In solch einem Fall kommt es vor, dass man bei warmem Motor nicht mehr auskuppeln kann."

Als vorrangige Fehlerquelle gilt das Zwischenrad, das mit seinen Wellenzapfen im Getriebe- und im Kupplungsgehäuse gelagert ist und kapitale Schäden verursachen kann: „Zu großes Spiel führt zum Kippeln des Rades. Seine Anlaufscheiben auf beiden Seiten arbeiten sich in das Alu-Gehäuse ein. Es kommt zur Spanbildung, die Rollenlager werden zerstört. Am Ende sind Getriebe und Kupplungsgehäuse hinüber. Ein guter Mini-Schrauber justiert das ein Mal richtig und hat dann für lange Zeit Ruhe."

Motor und Getriebe übereinander zu packen und mit einem gemeinsamen Ölkreislauf zu versorgen, war ein revolutionärer Einfall – auch wenn es nicht Schule machte. Und eine besondere Ölthematik resultiert daraus jedenfalls nicht, wie Mini-Fan König versichert, „vorausgesetzt man füllt ein hochwertiges mineralisches 10W40- oder 20W50-Öl ein, beachtet die Wechselintervalle und fährt die Maschine schonend warm." Größtes Problem sei nach wie vor der mäßige Fertigungsstandard und zunehmend „die teils erbärmliche Qualität der Ersatzteile".

Gasfabriken
Schnelle Minis haben zwei SU-Gleichdruckvergaser, bei den zahmen Versionen muss einer genügen.

Einer für alle

Das **B-Serie-Triebwerk der British Motor Corporation** bewährte sich 26 Jahre lang als Antrieb für Mittelklasse-Limousinen, kernige Sportwagen und Klein-Lkw. Wir legen den langhubigen ohv-Vierzylinder auf die Werkbank.

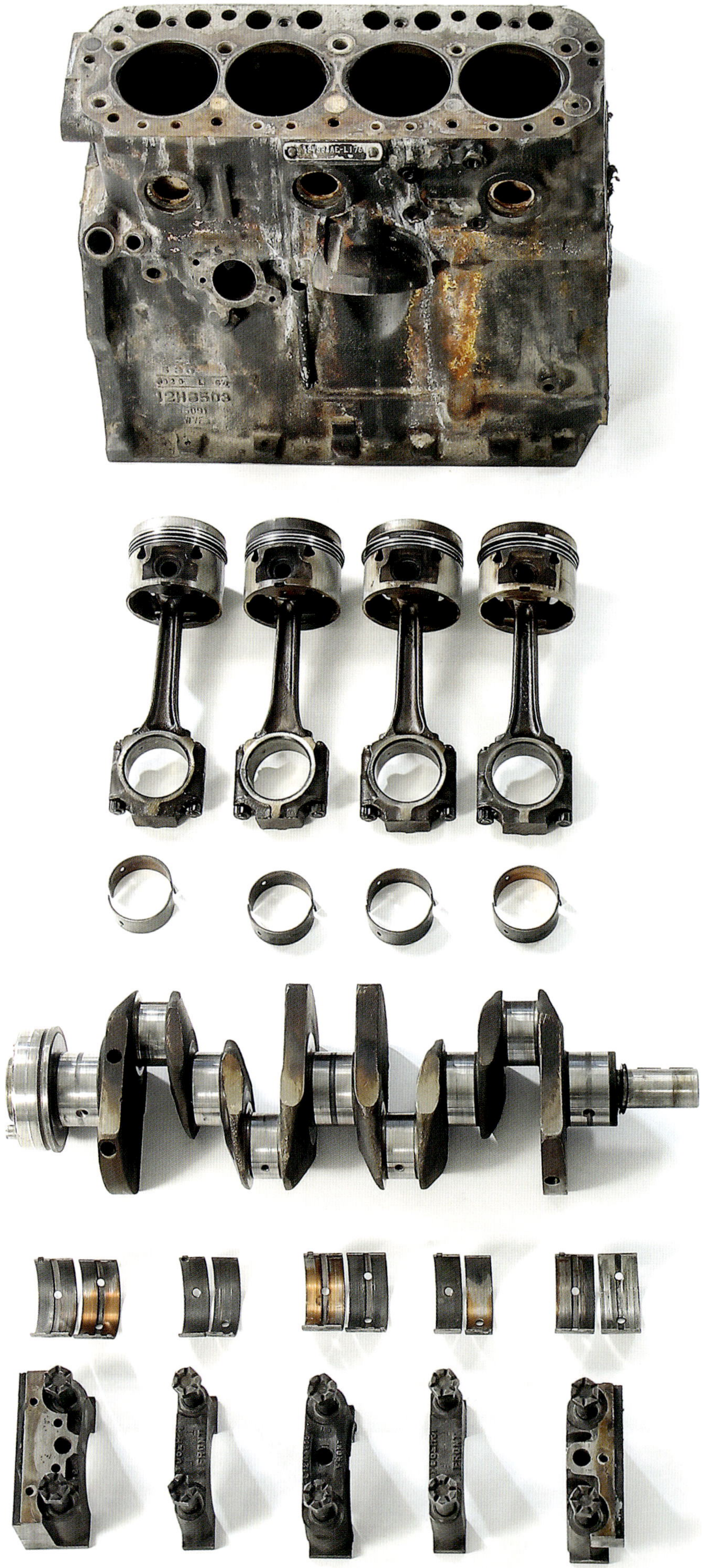

Einen technischen Überflieger kann man die mittlere Einheitsmaschine der zur BMC vereinigten Insel-Autobauer gewiss nicht nennen. Aber vermutlich gerade deshalb bewährte sich die B-Serie als ebenso genügsamer wie tüchtiger Allrounder. Austin hatte den konservativ konstruierten Stoßstangenmotor in die 1952 geschlossene Ehe mit der Nuffield-Gruppe (Morris, MG, Riley) eingebracht – wie übrigens auch den ähnlich aufgebauten, aber kleineren A-Serie-Motor, der vor allem aus dem Mini bekannt ist.

Die B-Serie wurde in rund 3,5 Millionen Exemplaren von 1,2 bis 1,8 Litern Hubraum gebaut und nicht nur in den verschiedensten britischen Fahrzeugen eingesetzt. Hierzulande stellte er seine Robustheit etwa 15 Jahre lang in Tempo-, Hanomag-, und Mercedes-Lieferwagen unter Beweis. Am meisten Furore machte die B-Serie in den MG-Sportlern MGA und MGB, deren kernigen Charakter sie mit ihrer akustisch stets präsenten Mechanik und ordentlich Schub aus dem Keller wesentlich prägte. Ein MGB-Motor der spätesten Bauart („18V", 1971 bis 1980) ist auch unser Anschauungsobjekt, das wir gemeinsam mit Thomas Nöthen, Chef der Motoren-Manufaktur des Ersatzteilespezialisten Limora in Buchholz, unter die Lupe nahmen. Mit zwei Anderthalbzoll-SU-Gleichstromvergasern und einer Verdichtung von 8,8:1 mobilisiert der 1800er (Bohrung x Hub: 80,3 x 88,9 mm) serienmäßig 95 PS. Er erreicht ein ansehnliches Drehmoment von 110 Nm

Einfach und effizient...

...ist das Paar Anderthalbzoll-SU-Vergaser, Standard in MGA und MGB. Hier die ältere HS4-Version mit separaten Schwimmerkammern.

Die Kettenräder...

...von Kurbel- und Nockenwelle liegen dicht beieinander. Ein hydraulischer Spanner mit Kunststoff-Gleitstück hält die Steuerkette straff. In den Siebzigern wurde von der Duplexkette auf die einfache Version umgestellt.

Unter Druck

Die Eaton-Ölpumpe im Kurbelgehäuse wird über eine kleine Welle von der Nockenwelle angetrieben. Unter 3,5 bar sollte der Druck im Fahrbetrieb nicht fallen.

Ölverluste...

...sind vor allem bei den dreifach gelagerten Motoren ein Problem, die nur ein Rückfördergewinde am hinteren Kurbelwellenende haben.

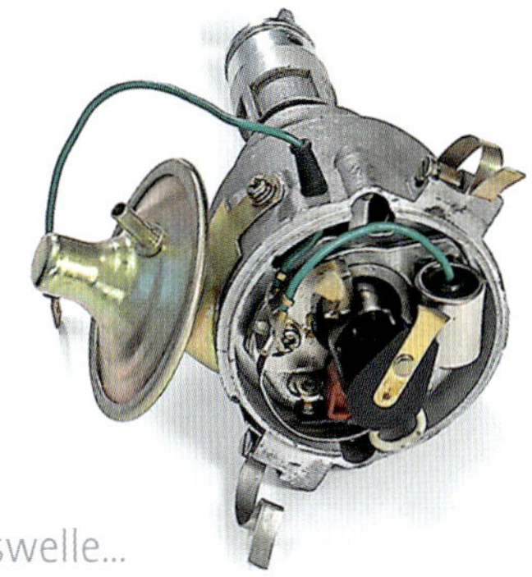

Eine eigene Antriebswelle...

...dreht den Rotor im Lucas-Zündverteiler. Sie wird separat in den Block eingesetzt und greift in einen Mitnehmer der Verteilerwelle.

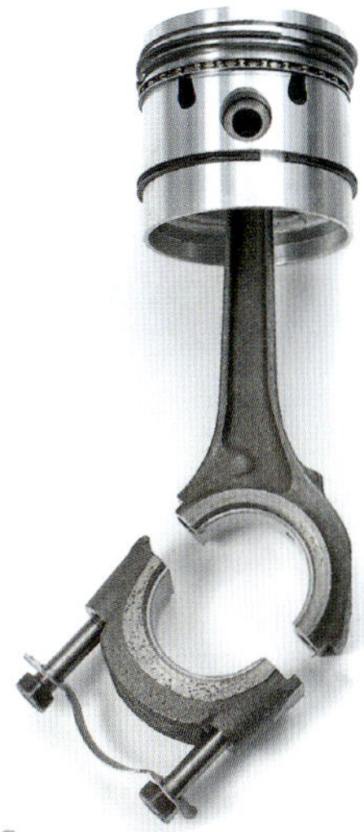

Modellpflege...

...erfuhr besonders der Kurbeltrieb. Frühe Kolben hatten ein längeres Hemd und vier Ringe. Das untere Pleuelauge war zunächst schräg geteilt.

bei 3000 Umdrehungen. Während der letzten Baujahre zwang die US-Abgasgesetzgebung allerdings zu Änderungen unter anderem im Ansaug- und Abgassystem des betagten Aggregats, die die Leistung um ein Viertel verringerten.

Der Motorblock

Der B-Motor gehört zu den gewichtigsten seiner Klasse. Das einteilige Gehäuse ist aus Grauguss und schließt unten mit der Oberkante der Kurbelwellen-Hauptlager ab. Vorder- und Rückseite verschließen Stahlplatten. Ölwanne und Steuergehäuse bestehen aus Stahlblech. Die Zylinder sind direkt in den Block gebohrt und auf ihrer gesamten Länge wassergekühlt. Die hinteren und vorderen beiden bilden jeweils ein direkt aneinanderstoßendes Paar, so dass nur zwischen den beiden mittleren ein enger Wasserkanal frei bleibt. Dies ist ein Resultat der langjährigen Evolution des Motors zu immer größeren Bohrungen.

Auf der linken Seite beherbergt der Block die Nockenwelle, die in drei eingepressten, auswechselbaren Gleitlagern rotiert. „Verschleiß macht sich zuerst am vorderen Lager bemerkbar", sagt Thomas Nöthen, „da es durch den Zug der recht kurzen Steuerkette stärker belastet wird." Der Kettenspanner wird mit Öldruck betätigt. Oberhalb der Welle befinden sich die Führungen für die Stößelbecher und die Durchbrüche für die Stoßstangen. Zwei Seitendeckel aus Stahlblech, einer fungiert als Kurbelgehäuseentlüftung, schließen die Stößelkammer nach außen ab. Eine Schrägverzahnung auf der Nockenwelle zwischen mittlerem und hinterem Lager treibt sowohl den Zündverteiler auf der rechten Seite als auch die Eaton-Ölpumpe links unten an, die jeweils ihre eigene Antriebswelle haben. Frühere Motorvarianten besitzen eine Bohrung auf der linken Seite für den mechanischen Drehzahlmesserantrieb.

Ein solider Allrounder

Der B-Serie-Motor debütierte 1954 mit 1200 Kubik und 40 PS im Ponton-Austin A40 Cambridge und in einer 1,5-Liter-Version in MG Magnette ZA und Morris Oxford. Auch eine Diesel-Variante gab es, was genauso für die Standfestigkeit der Konstruktion spricht, wie ihre Evolution bis zu 1,8 Liter Hubraum bei weitgehend unverändertem Grundkonzept. Die beachtlichen Reserven zeigten sich auch bei vielen erfolgreichen Einsätzen von MG-Sportwagen bei Langstreckenrennen und Rallyes. Erst 1980 wurde die Produktion eingestellt. Stärkste Serienversion war der glücklose Doppelnocker im MGA Twin-Cam mit 108 PS.

TECHNISCHE DATEN

BMC B-Serie

Motorbauart:
Vierzylinderviertakt-Reihenmotor; wassergekühlt; parallel hängende Ventile, von seitlicher Nockenwelle über Stoßstangen und Kipphebel gesteuert; fünf (bis 10/1964 drei) Kurbelwellenlager

Hubraum:
1200, 1489, 1588, 1622 und 1798 ccm

Leistung:
40 PS bei 4300 U/min bis 96 PS bei 5400 U/min

Bauzeit:
1954 bis 1980

Häufige Modifikation ist der Einbau von Ventilführungen mit modernen Schaftabdichtungen und gehärteten Ventilsitzen.

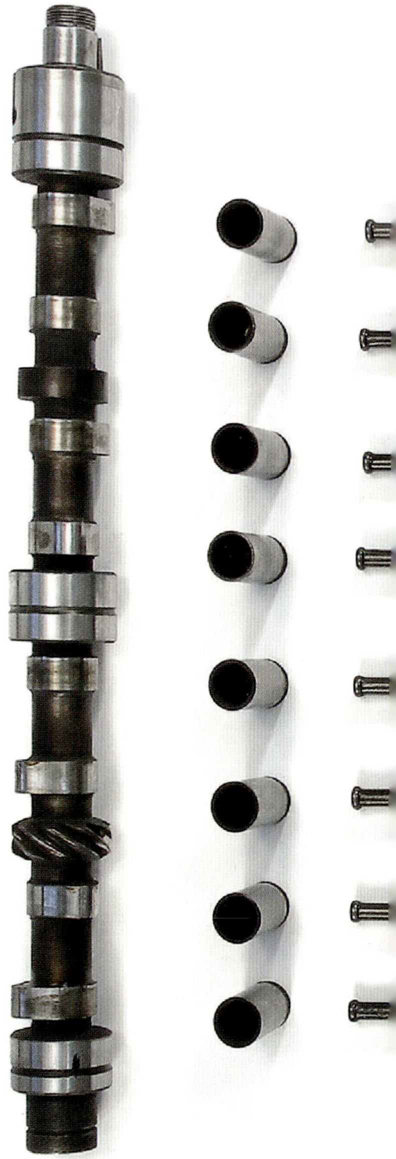

Die B-Serien-Blöcke sind äußerst langlebig. In der Regel können vier Übermaßstufen gebohrt werden. Wettbewerbsmotoren haben bis über zwei Liter Hubraum. Der Kolbenhub blieb übrigens vom 1,2 Liter bis zum 1800er konstant bei 88,9 Millimetern. Limitierender Faktor ist die Position der Nockenwelle, die keinen Raum für eine stärkere Kröpfung der Kurbelwelle lässt. Womit wir beim...

...Kurbeltrieb...

...angekommen wären. Besonders an dieser Stelle zeigt sich das Qualitätsbewusstsein der Produzenten. Die Kurbelwelle ist aus hochwertigem Stahl geschmiedet und in dieser Version nahezu unzerstörbar. Wenn man den Motor mit Verstand betreibt und regelmäßig mit frischem Öl versorgt, sind Laufleistungen von über 150.000 Kilometern keine Seltenheit. Die Kurbelwelle rotiert in fünf Sintermetall-Gleitlagern. Die Zapfen sind 54 Millimeter stark. Frühere Motorvarianten, wie etwa im MGA und im MGB bis 1964 müssen mit drei Hauptlagern auskommen und sind wegen der stärkeren Schwingungen anfälliger gegen Kurbelwellenschäden. Das Axialspiel der Welle wird mit Anlaufscheiben beiderseits des Mittellagers justiert. Die Kolben mit zwei Kompressionsringen und einem Ölabstreifring bestehen aus Leichtmetall und bilden mit einer Mulde im Boden einen Teil des Brennraums. Entsprechend des Verdichtungsverhältnisses der jeweiligen Motorvariante gibt es Kolben mit unterschiedlich tiefen Mulden. Der Kolbenbolzen ist in das Pleuel eingeschrumpft. Die unteren Pleuelaugen sind horizontal geteilt und gleiten auf zweigeteilten Kupfer-Blei-Lagern mit dünnem Stahlrücken.

Der Zylinderkopf...

...ist ebenfalls ein schwerer Gusseisenklotz, muss aber doch als der schwächste Part gelten. Die Brennräume mit jeweils zwei senkrecht in einer Reihe angeordneten Ventilen (18V: Einlass 41 mm, Auslass 34 mm) sind herzförmig. Einlass- und Auslassöffnungen befinden sich auf einer Seite, was in der Warmlaufphase Vorteile haben mag, später aber eher einer optimalen Frischgaszufuhr im Wege steht. Die Einlasskanäle sind paarweise zusammengefasst, bei den Auslassventilen müssen sich nur die beiden inneren eine Öffnung teilen – und leiden unter erhöhter Hitzebelastung. Kopfdichtungsschäden, vor allem mit Kühlwasserverlust nach außen, sind nicht ganz selten. Ebenso Risse in den Stegen zwischen den

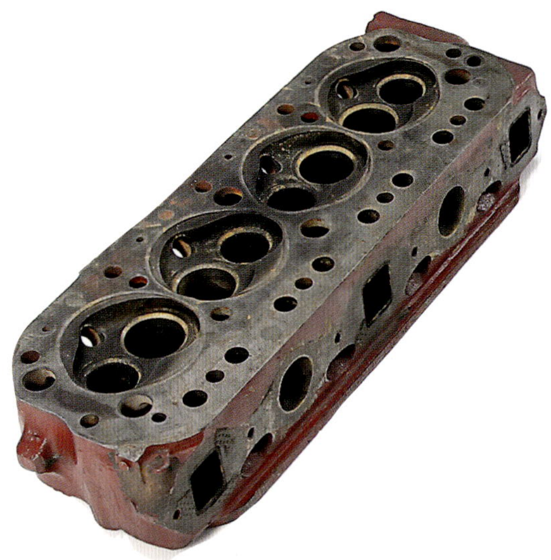

Der Einfachheit halber...

...fassten die Konstrukteure des Zylinderkopfs jeweils zwei Einlasskanäle und die Auslasskanäle der beiden mittleren Zylinder zusammen.

Lieber Drehmoment statt Drehzahl…

…lautet die Devise für einen klassischen ohv-Motor mit dieser Ventiltriebgestaltung. Die Nockenwelle öffnet die Ventile gegen den Druck der Schraubenfedern über Stößel, lange Stößelstangen und Kipphebel.

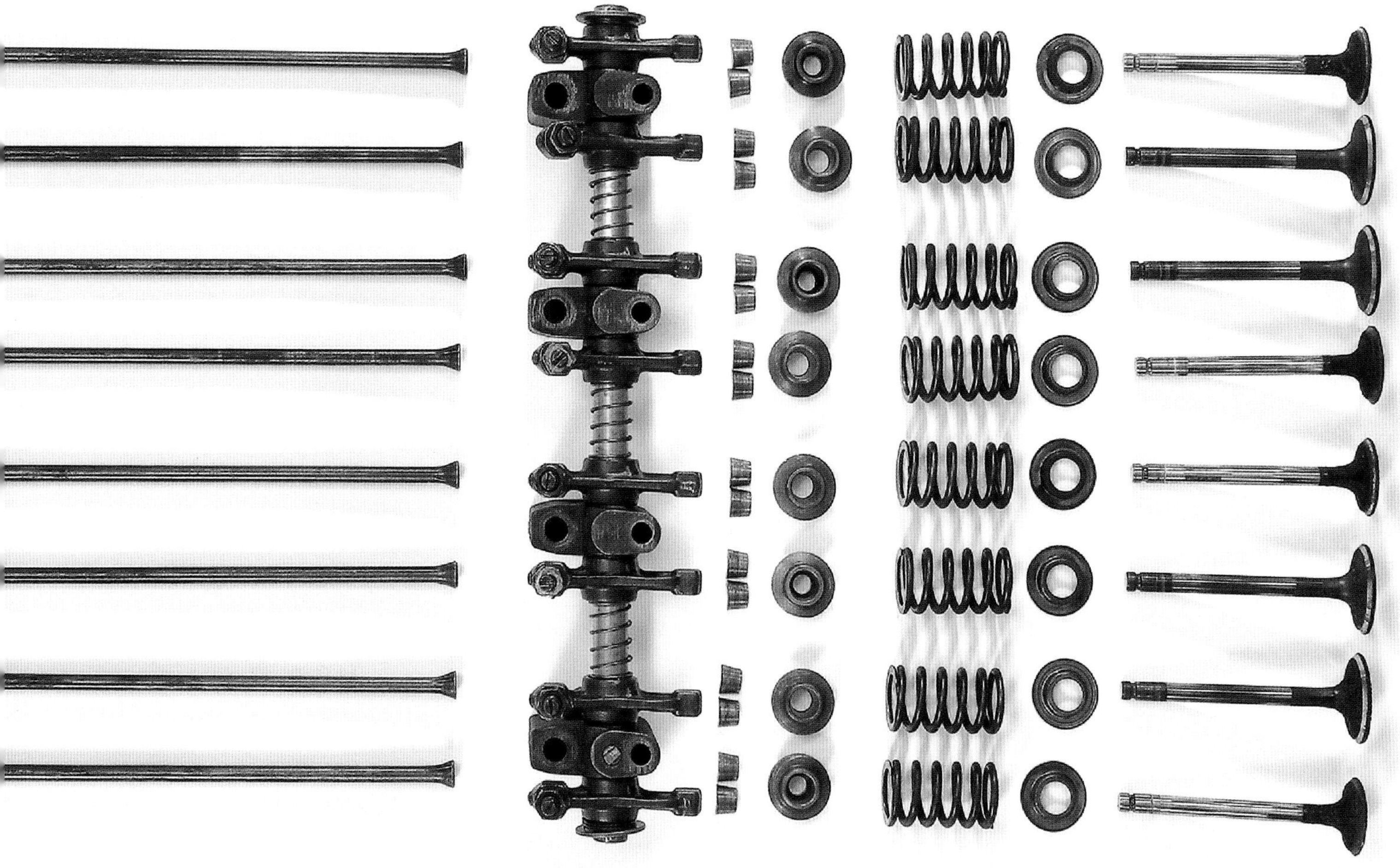

Ventilen. Gute Zylinderköpfe werden allmählich rar. Die positive Nachricht: Sie werden wieder hergestellt, und Tuning-Freunde können auch auf neue Aluminium-Köpfe und sogar eine Querstrom-Variante zurückgreifen.

Nähere Betrachtung verdient laut Experte Nöthen die auf dem Kopf thronende Kipphebelwelle, die zur Schmierung der Kipphebel und Kugelpfannen von Drucköl durchströmt wird: „Wenn Welle und Kipphebel-Gleitlager unbemerkt einlaufen, leidet der Öldruck, und durch die größere Leckölmenge kann Öl durch die Ventilführungen in die Verbrennungsräume gesaugt werden."

Apropos Lecköl: Auch der B-Serie-Motor bestätigt leider häufig den Ruf, dass Autos von der Insel ihr Revier zu markieren pflegen. Das gilt besonders für die dreifach gelagerten Varianten, deren Kurbelwelle am vorderen Ende mit einem Filzring an der Durchführung durch den Steuergehäusedeckel abgedichtet ist und auf der Kupplungsseite nur ein Rücklaufgewinde hat. Motoren mit fünf Hauptlagern haben dort Simmerringe – nur eine von vielen Modellpflegemaßnahmen über die Jahre. Wirklich dramatische Schwächen sind dem vielseitigen Brot- und Butter-Motor aber nicht anzukreiden. Das ist sicher mit ein Grund, warum die BMC so lange an der B-Serie festhielt.

Die Böcke der Kipphebelwelle darf man nicht verwechseln: Je nach Zylinderkopfversion ist die Druckölzuführung mittig oder außermittig.

Leistungsträger

Er trieb vergleichsweise brave Limousinen ebenso an wie beinharte Sportler: Wir nehmen den großartigen **BMW M10**-Vierzylinder unter die Lupe.

Ein Dauerläufer!

Fit für ein Vierteljahrhundert: Motoren der M10er Baureihe liefen bis Ende der achtziger Jahre vom Band, zwar mit immer weiter entwickelten Anbauteilen, Modifikationen beispielsweise am Kopf, aber im „Fundament" unverändert.

BMWs „Neue Klasse" rettete die Münchner Marke. Die sportliche Mittelklasse-Limousine legte den Grundstein für die kommenden Erfolge der Marke. Nicht zuletzt aufgrund ihres bestens beleumundeten ohc-Vierzylindermotors, der, ständig weiterentwickelt, dann auch in den kleinen Modellen der Dreier-Baureihe bis 1988 im Einsatz blieb. Das ursprünglich 80 PS leistende 1500er Triebwerk wuchs und erstarkte in der Serie auf bis zu 170 PS (im 2002 turbo), und auch im Tourenwagensport und in der Formel 2 zeigte das Triebwerk, nun mit Vierventilkopf, was an Reserven in ihm steckte. Selbst die Blöcke der 1,5-Liter-Formel-1-Turbomotoren der frühen Achtziger mit bis zu 1400 PS stammten in direkter Linie von den ersten M10-Aggregaten ab (!), was angesichts der Ursprungsleistung des BMW 1500 von 1962 fast einer Steigerung um das Zwanzigfache entspricht. Woher nimmt dieser Motor seine Reserven? Wir wollten es wissen, haben BMW-Schrauber Stephan Hippel in Wahlheim besucht und in seiner Werkstatt das M10-Triebwerk eines BMW 2002 tii unter die Lupe genommen.

Der Kurbeltrieb...

...des in seinen verschiedenen Ausbaustufen rund ein Vierteljahrhundert lang gebauten Vierzylinders mutet auf den ersten Blick nicht außergewöhnlich an. Die gegossene Kurbelwelle ist fünffach gelagert und alle

Das Geheimnis...

...der Standfestigkeit des Kurbeltriebs liegt nicht nur in seiner Konstruktion, sondern vor allem auch in seiner sehr präzisen Fertigung begründet. Ab Werk war er beispielsweise für ein Großserienaggregat exzellent gewuchtet!

Hubraum-Varianten (1,5, 1,6, 1,8 und 2,0 Liter) sind kurzhubig ausgelegt. Am vorderen Ende der Welle sitzen zwei Kettenräder – eines zum Antrieb der Ölpumpe via Einfachkette, das zweite zum Nockenwellenantrieb per Duplex-Steuerkette. „Stimmt, das unterscheidet sich auf den ersten Blick kaum von anderen Motoren", bestätigt Hippel, der sich hobbymäßig seit Jahrzehnten mit den

Klassische Lösung

Eine Einfachkette treibt die Ölpumpe, eine Duplexsteuerkette die Nockenwelle an. Die folgende Vierzylinder-Generation vertraute auf einen Zahnriemen.

So simpel wie effizient

Eine Nockenwelle plus zwei Kipphebelwellen – noch einfacher ist die Ventilsteuerung eines Querstromkopfes kaum zu realisieren.

M10-Motoren im Allgemeinen und Ihrer leistungssteigerung im Besonderen beschäftigt. „Aber wer ganz genau hinschaut und beispielsweise die werksmäßige Wuchtung des Kurbeltriebs kontrolliert, einfach nur die Gewichte von Pleuel und Kolben eines Serien-Triebwerks gegeneinander abgleicht oder Steuerzeiten und OT zueinander ausmisst, stellt fest, dass die Motorenteile ab Werk wirklich ausgesprochen sorgfältig produziert und montiert wurden. Exakte Fertigungstoleranzen und exzellente Wuchtung sind die Grundlagen für geringen Verschleiß und lange Lebensdauer, vor allem aber auch das Fundament für dauerhaft erfolgreiche Tuningmaßnahmen. Das heißt aber natürlich nicht, dass der Kurbeltrieb der Rennsportableger des M10-Vierzylinders viel mit dem der Serienautos zu tun hätte", stellt der Rheinhesse klar.

Ventiltrieb und Zylinderkopf

Die (automatisch) hydraulisch gespannte Duplex-Steuerkette treibt die obenliegende Nockenwelle an, die sich direkt im Leichtmetall des Querstrom-Zylinderkopfs dreht (Motorblock: Grauguss). Links und rechts von der Nockenwelle sind die Kipphebelachsen platziert, auf denen jeweils die vier Ein- und Auslasskipphebel arbeiten. Unabhängig von allen leistungsfördernden Maßnahmen blieben die Steuerzeiten der Standard-Nockenwelle in allen Motorvarianten über die Jahre immer gleich. Allerdings gab es aus dem Hause BMW auch eine 300-Grad-Tuning-Nockenwelle, die im Alltagsbetrieb noch gut fahrbar ist, mit deutlich mehr Ventilhub an den Nocken und größeren Durchmessern der Lagerstellen. Diese Welle ließ sich deshalb natürlich nicht ohne weiteres montieren. Wer sie einbauen wollte, musste einst die Nockenwellen-Lagergasse aufspindeln. Da dies sehr aufwendig ist, behilft sich Hippel heute üblicherweise damit, die Nockenwelle entsprechend abzudrehen und das Mittellager im Kopf zu modifizieren – „in der Praxis hat das bis heute keine Probleme gemacht", sagt er. Der Vollständigkeit halber: Es gab und gibt eine 304-Grad-Schrick-Nockenwelle mit Serien-Lagerdurchmessern, für deren Montage nur das erwähnte Mittellager leicht modifiziert werden muss.

Die Zylinderköpfe und insbesondere ihre Brennraumform waren während der gesamten Bauzeit des M10-Motors Gegenstand stetiger Weiterentwicklung, der Leistung wegen, aber auch, um die strenger werdenden Abgasnormen zu erfüllen. Insbesondere ist zwischen zwei Zylinderkopfformen zu unterscheiden: den so genannten 121er und

Mehrfach verändert: die Brennraumform. Im Bild ist ein E12er Exemplar gezeigt.

Die 1962 präsentierte Neue Klasse brachte BMW in sichere Fahrwasser, auch dank ihres neuen Vierzylinders, der Maßstäbe setzte.

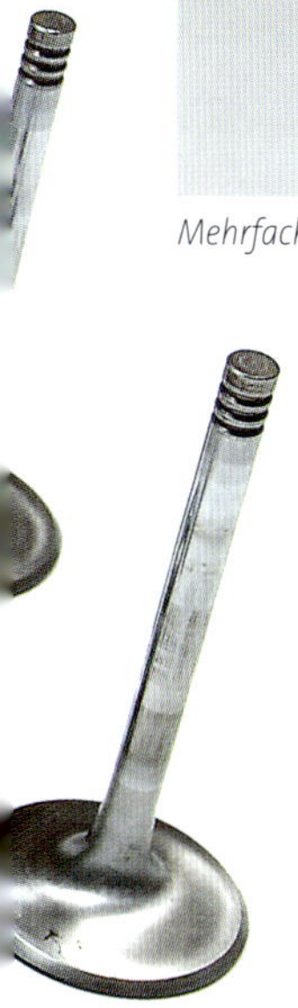

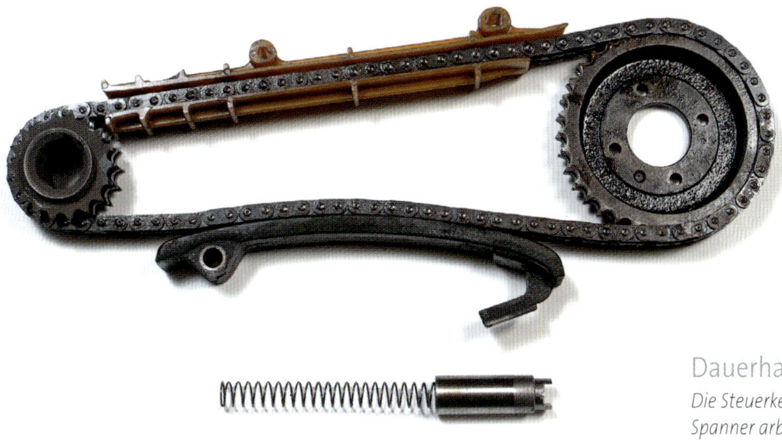

Dauerhaft zuverlässig

Die Steuerkette samt Führungsschiene und Spanner arbeitet langfristig unauffällig.

den E12er Köpfen, klar gekennzeichnet duch die jeweilige Bezeichnung im Guss. Beide Köpfe lassen sich von Block zu Block tauschen – wenn die entsprechend auf die Brennraumform angepassten Kolben ebenfalls montiert werden, sonst rappelt's im Oberstübchen... Stefan Hippel: „In einem normalen Serienmotor ist im Betrieb kaum ein Unterschied zwischen den Köpfen festzustellen, was Leistung oder Verbrauch angeht. Die frühe 121er Version lässt Tunern meiner Meinung nach mehr Möglichkeiten bei der Brennraumoptimierung, dafür kommt der E12-Kopf des Zweiliter schon ab Werk mit wirklich üppigen 46er Einlassventilen daher, der 121er mit 44-Millimeter-Ventilen."

Die Leistungsstufen

Die Steuerzeiten aller Modelle sind wie erwähnt gleich, dementsprechend resultieren die unterschiedlichen PS-Leistungen der Aggregate – neben den unterschiedlichen

Die Form der Kolbendächer änderte sich mit den Modifikationen der Brennräume. Passen Kopf und Kolben nicht zusammen, merkt man das sehr schnell – auch am Kontostand...

TECHNISCHE DATEN

BMW M10 Motor

Motorbauart:
Wassergekühlter ohc-Vierzylinderreihenmotor, längs und um 30 Grad nach rechts geneigt eingebaut

Hubraum:
1499 ccm/1573 ccm/1773 ccm (bis 7/1968), 1766 ccm (ab 8/1968) und 1990 ccm

Bohrung x Hub:
82 × 71 mm bzw. 84 × 71 mm (1500er bzw. 1600er Motoren)
84 × 80 mm (bis 7/1968) bzw. 89 × 71 mm (1800er Motoren)
89 x 80 mm (2000er Motoren)

Leistung:
Zwischen 80 bzw. 75 PS bei 5700 U/min (BMW 1500 bzw. 1502) und 130 PS bei 5800 U/min (2000 tii und 2002 tii). 2002 turbo: 170 PS bei 5800 U/min

Bauzeit:
1962 (im BMW 1500) bis 1988 (im BMW 316i Baureihe E30)

Hubräumen – aus der jeweiligen Verdichtung und der Art der Gemischaufbereitung.

In den Modellen 1500 bis 2000 bzw. 1502 bis 2002 arbeiteten einzelne Solex-Fallstromvergaser unterschiedlicher Größe. Das an die Hubraumbezeichnung angehängte Kürzel TI (bzw. tilux) verrät, dass zwei 40er Solex-PHH-Flachstrom-Doppelvergaser am Werk sind, im raren TI/SA sind es gar zwei 45er Doppel-Weber. Die Krönung der Neuen Klasse und der 02er Baureihe waren die tii-Modelle mit Kugelfischer-Einspritzung. Apropos Einspritzung – der Vollständigkeit halber: In 320i, 316i und 318i waren Bosch-K- und -L-Jetronic installiert. Und der M3 – der den M10-Block mit dem gekürzten Vierventilkopf des M1 und 2,3 Litern Hubraum kombinierte – war mit einer Motronic ML unterwegs.

Im 1502 war die mit 8:1 am niedrigsten verdichtete M10-Variante installiert, im Homologationsmodell 1800 TI/SA mit 10,5: 1 die am höchsten verdichtete. Ein Kapitel für sich ist schließlich der 02 turbo mit KKK-Lader und Kugelfischer-Einspritzung.

„Ein M10-Serienmotor mit...

...Einvergaseranlage, gleich ob 1500er oder Zweiliter, ist mit seinen 50 PS Literleistung klar unterfordert“, stellt Stephan Hippel klar. „Dennoch steht etwa nach 130.000 bis 150.000 Kilometern meist eine Teilüberholung an, etwa ein Tausch der Kolben oder Ringe und die Überarbeitung des Kopfes, einfach wegen gestiegenem Ölverbrauch. Das ist abzuhaken unter ‚Normaler Verschleiß‘. Echte Motorschäden sind dagegen eine absolute Ausnahme, auch bei 170-PS-Tuning-Aggregaten. Wer es schafft, einen M10-Vierzylinder buchstäblich hochgehen zu lassen, hat entweder geradezu mutwillig gehandelt oder über eine halbe Ewigkeit nicht einmal ein Minimum an Wartung betrieben.“ Und wenn bei hohen Laufleistungen doch mal eine Komplettüberholung ansteht, Herr Hippel? „Dann sind meines Wissens alle Teile lieferbar. Und am Ende wird, wenn es schlimm kommt, eine Rechnung über etwa 5000 Euro stehen, wenn auch solche Dinge wie die 500 Euro teure Ölpumpe getauscht werden müssen.“

Von einmal 34 bis zweimal 45 Millimeter

Die unterschiedlichen montierten Vergaseranlagen verraten, wie breit das Leistungsspektrum der Vierzylinder war. Einmal richtig bestückt, machen auch die 40er Solex PHH keinen Ärger.

Das obere Ende der Leistungsgesellschaft

Alpina lieferte die schärfste „klassische" Variante des M10-Tunings, beziehungsweise die dafür nötigen Teile. Alles begann 1963 mit Zweivergaser-Anlagen für den BMW 1500, doch bald schon kamen optimierte Köpfe und schließlich ganze Motoren samt Anbauteilen in verschiedenen Ausbaustufen dazu. A4S heißt jenes Alpina-Triebwerk, das in der BMW-Szene Kult-Ruf genießt. A steht für die M10-Baureihe, 4 für dessen vierte Ausbaustufe mit Einzeldrosselklappen und Kugelfischer-Einspritzung, S für Schmiedekolben. Und alles zusammen für 180 PS!

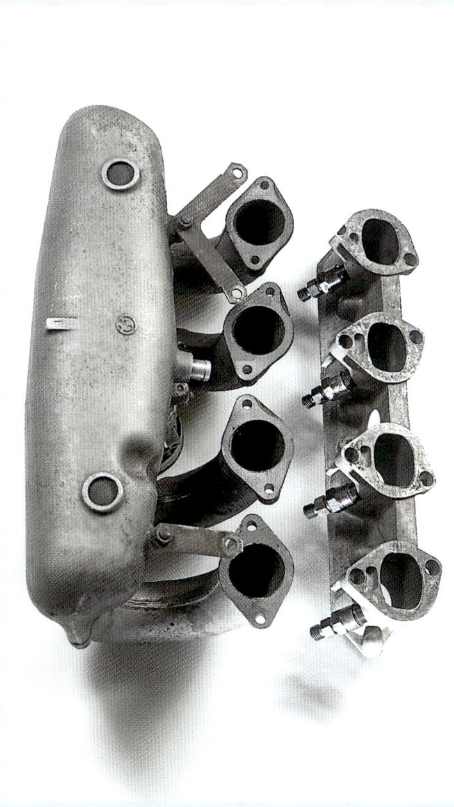

Vollmechanisch: Die Kugelfischer-Einspritzung der tii...

...verbindet hohe Leistung mit geringem Verbrauch und sehr guten Laufeigenschaften. Herzstück der PL04-Einspritzanlage ist die mechanische Pumpe, die mit einem gegenüber den Vergasermotoren geänderten Gehäuse-Stirndeckel verschraubt ist, über einen Zahnriemen von der Kurbelwelle angetrieben wird und mit Nockenwellen-Drehzahl läuft. Sie ist an den Ölkreislauf angeschlossen.

An dieser Stelle kann die Arbeitweise der Anlage nur sehr knapp wiedergegeben werden. Vereinfacht gesagt: Die Drosselklappe sitzt unabhängig von der Einspritzung in einem voluminösen Ansauggehäuse und regelt die Menge des Frischgases. Das Benzin wird zwischen diesem Gehäuse und dem Zylinderkopf in einer separaten Brücke über Ventile eingespritzt. Eine exakte Synchronisation von Drosselklappen- und Pumpenansteuerung ist Grundvoraussetzung für ordentlichen Motorlauf.

Für jedes Ventil und somit für jeden Zylinder besitzt die Pumpe einen eigenen Kolben. Die Einspritzmenge wird je nach Betriebszustand über den Kolbenhub reguliert, genauer gesagt über eine Verstellung des unteren Totpunkts des Kolbens. Gesteuert wird dies durch einen kegelförmigen Raumnocken. Je nach Drosselklappenstellung und Drehzahl verschiebt und verdreht sich der Raumnocken, was über einen Taster und eine Schwinge die Position der Kolben verändert.

Sechs Machine

Im unruhigen Jahr 1968 präsentierte der Münchner Autobauer ein Triebwerk, das mit seinem turbinenartigen Lauf jahrelang den Sound der Marke prägte: Der durchzugsstarke **BMW M30**-Reihensechszylinder ist Motorenbau vom Feinsten…

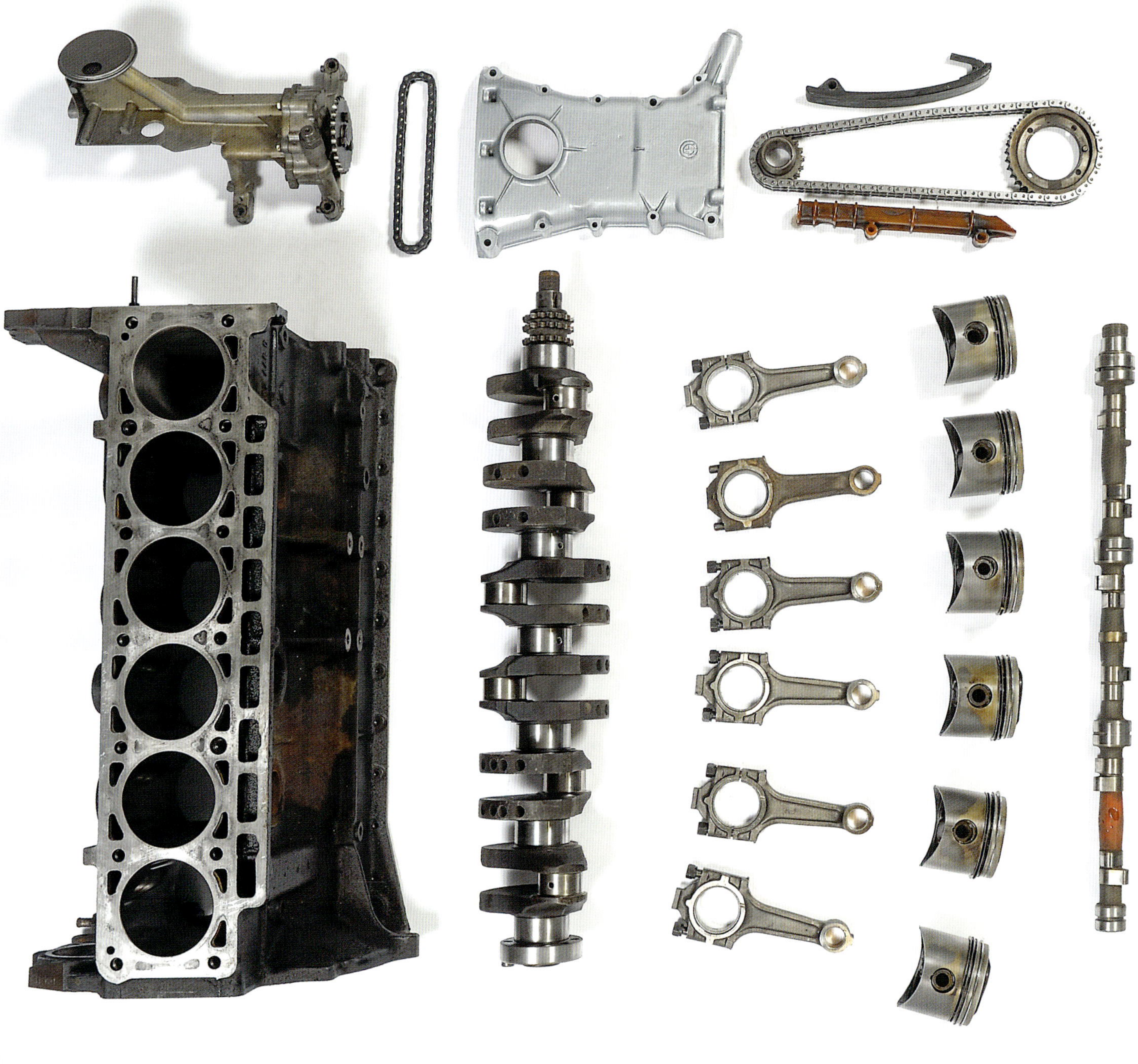

Nicht unkonventionell, dafür aber besonders sorgfältig: So gingen die BMW-Ingenieure bei der Konstruktion des M30 vor – heraus kam dabei einer der besten deutschen „Reihensechser" aller Zeiten.

Mit dem BMW 2500 bliesen die Münchener 1968 zum Angriff auf die Oberklasse. Gegen Mercedes-Benz blieben die weiß-blauen zwar in den Verkaufszahlen zweiter Sieger, doch um den neuen Motor beneidete sie die Konkurrenz: „Wir haben das bessere Auto, aber Ihr habt den besseren Motor" – so lautete sinngemäß das Zitat eines MB-Vorstandsmitglieds angesichts des M30-Sechszylinders. Paul Rosche und Alexander von Falkenhausen (der die Motor-Anekdote einst erzählte) sind die Väter des vom Vierzylinder

Der Ventiltrieb

Die hohlgebohrten Kipphebelwellen sind in der Mitte geteilt, die Trennfuge sitzt in einem Lagerbock im Zylinderkopf. Ihr Öl erhält die Nockenwelle über ein Spritzrohr (links im Kopf zu sehen).

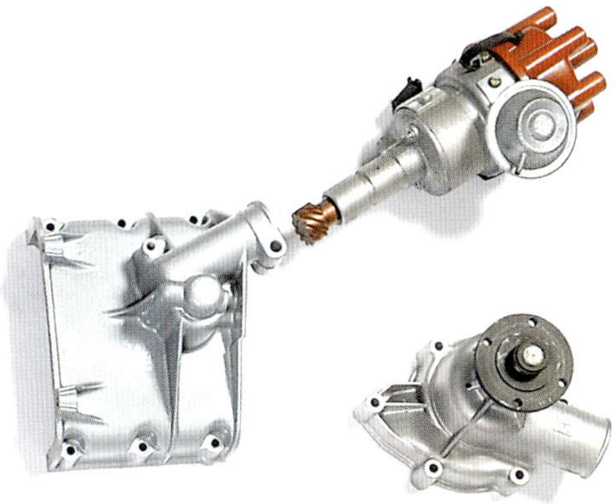

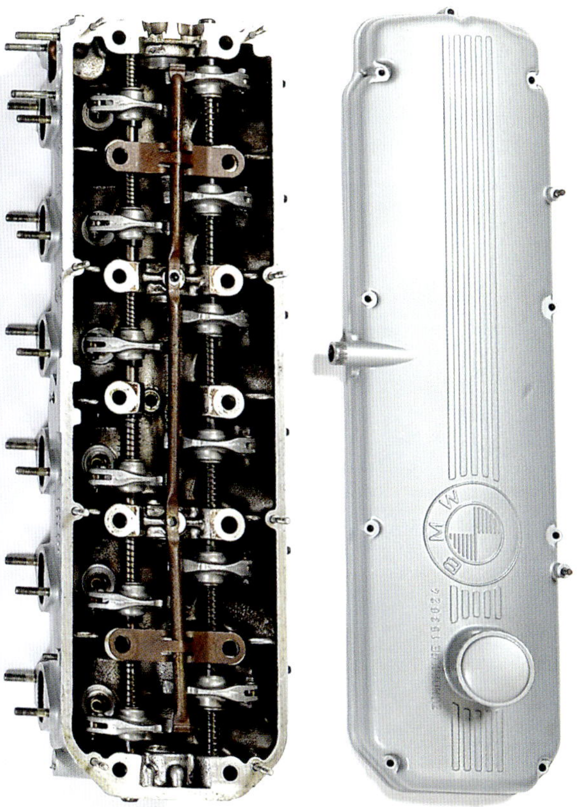

Gute Idee

Die Ventile werden über ein Exzenterrad im Kipphebel eingestellt: Schraube lösen, Rad drehen, Festziehen – fertig!

M10 abgeleiteten Triebwerks, das bei BMW mehrfach überarbeitet bis 1994 (!) im Programm blieb. Wir haben ein Exemplar der frühen Jahre unter die Lupe genommen, wie es im BMW 3.0 CSi um 1975 verbaut wurde. Dieter Tögel hat das Triebwerk für uns vorbereitet. Der Kfz-Meister aus Hochheim ist Kenner der Materie – er besitzt unter anderem einen originalen BMW-Schnitzer CSL-Rennwagen.

„Der M30 ist schon im serienmäßigen Zustand fast ein Sportmotor", sagt der Hesse. „Aber eben ohne die Zicken eines hochgezüchteten Renngeräts. 200.000 Kilometer hält das Triebwerk in der Regel problemlos, und steht dann die erste Überholung an, ist der Aufwand meistens überschaubar. Im Grunde verhält es sich mit dem BMW-Motor wie mit den Alfa-Doppelnockern: erst warmfahren, dann Gas geben."

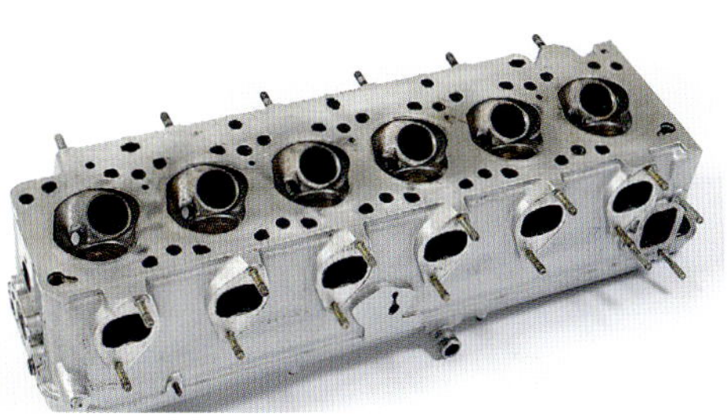

In den Brennräumen ist es eng, dank üppiger Materialstärke gibt es aber selten Probleme durch Risse. Die älteren Köpfe (M.) haben statt Bohrungen noch Wasserkanäle – sie waren empfindlicher. Federn auf den Wellen halten die Kipphebel in Position (r.).

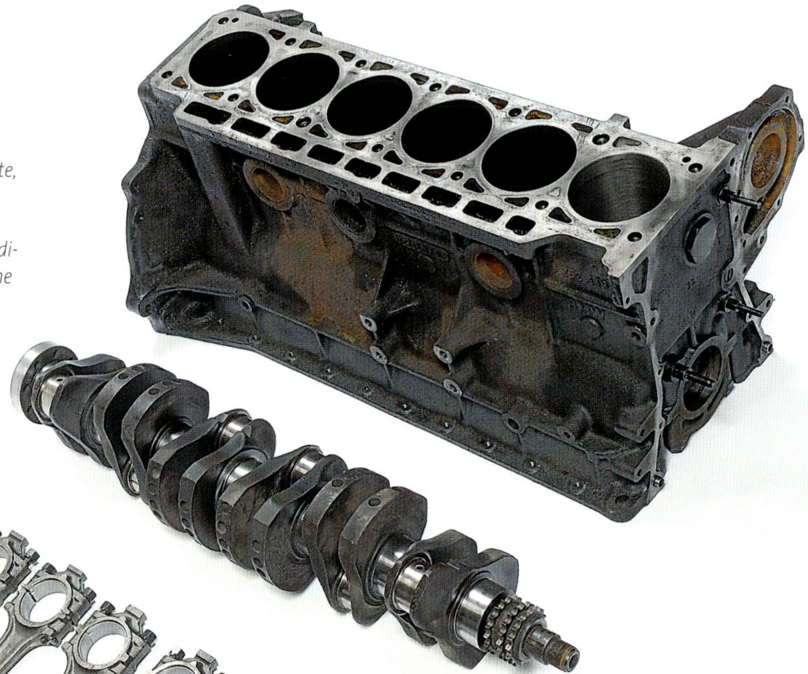

Meisterlich konstruiert und bestens verarbeitet

Fast unbegrenzt haltbar ist der gusseiserne Block. Die geschmiedete, siebenfach gelagerte Kurbelwelle mit zwölf Gegengewichten ist ein Prachtstück, und auch die aufwendigen Kolbendächer spiegeln die hohe Sorgfalt der BMW-Ingenieure.

Der Ölfilter hat eine Wechselpatrone. Wird sie erneuert, muss ihr „Becher" abgeschraubt werden. Er steht aber voll mit Öl: Eine ruhige Hand ist gefragt.

Die Ölpumpe…

…wird mittels einer Kette von der Kurbelwelle angetrieben. Ölansaugung und Sieb sind eigens angeflanscht und wirken in der Ölwanne wie ein Schwallblech.

Mercedes-Benz und Porsche mussten sich warm anziehen…

…als BMW 1968 zunächst mit der Limousine 2500 und dann mit dem CS-Coupé auf den Markt kam. Der rasante Sechszylinder etablierte die Bayern endgültig wieder in der automobilen Oberklasse. Auch wenn die Verkaufszahlen nicht die der Konkurrenz erreichten: Sein Motor hatte einen Ruf wie Donnerhall. Bis 1977 wurde der E3, der erste Bajuware mit dem M30-Triebwerk, gebaut. Die Fertigung des Coupés endete bereits 1975. Doch da gab es schon den neuen 5er-BMW, der auch mit dem M30 daherkam. 1976 folgten 6er- und 7er-Baureihe, auch der „kleine" 3er war als Sechszylinder lieferbar.

Zylinderkopf und Ventiltrieb

„Reinlichkeit ist hier alles", sagt Tögel. „Die Nockenwelle wird über ein Ölspritzrohr mit Schmierstoff versorgt. Sind ihre Bohrungen zugesetzt, gelangt kaum noch Öl auf die Welle. Sie läuft ein und schädigt meist auch noch die gehärtete Lauffläche der Kipphebel. Es kann also nicht schaden, das Rohr gelegentlich zu demontieren und durchzuspülen." Die Nockenwelle wird durch eine Duplexkette angetrieben, später experimentierte BMW auch mit einer einfachen Kette. Das Einstellen des Ventilspiels ist so einfach wie beim Vierzylinder M10: Wie dieser besitzt der M30 Exzenterräder im Kipphebel, die sich nach Lösen einer Mutter verdrehen lassen. Die Leichtmetall-Kipphebel laufen auf jeweils zweiteiligen, öldurchströmten Wellen und werden durch Federn und Anlaufscheiben in Position gehalten. Obwohl der Motor für einen Reihensechszylinder ausgesprochen drehfreudig ist, genügen ihm übrigens einfache Ventilfedern. „Die Zylinderköpfe selbst machen kaum Ärger, und wenn, dann durch Risse. Die älteren Versionen haben nahe der Brennräume noch breite Wasserkanäle, an ihren Enden reißen sie in Richtung Brennraum. Später hat BMW hier nur noch

Hier geht ordentlich was rein...

Nämlich bis zu 17 Liter Super, wenn man Gas gibt. Der imposante Ansaugtrakt der Einspritzanlage dominiert den Motorraum. Alternativ gab es zwei Zenith-Vergaser, die bei Wartung und Einstellarbeiten komplizierter sind als die D- oder L-Jetronic.

TECHNISCHE DATEN

BMW M30 bis 1977

Motorbauart:
Wassergekühlter Reihensechszylinder mit obenliegender, kettengetriebener Nockenwelle; Zylinderkopf und Ölwanne aus Aluminium, Block aus Grauguss

Hubraum:
2985 ccm (Bohrung x Hub: 89,25 x 80 mm)

Leistung*:
200 PS

Bauzeit*:
1968 bis 1977

*= Angaben für den abgebildeten Motor des BMW 3.0 Si/CSi mit Bosch D-Jetronic. Der Hubraum in den Baureihen E3/E9 war je nach Modell 2494 ccm (2500, 150 PS); 2788 ccm (2800, 170 PS); 2985 ccm (3.0, 180-200 PS); 3295 ccm (3.3, 190 PS); 3210 ccm (3.3, 200 PS). Der M30-Sechszylinder wurde bis 1994 in etlichen BMW-Pkw eingebaut.

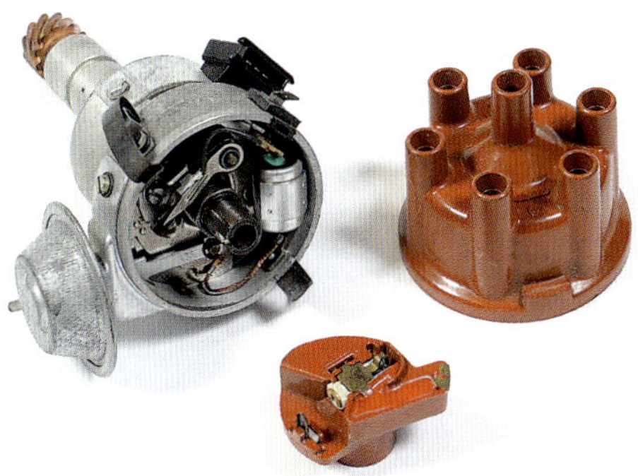

Zündende Mischung

Wenn ein Einspritzmotor nicht mehr richtig läuft, könnte die Kontaktplatte im Verteiler defekt sein. Sie liegt unterhalb der eigentlichen Stellplatte. Ersatz ist teuer.

zwei Bohrungen gesetzt und das Problem war nahezu beseitigt", sagt der Spezialist.

Die bekannte „BMW-Fahne" aus mitverbranntem Öl resultiert oft durch ausgehärtete Ventilschaftdichtungen. „Ölbläuen ist natürlich ein Zeichen von Verschleiß, mittlerweile kommt es aber auch mal durch überaltertes Material", weist der Kenner darauf hin, dass nicht immer größere Reparaturen anstehen müssen, wenn ein M30 qualmt wie Helmut Schmidt. BMW selbst gab einen Ölverbrauch von bis zu 1,5 Litern auf 1000 Kilometer an! Die Brennräume haben bleifreitaugliche Ventilsitzringe. Die Nockenwelle treibt auch den Verteiler an, der in einem Zwischenstück des Steuergehäuses sitzt.

Kurbeltrieb

Im nahezu unzerstörbaren Graugussblock steckt feinste Technik: „Die Kurbelwelle ist geschmiedet, verfügt über zwölf Gegengewichte und ist siebenfach gelagert, auch die Pleuel sind geschmiedet. Die Kolben haben ein spezielles Dach, das die Verwirbelung im Brennraum optimiert, und das ganze wird durch eine kettengetriebene Pumpe mit Öl versorgt. Und wir sprechen hier nicht von einem Rennwagen sondern von standfester Großserientechnik", freut sich Dieter Tögel, der keine ausgesprochenen Schwachstellen aufzuzählen weiß. „Regelmäßige Ölwechsel sind das A und O. Und auch, wenn's im Fuß juckt: Immer schön warmfahren, ehe man den Motor hochdrehen lässt. Die Kette der Ölpumpe kann übrigens auch verschleißen und am Motorblock schleifen. Das hört man aber nicht, und mir ist auch noch nie eine gerissene Pumpenkette untergekommen." Der Ölfilter ist als Wechselpatrone ausgeführt, ihr Gehäuse sitzt seitlich am Block angeflanscht. Für die Wasserpumpe gibt es am Block einen eigenen Anguss. Der Steuerkettendeckel aus Alu ist direkt auf die Stirnseite des Blocks geschraubt. Auch der Simmerring hinter der Schwungscheibe sitzt in einem angeschraubten Leichtmetallgehäuse.

Die Aluminiumölwanne fasst sechs Liter Öl, in ihr sitzt die Ölpumpe, an der ein recht mächtiges Ansaugrohr angeschraubt ist. „Dieses Teil wirkt auch als Schwallblech, denn in den frühen Ölwannen kann das kostbare Nass ziemlich schwappen. Später hat BMW die Wanne geändert, Schwallblech und Ölstandswarner integriert."

Sonst noch interessant...

...ist insbesondere die Benzinversorgung. Die Vergaserversionen haben zwei recht komplexe Zenith 35/40 INAT-Vergaser, eine mechanische Benzinpumpe ist hier seitlich am Kopf angeschraubt. Auch bei den Einspritzversionen ist der (hier freilich nicht durchbrochene) Anguss am Kopf zu sehen.

Die gewaltigen Luftsammler der Einspritzversionen (Bosch D-, ab 1975 L-Jetronic) sehen ungleich eindrucksvoller aus und sind bei Störungen einfacher in den Griff zu kriegen als die zu Falschluft neigenden Vergaserbatterien.

Ein Fazit?

„Der BMW-Sechszylinder ist insgesamt überschaubar aufgebaut. Mancher Kleinwagen hatte damals einen aufwendigeren Ventiltrieb als der M30. Bei der Materialqualität und bei den Kernteilen wie der Kurbelwelle oder den Kolben haben die Münchener aber weder Kosten noch Mühen gescheut. Und das merkt man an der Laufruhe und der Drehfreudigkeit. Der Slogan ‚Freude am Fahren' kam ja auf, als der 2500 CS noch ziemlich neu war. Und BMW hat damit den Nagel auf den Kopf getroffen", sagt Dieter Tögel.

Unter der Haube

Ein 1,5-Liter-Motor mit 60 oder 75 PS, seitlicher Nockenwelle und Stirnradantrieb: Für eine Konstruktion aus den Fünfzigern klingen die Eckdaten des **Borgward Vierzylinders** nicht ungewöhnlich. Und doch war er besser als die meisten anderen. Wir zeigen, warum.

Erzsolider Dauerläufer

Eine dreifach gelagerte Kurbelwelle war in den Fünfzigern Stand der Technik. Defekte tauchen an ihr so selten auf wie beim schlicht, aber sehr sorgfältig konstruierten gusseisernen Block.

„Du warst zu gut für diese Welt" stand auf dem Schild, das die Borgward-Mitarbeiter der letzten Isabella im Werk zur Seite stellten. Das klingt Ihnen zu pathetisch? Nun ja, ganz falsch lagen sie nicht...

In den Fünfzigern waren Benzin-Motoren, die die Lebensdauer eines Lkw-Diesels erreichten, selten. Der Reihenvierzylinder, den die Borgward-Werke für ihr Mittelklassemodell entwickelten, zählt zu diesen Dauerläufern: „300.000 Kilometer sind drin, selbst 400.000 kann der Motor erreichen. Er muss nur entsprechend gepflegt werden", sagt Kfz-Meister Holger Schütz, in dessen Werkstatt wir einen 75-PS-Motor aus der Isabella TS ausbreiten, der sich von der 60 PS starken Standardversion nur in Vergaser und Zylinderkopf unterscheidet.

Zunächst bleiben wir in den Niederungen von Motorblock und Kurbelwelle. Diese ist im Graugussblock dreifach gelagert, und dank hoher Materialqualität sowie üppigst dimensionierter Ölpumpe kaum aus der Ruhe zu bringen. „Bei Borgward war man sehr stolz auf die gehärtete Welle und wies extra darauf hin, dass sie nicht zu überschleifen sei", sagt der Profi – der selbst staunt, als er auf unserem Foto-Objekt sogar

Doppelte Ventilfedern...

...sind die einzige maßvolle Extravaganz, die der Ventiltrieb aufweist. Die Übertragung mittels Stößelstangen ist konventionell, deren Aufnahme für die Einstellschrauben ist kugelförmig ausgebildet.

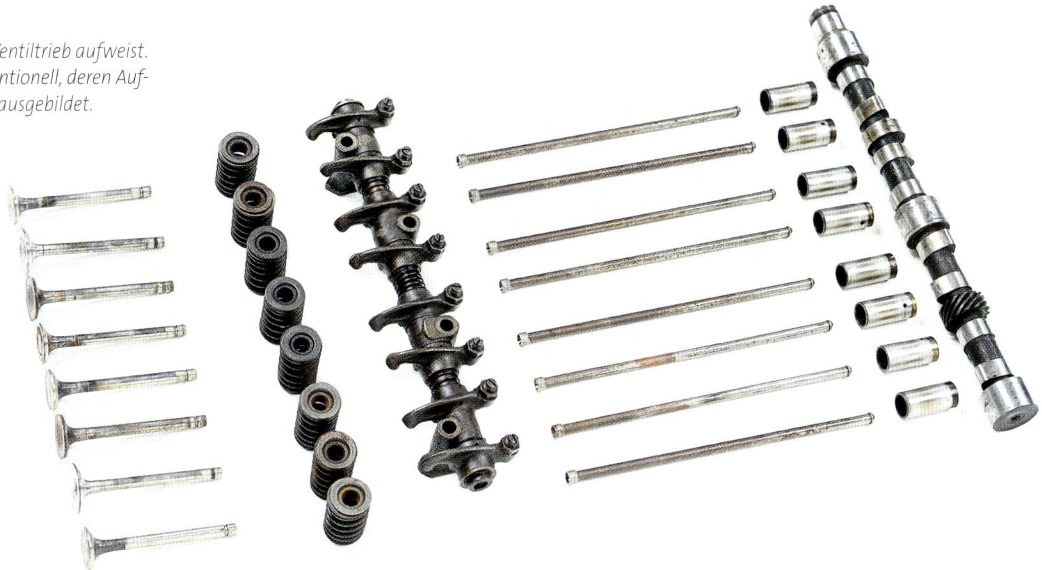

Der Stirnradantrieb...

...sorgt heute mitunter für ein lautes Laufgeräusch des Isabella-Herzes. Originale, leise Novotex-Räder gibt es nicht mehr, Ersatz aus Alu neigt zu Rasselgeräuschen. Erst seit jüngerer Zeit gibt es gute Reproteile.

einen Aufkleber entdeckt, der darauf hinweist! Am anderen Ende der Welle ist das Stahl-Stirnrad aufgebracht, welches in das aus vielen ohv-Motoren bekannte Novotex-Antriebsrad der Nockenwelle greift. „80.000 bis 90.000 Kilometer halten die Stirnräder, danach wird es kritisch“, weiß Holger Schütz. „Lange waren überwiegend schlechte Ersatz-Räder lieferbar, bei denen sich die Stahlnabe löste. Mittlerweile gibt es aber wieder Kunststoffteile, die auch halten. Ein Alu-Stirnradsatz funktioniert auch, doch der läuft halt recht laut.“

Die seitlich im Block liegende Nockenwelle treibt mittels Zwischenwelle auch Verteiler und Ölpumpe an, ebenso die Benzinpumpe. Für diese hat sie einen eigenen Nocken.

Oberhalb der Stirnräder, die von einem Aludeckel verdeckt werden, ist die Wasserpumpe am Block angeflanscht. „Komplette neue Pumpen gibt es nicht mehr, allerdings Überholsätze mit neuer Welle, Flügelrad und Lagern“, erklärt der Profi, der stets ein überholtes Exemplar in seiner Werkstatt bereithält. Benzinpumpen gibt es im Austausch, auch Reparatursätze sind lieferbar.

Ein kleiner Engpass zeigt sich bei den Kolben. Wirklich gute Neuteile sind derzeit kaum zu kriegen. „Zum Glück sind Schäden selten, sodass man die Originalen meist mit neuen

TECHNISCHE DATEN

Borgward Isabella

Motorbauart:
Wassergekühlter Viertakt-ohv-Reihenvierzylinder mit Graugussblock und Aluzylinderkopf, Stirnradantrieb, dreifach gelagerte Kurbelwelle; ein Solex 32 PICB Einfachvergaser (Standard) oder ein Registervergaser Solex 32 PAITA (TS)

Hubraum:
1493 ccm (Bohrung x Hub: 75 x 84,5 mm)

Leistung:
60 PS bei 4700 U/min (Standard), 75 PS bei 5200 U/min (TS)

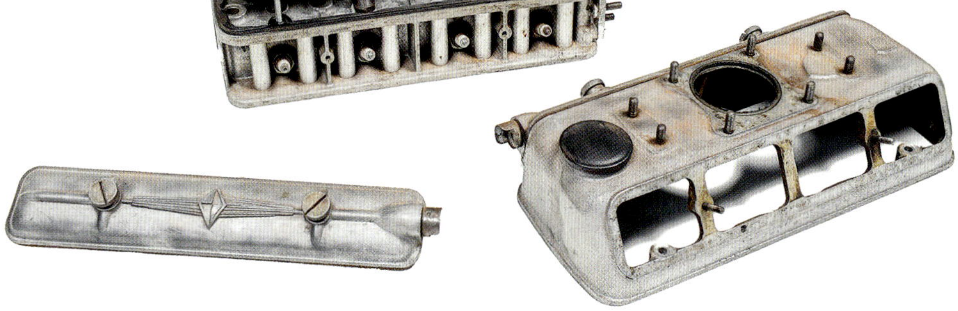

Neben der Kipphebelwelle...
...geht es eng zu, denn auch der Ansaugkrümmer sitzt hier. Der Vergaser wird auf dem Ventildeckel verschraubt, ein Gummiring dichtet den Ansaugtrakt ab.

Ventilsitzringe...
...waren bei Borgward schon vor 60 Jahren obligatorisch: Dieser Motor ist bleifreitauglich. Nur im Zylinderkopf liegen die Unterschiede zwischen 60- und 75-PS-Version. Letztere ist höher verdichtet (8,2:1 statt 7:1) und hat größere Ventile.

Ein Kunstwerk...
...ist die komplett zerleg- und überholbare Ölpumpe (r.), die den Schmierstoff durch ein Sieb ansaugt. Sie wird über eine mit der Nockenwelle verbundene Zwischenwelle betätigt, die auch den Verteiler antreibt.

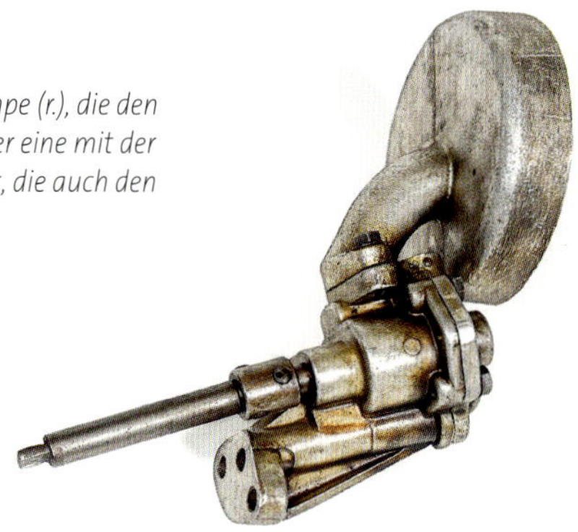

Nicht nur schick, sondern auch mit Nehmerqualitäten...
...ausgestattet war die 1954 zunächst als „Hansa 1500" präsentierte Isabella. Borgwards legendäres Volumenmodell blieb bis zum Konkurs 1961 im Programm. Noch heute ist sie das häufigste Modell der Marke und nicht wenige sind noch immer mit dem Originalmotor unterwegs. Bis 1958 engagierte sich Borgward im Motorsport. Die Vierzylinder-Triebwerke wurden auch später noch in Kooperation mit Cooper für Formelautos weiterentwickelt.

Ringen weiterverwenden kann", beruhigt Holger Schütz.

Ist der Rumpf noch recht konventionell aufgebaut, zeigt der Alu-Zylinderkopf einige Besonderheiten: Der Vergaser sitzt auf dem ersten Blick ohne Ansaugkrümmer direkt auf dem Ventildeckel. Tatsächlich ist der Krümmer unter der Haube – und der Zugang zu den Ventilen und zur Kipphebelwelle samt Stößelstangen wird über weitere seitliche Deckel ermöglicht. „Eigentlich soll der seitliche Platz ausreichen, um alle 10.000 Kilometer die Ventile einzustellen. Das soll sogar bei laufendem Motor funktionieren. Aber ganz ehrlich: Bei abgebauter Zylinderkopfhaube samt Vergaser lässt sich so gut arbeiten, dass ich es gar nicht erst durch die schmalen Seitendeckel versuche." Kupplungsseitig sitzt noch ein Nebenstrom-Ölfilter am Kopf, stirnseitig das Thermostatgehäuse. Holger Schütz rät, den Einsatz des Nebenstromfilters bei jedem zweiten Ölwechsel zu erneuern, vor allem aber das Filtergehäuse auszuwaschen: „Es gibt eine Bypassbohrung, die durch das Lösen einer Schraube freigegeben wird. Dann läuft das restliche Öl aus dem Filtertopf ins Kurbelgehäuse zurück und man kann ihn ohne Kleckerei auswischen."

Kann man also heute noch rundum sorglos mit dem Bremer Vierzylinder unterwegs sein? „Auf jeden Fall", sagt Holger Schütz. „Allerdings sollte man sehr auf die Qualität nachgefertigter Ersatzteile achten."

Detailfreude...

...zeigt sich bei allen Anbauteilen. So wie bei der bereits erwähnten Ölpumpe, die so lange wie der Motor hält. Ihr Sieb ist demontierbar.

Der Nebenstrom-Ölfilter...

...macht mit seinem Volumen einem Lkw alle Ehre. Er sitzt kupplungsseitig am Zylinderkopf.

Die Benzinpumpe...

...wird über einen Extra-Nocken der seitlichen Nockenwelle angetrieben.

Die Wasserpumpe...

...ist oberhalb des Stirndeckels am Block angeflanscht. Schönes Detail: Die Welle wird mit einer Staufferbuchse geschmiert. Neuteile gibt's nicht mehr.

Die Schwungscheibe...

...ist üppig dimensioniert und trägt so zur Laufruhe des Aggregats bei. Praktisch: Die Reibscheibe der Kupplung passt von diversen Mercedes-Pkw.

Zahnausfall? Nach rund 80.000 Kilometern sollte der Stirnradsatz erneuert werden. Beruhigend: Alle Isabella-Motoren sind Freiläufer.

Geheimnis ihrer Langlebigkeit: Die Borgward-Kurbelwelle ist nitriert, und das war den Ingenieuren so wichtig, dass sie darauf hinwiesen.

Flattermann

Der Citroën 2 CV Boxer ist so simpel wie durchdacht: Bei Drehzahlen, die andere Triebwerke detonieren ließen, fühlt sich das Herz der „Ente“ gerade erst richtig wohl. Wir zeigen, warum.

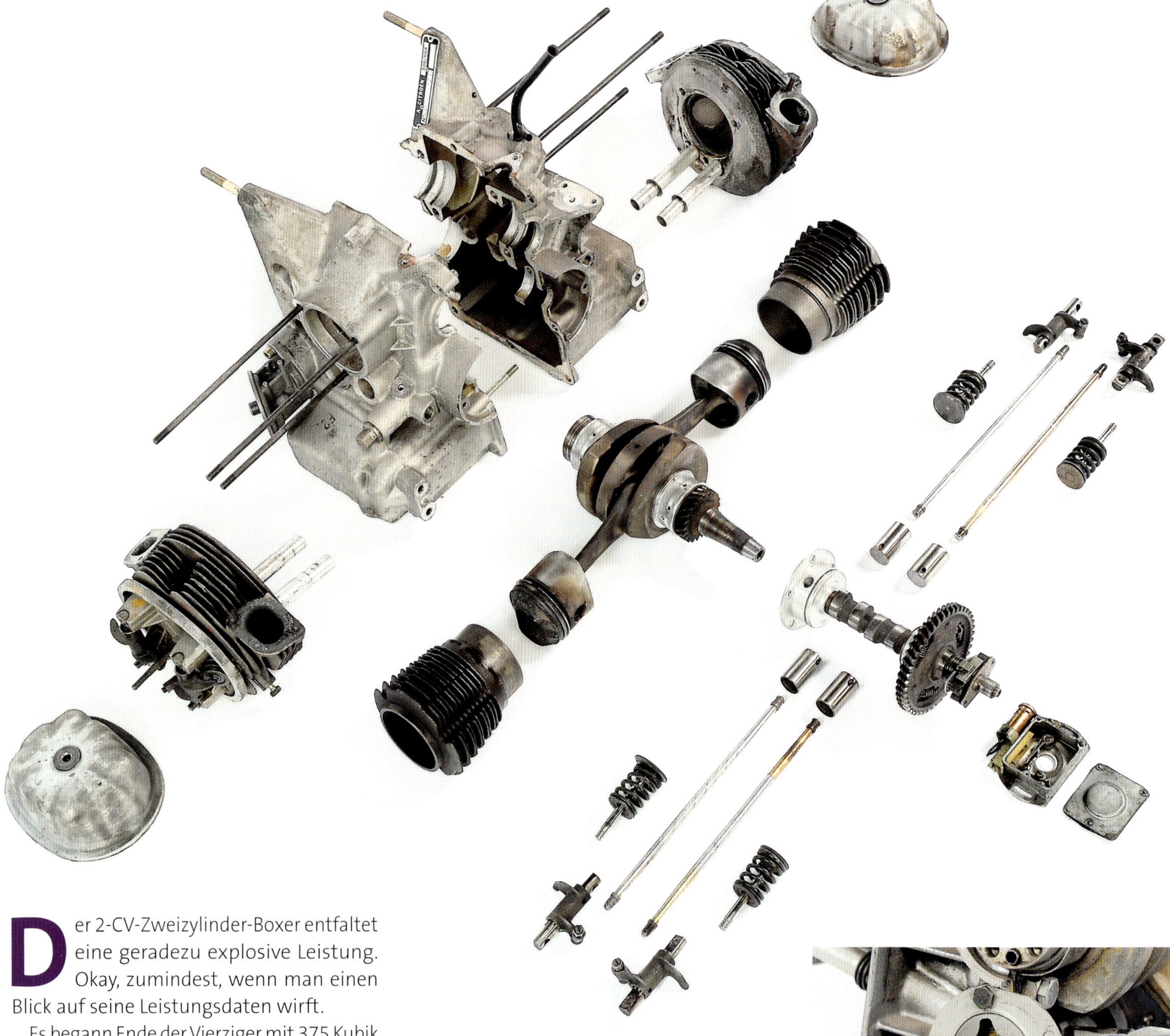

Der 2-CV-Zweizylinder-Boxer entfaltet eine geradezu explosive Leistung. Okay, zumindest, wenn man einen Blick auf seine Leistungsdaten wirft.

Es begann Ende der Vierziger mit 375 Kubik und neun PS. 20 Jahre später hatte der Motor des Citroën 2 CV seine Leistung verdreifacht: Mit 602 Kubik und je nach Modell 26 bis 32 PS war das „hässliche Entlein“ gut motorisiert für den hektischen Alltagsverkehr. Der „große“ Boxer der hochdrehenden Version ab 1970 war die letzten zwölf Jahre der Bauzeit Standardmotorisierung des französischen Kultautos. Dessen Fangemeinde ist noch immer groß, und so gibt es auch in Deutschland etliche Spezialisten und Clubs, die sich mit Ente und Verwandten beschäftigen: Im Internet findet man unter www.amicale-citroen.de ein Gesamtverzeichnis aller Clubs.

Die Nockenwelle treibt das Flügelrad der Ölpumpe an, gleichzeitig lagert sie darin.

Das Herz des Boxers...

...schlägt in hoher Frequenz. Kolben und Zylinder können verschleißen, die Kurbelwelle hält in der Regel das gesamte Motorleben. 150.000 Kilometer rennt das Aggregat locker – und ist dann meist noch problemlos überholbar.

Fast wie im Rennmotor...

...sieht es in den halbkugelförmigen Brennräumen aus. Jeder Kipphebel läuft auf einer eigenen Welle (ganz o.), betätigt werden sie über Stößelstangen. Die „Brillen"-Dichtungen der Schutzrohre (r.) sind leider oft undicht...

Auch wir müssen nur wenige Kilometer weit fahren, um einen Franzosen-Schrauber zu finden, der uns ein Enten-Herz tranchiert. In der Autoklinik Rosenstock in Wackernheim bei Mainz hat Profi Dieter Farjot ein 602-Kubik-Triebwerk aus den Achtzigern vorbereitet.

Ohne die Vergaserspinne, das frontseitige Lüfterrad, den Gebläsekasten und den zwischen Lüfter und Motorblock verschraubten Ölkühler bleibt überraschend wenig zum Fotografieren übrig. „Das ist einer der Vorzüge des Triebwerks", sagt Farjot. „Es ist nicht aufwendig, aber extrem durchdacht konstruiert. Einerseits gibt es nur eine Handvoll Teile, andererseits sind diese absolut stabil ausgelegt. Der 2-CV-Boxer mit seinem fast quadratischen Verhältnis von Bohrung zu Hub und den langen Ansaugwegen lässt Drehzahlorgien genauso wie untertouriges Fahren zu."

Der Kurbeltrieb

Hier spielt sich fast alles Wesentliche im Motor ab, da er bauartbedingt neben der Kurbelwelle auch die Nockenwelle aufnimmt. Sie rotiert stirnradgetrieben im Ölbad unterhalb der Kurbelwelle und treibt sowohl Unterbrecher als auch Ölpumpe an. Die mit einem vierflankigen Antriebsritzel ausgestattete Pumpe ist nicht nur aufwendig konstruiert, sie ist auch Lager für die Nockenwelle – und kann im Lauf der Jahre ausschlagen. Das Unterbrechergehäuse (der 2 CV hat keinen Verteiler, sondern eine Doppel-Zündspule) hinterm Lüfterrad ist nur mäßig zugänglich – und zugleich der Grund, dass das Einstellen der Zündung oft vernachlässigt wurde. Heute gibt es elektonische Umrüstsätze, die das regelmäßige Kontrollieren überflüssig machen. Die nur zweifach gelagerte Kurbelwelle trägt auf einem Zapfen das Lüfterrad und getriebeseitig die Schwungscheibe. Da das Kurbelgehäuse ordentlich dimensioniert ist, sind Defekte hier selten.

TECHNISCHE DATEN

Citroën 2 CV 6*

Motorbauart:
Luftgekühlter Zweizylinder-Boxermotor mit untenliegender Nockenwelle. Kurbelgehäuse und Zylinderköpfe aus Leichtmetall, Zylinder aus Grauguss

Hubraum:
602 ccm (Bohrung x Hub: 74 x 70 mm)

Leistung:
26 bis 29 PS bei 5750 U/min

Bauzeit:
1970 bis 1990

*= Die technischen Daten entsprechen den 2 CVs der 80er Jahre. In seinen Grundzügen wurde der erstmals im Ami 6 verbaute „große" Motor ab 1970 kaum verändert. Die Variante mit 425 bzw. 435 Kubik (2 CV 4) entfiel 1978.

Der Einfüllstutzen...

...hat eine Membran, die die Druckunterschiede im Kurbelgehäuse ausgleicht. Ist sie defekt, drückt der Motor Öl aus allen Fugen – das Teil ist als Repro lieferbar.

Die Ölpumpe zählt zu den aufwendigen Teilen des Boxers und kann ausschlagen.

„150.000 Kilometer bei ungeöffnetem Block sind normal", sagt der Enten-Kenner. „Es gibt auch Motoren mit über 200.000 Kilometern auf der Uhr, die noch bestens laufen. Allerdings sollte man immer darauf achten, dass alle Schrauben fest sitzen. Der Boxer läuft aufgrund des hohen Drehzahlniveaus nicht unbedingt vibrationsarm. Wenn sich dann noch das Kurbelhäuse lockert, kommt es nicht nur zu Ölverlust, sondern auch zu mechanischen Schäden."

Kolben, Zylinder und Zylinderköpfe

„Hemisphärische Brennräume gibt's sonst eigentlich nur bei Sportmotoren und US-Cars. Und eben im 2-CV-Motor, der zumindest sportlich behandelt werden will, um im Straßenverkehr ordentlich mitzuschwimmen. Die Kolben haben ein angedeutetes Dach, in der Mitte dafür eine Mulde. Als es an der Tankstelle noch Normal- und Superbenzin gab, staunten die anderen immer, wenn man als Enten-Fahrer zur Super-Zapfpistole griff. Aber man ist ja quasi mit gezähmter Renntechnik unterwegs, 95 Oktan mussten zumindest bis Baujahr 1985 immer rein", lacht Farjot. Zuletzt reduzierte Citroën das Verdichtungsverhältnis von 8,5 auf 7,9:1. Die sportlich angehauchten Köpfe sind trotzdem grundsätzlich anspruchslos. Zylinderkopfdichtungen gibt es nicht, stattdessen läuft der Sitz der Zylinder hier konisch zu. Jeder Kipphebel sitzt auf einer eigenen Welle und wird durch einen langen Stößel betätigt.

Kein Spinnentier...

...sondern der Vergaser samt Krümmer ist hier zu sehen. Die Abgase übernehmen auch die Ansaugvorwärmung.

Das längsgeteilte Kurbelgehäuse...

...offenbart ein Geheimnis der Langlebgkeit des Entenherzens: Es ist ausgesprochen solide gegossen und fasst immerhin 2,5 Liter Öl. Dessen Wechselintervall von zirka 7500 km sollte man freilich einhalten und die Viskosität 20 W 50 wählen – die nur zweifach gelagerte Kurbelwelle wird es danken.

Hier funkt's

Der 2 CV hat keinen Verteiler; auf der Nockenwelle sitzt ein Unterbrechergehäuse. Es gibt heute elektronische Unterbrecher zum Nachrüsten.

„Das regelmäßige Ventileinstellen wird gerne ‚vergessen', da man die Kotflügel abbauen sollte, um ordentlich arbeiten zu können", erklärt der Entenmann damit auch die Hauptbedrohung der Motoren: sparwütige Eigner und unwillige Schrauber. „Auch ein nachlässig behandelter Motor hält lange. Aber man kann die Lebensdauer mit regelmäßiger Wartung fast verdoppeln. Mittlerweile gibt es auch nicht mehr an jeder Ecke gebrauchte Ersatzmotoren für Zweimarkfünfzig, daher lohnt sich die Pflege in jedem Fall."

Das Drumherum...

...ist es, was den Rumpfmotor beinahe unsichtbar macht: Die Anbauteile sind reichlich. Farjot: „Vergaser und Ansaugbrücke sollten festsitzen, sonst zieht der Motor Falschluft und läuft heiß. Wenn sich hingegen die Benzinpumpe lockert, ölt es ordentlich. Auch die sogenannten Brillengummis, die die Stößelschutzrohre am Übergang zum Block abdichten, sind oft undicht. Und auch die Simmerringe der Kurbelwelle halten nicht unbedingt das gesamte Motorleben. Besonders gemein ist aber der Öleinfüllstutzen: Hierin befindet sich eine Membran, die die Druckunterschiede im Kurbelgehäuse ausgleicht. Sitzt sie fest, fängt der Motor an, das Öl aus allen möglichen und unmöglichen Stellen herauszudrücken. Es gibt das Teil aber noch neu."

Das simpelste Auto der Welt...

...sollte der Citroën 2 CV sein: Vier Personen plus 50 Kilo Zuladung hatte das Auto über eine längere Strecke mit mindestens Tempo 60 bei drei Litern Benzinverbrauch auf 100 Kilometer zu transportieren. Das war die Vorgabe. 1937 starteten die Planungen, 1948 präsentierte Citroën schließlich den „Döschewo" – der in den Sechzigern zum Kultauto avanciert. Bei den ersten Modellen hatte der Zweizylinder noch 375 Kubik und neun (!) PS. Der Motor des Fronttrieblers wird bis in die sechziger Jahre fortwährend überarbeitet, bis er auf 602 ccm und 32 PS erstarkt ist. So trieb er den 2 CV (mit variierender PS-Zahl) bis zum Produktionsende 1990 an. Auch in Citroën Ami, Visa, Dyane, LN sowe in diversen Kit-Cars fand der schnattrige Luftheuler Verwendung. Ersatzteile sind über Citroën und freie Händler zu bekommen.

Zwölfstimmig

Auf der Liste der berühmtesten Motoren steht dieses außergewöhnliche Triebwerk weit oben. Der Mythos der Marke ist ohne den **Ferrari 250 Colombo-V12** nicht denkbar.

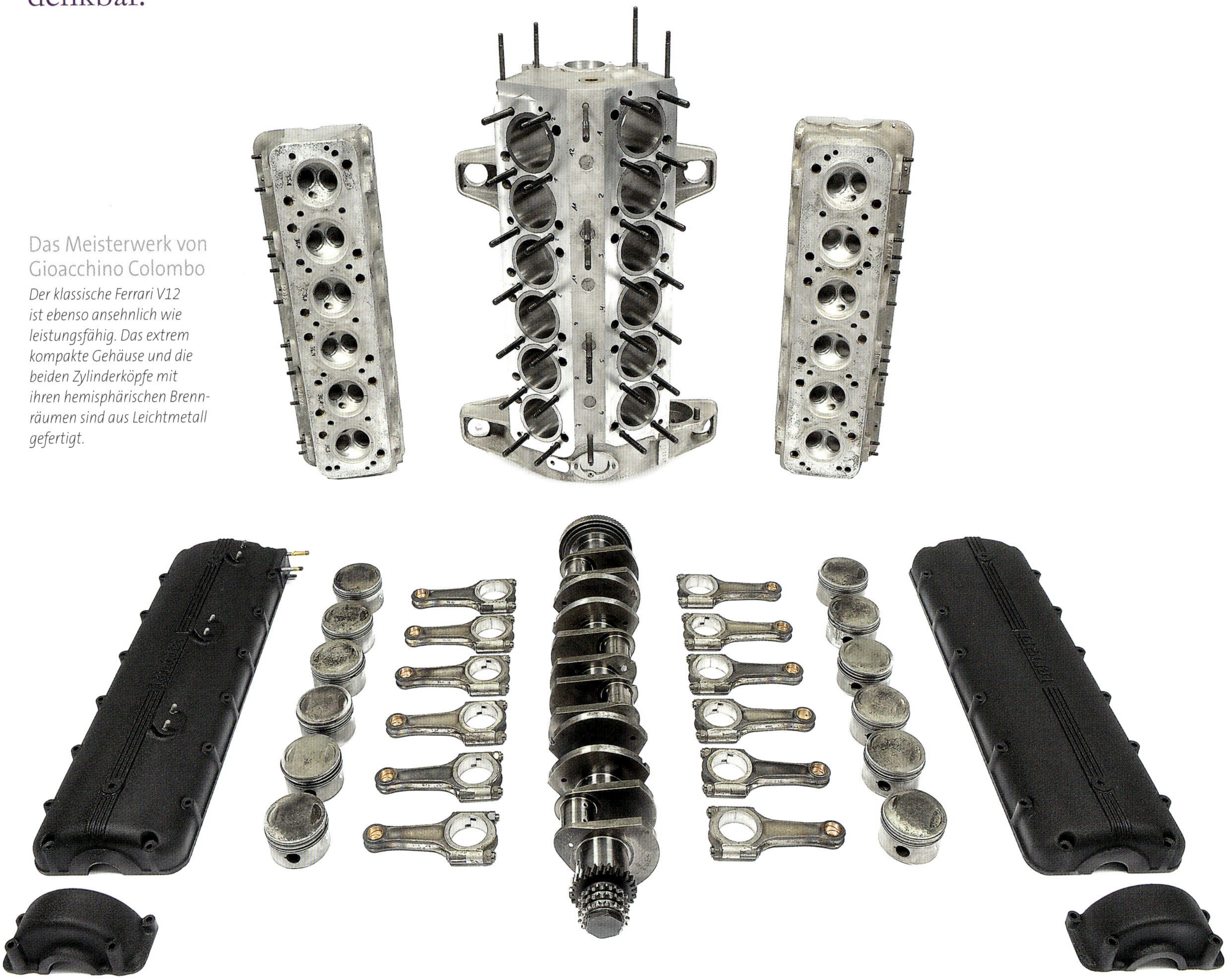

Das Meisterwerk von Gioacchino Colombo
Der klassische Ferrari V12 ist ebenso ansehnlich wie leistungsfähig. Das extrem kompakte Gehäuse und die beiden Zylinderköpfe mit ihren hemisphärischen Brennräumen sind aus Leichtmetall gefertigt.

Der legendäre V12 war über zwei Dekaden für die Sportwagenmanufaktur im italienischen Maranello die Basis des Erfolges. Die bildschöne Konstruktion von Gioacchino Colombo machte vor allem in der Ferrari-250-Serie Furore. Der Zwölfender befeuerte berühmte Boliden wie 250 Testa Rossa, 250 GT und GTO, 166 MM Barchetta und 275 GTB...

Kennzeichnend für das drehfreudige Triebwerk mit dem unvergleichlichen Sound sind die beiden, im Winkel von 60 Grad zueinander angeordneten Zylinderreihen mit je einer obenliegenden Nockenwelle. Abgesehen von den nassen Zylinderbuchsen und den beweglichen Teilen besteht es von der Ölwanne bis zum Zylinderkopf vollständig aus Aluminium. Aufs Konto der Motoren-Ikone gehen zahlreiche Rennerfolge. Und der Colombo-V12 war der erste straßentaugliche Saugmotor mit einer Literleistung von 100 PS.

Erst recht staunen lässt ein Blick auf die Entwicklungsgeschichte: Das Triebwerk debütierte 1947 in der Geburtsstunde der Marke Ferrari im Typ 125 S als Zwölfzylinder-Zwerg mit gerade mal 1497 Kubikzentime-

Gezahntes Herz

Eine Zahnradpumpe fördert den Schmierstoff in die Ölkanäle. Sie wird direkt von einem Ritzel auf der Kurbelwelle angetrieben. Das Öldruck-Regelventil sitzt nicht an der Pumpe, sondern am Ölfiltergehäuse.

Hemisphärisch

Die Brennräume sind halbkugelförmig. Eine Quetschkante soll verhindern, dass das Gemisch unkontrolliert an der Kopfdichtung verbrennt.

Wechselbar

Die nassen Laufbuchsen sitzen ohne zusätzliche Dichtung im Motorblock.

Die Kolben...

...haben drei Ringe, einen sanft gewölbten Boden und schwimmende Kolbenbolzen mit Federringen.

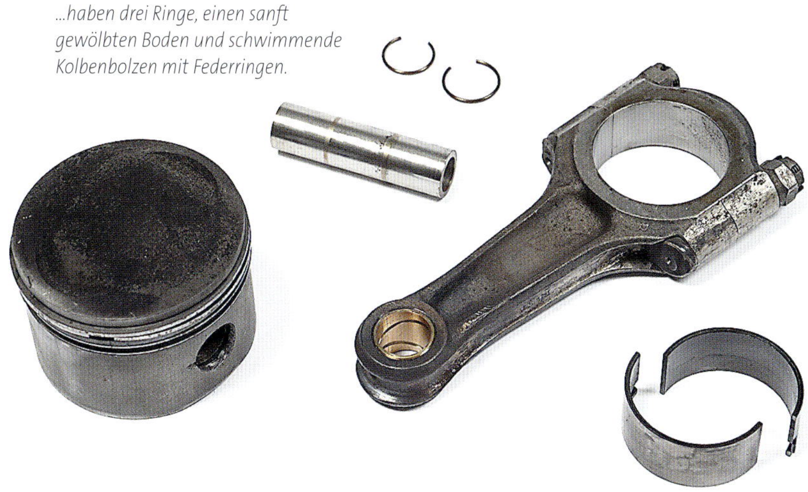

tern. In den Folgejahren wuchs der Hubraum bis über drei Liter – der Block jedoch blieb in Form und Größe gleich. Was die Zylinder immer näher zusammen rücken ließ, da man bis zum Typ 275 mit 3,3-Litern den Hub bei konstanten 58,8 Millimetern beließ, ergo die Bohrung größer werden musste. Erst in der Vierliter-Ausbaustufe des 400 Superamerica und Tipo 330 erhöhte sich der Hub auf 71 Millimeter. Die Leistung erreichte bei Drehzahlen bis über 7000 Touren bis zu 400 PS mit drei Weber-Vergasern.

Damit war der über die Jahre in vielen Details optimierte Colombo-V12 allerdings längst nicht ausgereizt. Mit zwei Nockenwellen statt einer je Zylinderbank, Bosch K-Jetronic und weiter vergrößertem Hubraum bis auf fünf Liter endet die Geschichte erst 1989 mit dem Typ 412. Somit kommt der Colombo-V12 auf die sagenhafte Bauzeit von 42 Jahren.

Der Motorblock

Näher anschauen wollen wir uns die Typ 250-Version, die für die „goldenen Jahre" des Colombo-Motors steht und die gewichtigste Rolle in der Historie spielt. Dazu besuchen wir die Werkstatt von Ferrari-Vertragshändler Eberlein in Kassel, der auch ein Repräsentant der Klassik-Abteilung der Sportwagenschmiede ist. Werkstattleiter Thomas Kunz legt uns das filetierte „128F"-Triebwerk eines 250 GT aus dem Jahr 1960 auf die Werkbank. Was selbst beim Zylinderblock keine allzu schwere Übung darstellt: Der Motor ist für diese Hubraumklasse nicht nur überraschend kompakt, sondern dank des von Ferrari „Silumin" genannten Silicium-Aluminiums auch ein wahres Leichtgewicht, was für sich schon zur Entstehungszeit des Triebwerks alles andere als gewöhnlich war. Auf den ersten Blick fällt außerdem die hohe Fertigungsqualität auf. Die kleine Ferrari-eigene Gießerei hat schon damals ein überragendes Finish geliefert. Die Fläche um die

Das Lüfterrad...

...ist mit seiner Welle auf einem Alu-Flansch montiert. Der Antrieb erfolgt über Keilriemen.

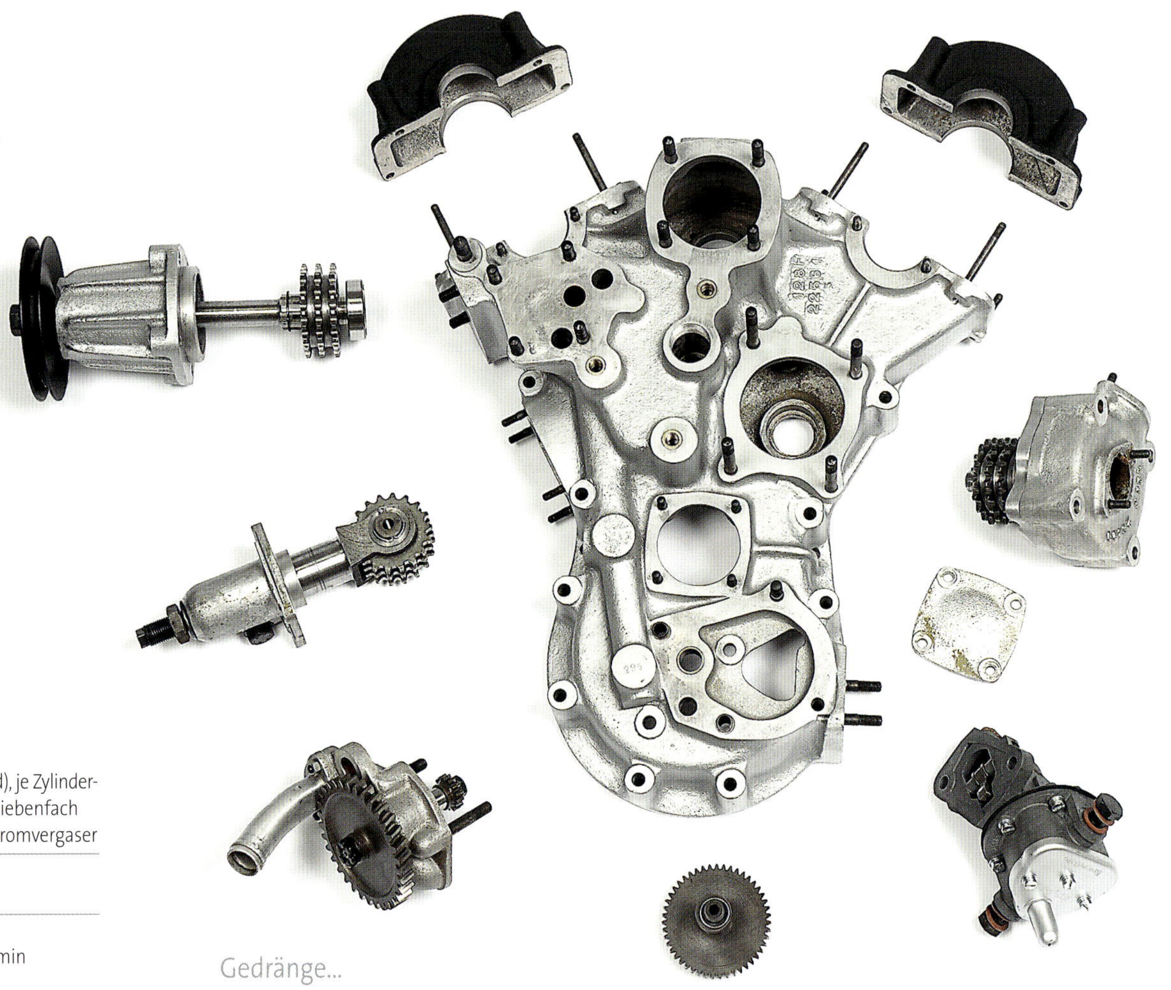

TECHNISCHE DATEN

Ferrari 250 Colombo-V12

Motorbauart:
Wassergekühlter Zwölfzylinder-V-Motor (60 Grad), je Zylinderreihe eine obenliegende Nockenwelle (dohc); siebenfach gelagerte Kurbelwelle; drei Weber-Doppelfallstromvergaser

Hubraum:
2953 ccm (Bohrung x Hub: 73 x 58,5 mm)

Leistung:
240 PS bei 7000 U/min bis 300 PS bei 7400 U/min (mit sechs Weber-Vergasern)

Bauzeit:
1952 bis 1964 (alle Typen 1947 bis 1989)

Gedränge...

...herrscht am Steuergehäuse. An das präzise gefertigte Teil aus Aluguss docken die Pumpen für Öl, Benzin und Wasser an sowie der Antrieb des Keilriemens.

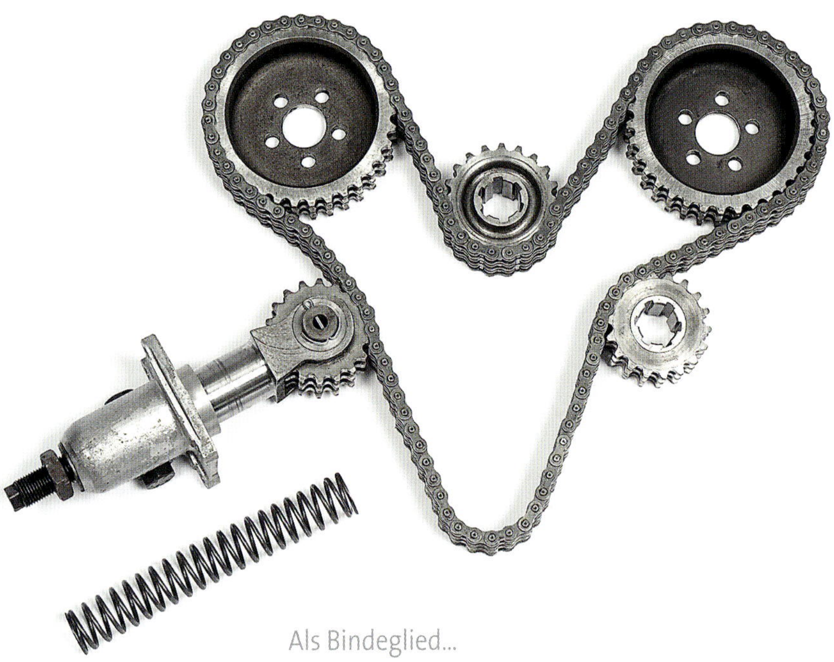

Als Bindeglied...

...zwischen der Kurbelwelle und den beiden Nockenwellen dient eine dreifache Rollenkette. Für Spannung sorgt ein mechanischer Einsteller, der mit einer Schraubenfeder vorbelastet ist.

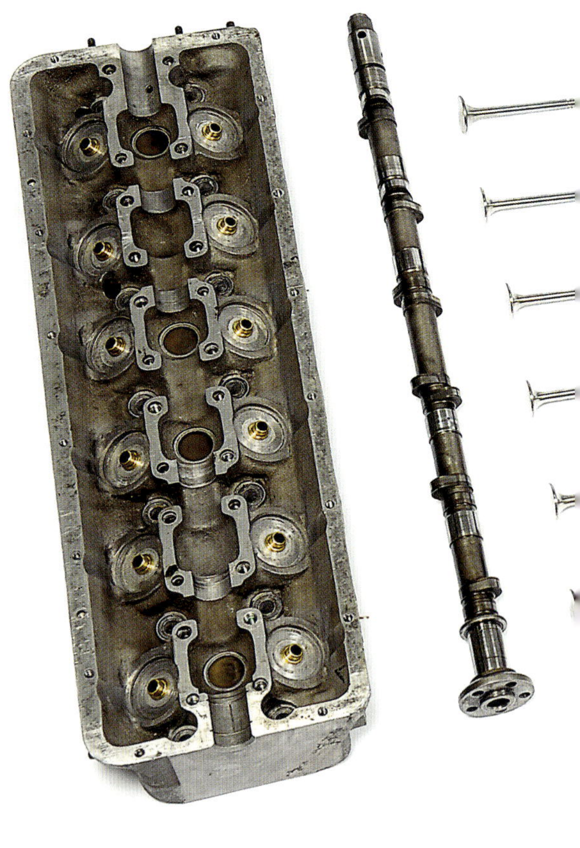

Zylinder und zwischen den beiden Zylinderreihen ist stabilitätsfördernd geschlossen.

Die Zylinderbuchsen sind eingepresst und bedürfen keiner besonderen Dichtung am Fuß. „Man erwärmt den Block auf 60 Grad Betriebstemperatur, dann fallen sie fast schon hinein", erklärt Experte Kunz. „Allerdings müssen alle Zylinder aufs Hundertstel genau mit dem gleichen Überstand montiert werden, was recht aufwendig ist. Andernfalls zieht man den Block beim Verschrauben der Zylinderköpfe krumm."

An den Längsseiten des Blocks sind jeweils zwei sehr massiv wirkende Ausleger angegossen, die eine verwindungssteife Befestigung im Chassis gewährleisten sollen. Das Motorgehäuse endet unten exakt in der horizontalen Mitte der sieben Kurbelwellenlager, die einen Durchmesser von 60 Millimetern haben. Entsprechend erstreckt sich die mehrteilige Alu-Ölwanne über die gesamte Blocklänge und ist an den Enden zur Aufnahme der Kurbelwellenabdichtungen halbrund ausgeschnitten. Das zehn Liter fassende Reservoir ist aufs Üppigste mit Schwallstegen versehen, damit in schnellen Kurven keine Luft ins Druckschmiersystem gesaugt wird. Ungewöhnlich: Das Öl wird über zwei lange Rohre eingefüllt, die auf beiden Längsseiten direkt in die Ölwanne münden und gleichzeitig zur Entlüftung dienen.

Der Kurbeltrieb

Die Kurbelwelle ist aus gehärtetem Schmiedestahl gefertigt und steht der perfekten Gehäuseoptik nicht nach. Untermaßlager sind erhältlich. Die 112 Millimeter langen Gusspleuel sitzen paarweise in Dreistofflagern auf den sechs Lagerzapfen. Die Alu-Kolben mit drei Ringen haben leicht nach außen gewölbte Böden mit jeweils zwei Mulden im Bereich der Ventile. Die Kolbenbolzen sind schwimmend im Kolbenhemd gelagert und mit Federringen gesichert.

Die Zylinderköpfe

Die Leichtmetall-Zylinderköpfe sind über jeweils 14 Stehbolzen (bei älteren Ausführungen nur 13) mit dem Block verschraubt. Jeder Kopf hat zur Innenseite des V sechs Ansaugkanäle. Bei frühen Versionen saßen hier auch die Zündkerzen, was wegen der

Erfolgreicher Dauerläufer: Ferrari 250 GT

Mit mehr als 1000 Exemplaren war der 250 GT so etwas wie Ferraris erstes Großserienmodell – zumindest im Vergleich mit den homöopatischen Stückzahlen, in denen frühere Modelle an die betuchte Kundschaft gebracht worden waren. Von 1956 bis 1964 gab es den Dreiliter-V12 in verschiedenen Evolutionsstufen. Die Kunden konnten wählen zwischen Luxus und Sportlichkeit, zwischen offen oder geschlossen. Der Motor von diesen Seiten stammt aus einem 250 GT Pinin Farina Cabriolet Serie 2 (Bild). Von dem entstanden zwischen 1959 und 1962 gut 200 Exemplare. Im Motorsport war der 250 GT eines der prägenden Autos seiner Epoche, von 1959 bis 1964 etwa gewann er in Folge seine Klasse bei den 24 Stunden von Le Mans.

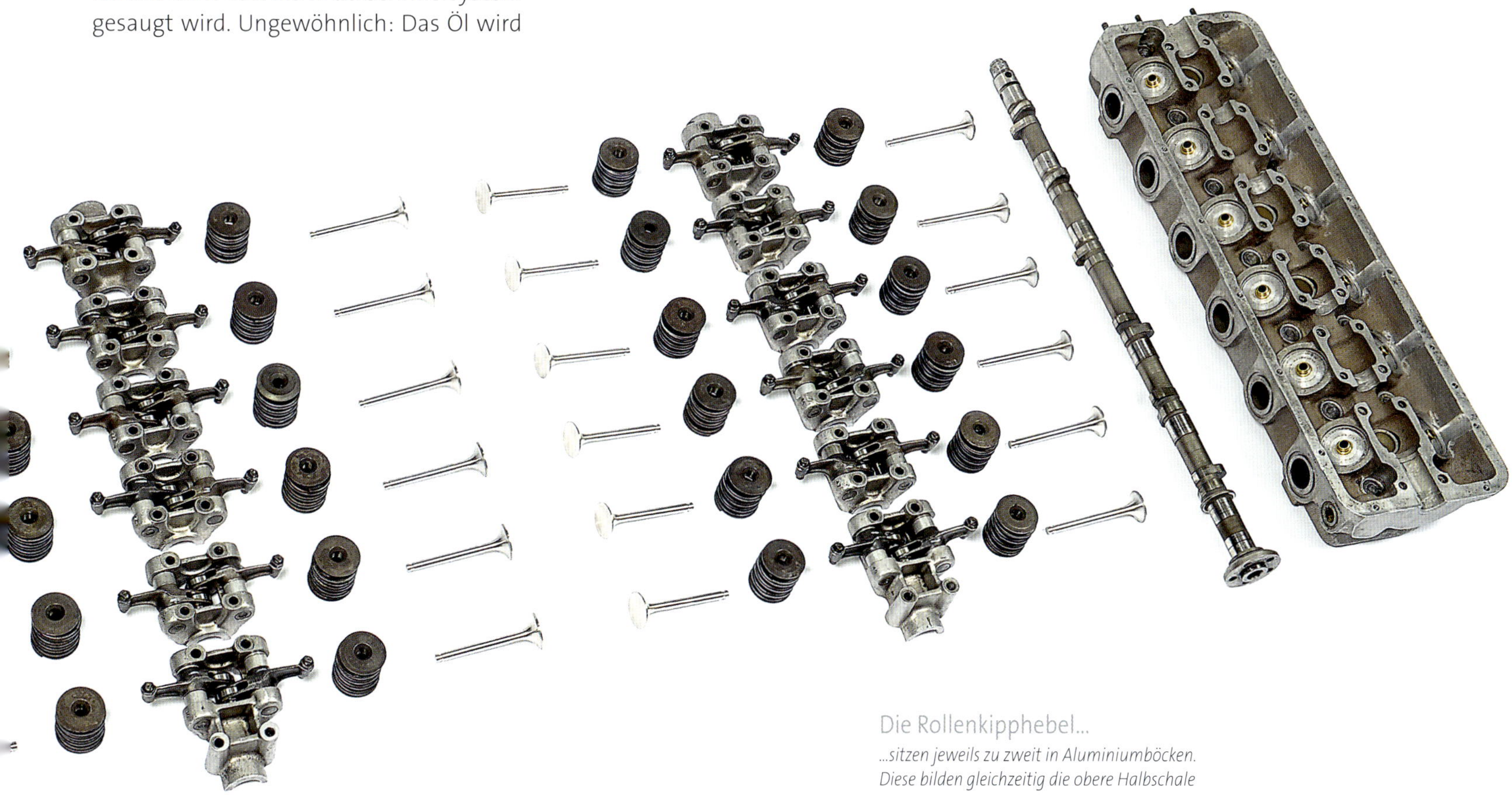

Die Rollenkipphebel…

…sitzen jeweils zu zweit in Aluminiumböcken. Diese bilden gleichzeitig die obere Halbschale der Nockenwellen-Gleitlager.

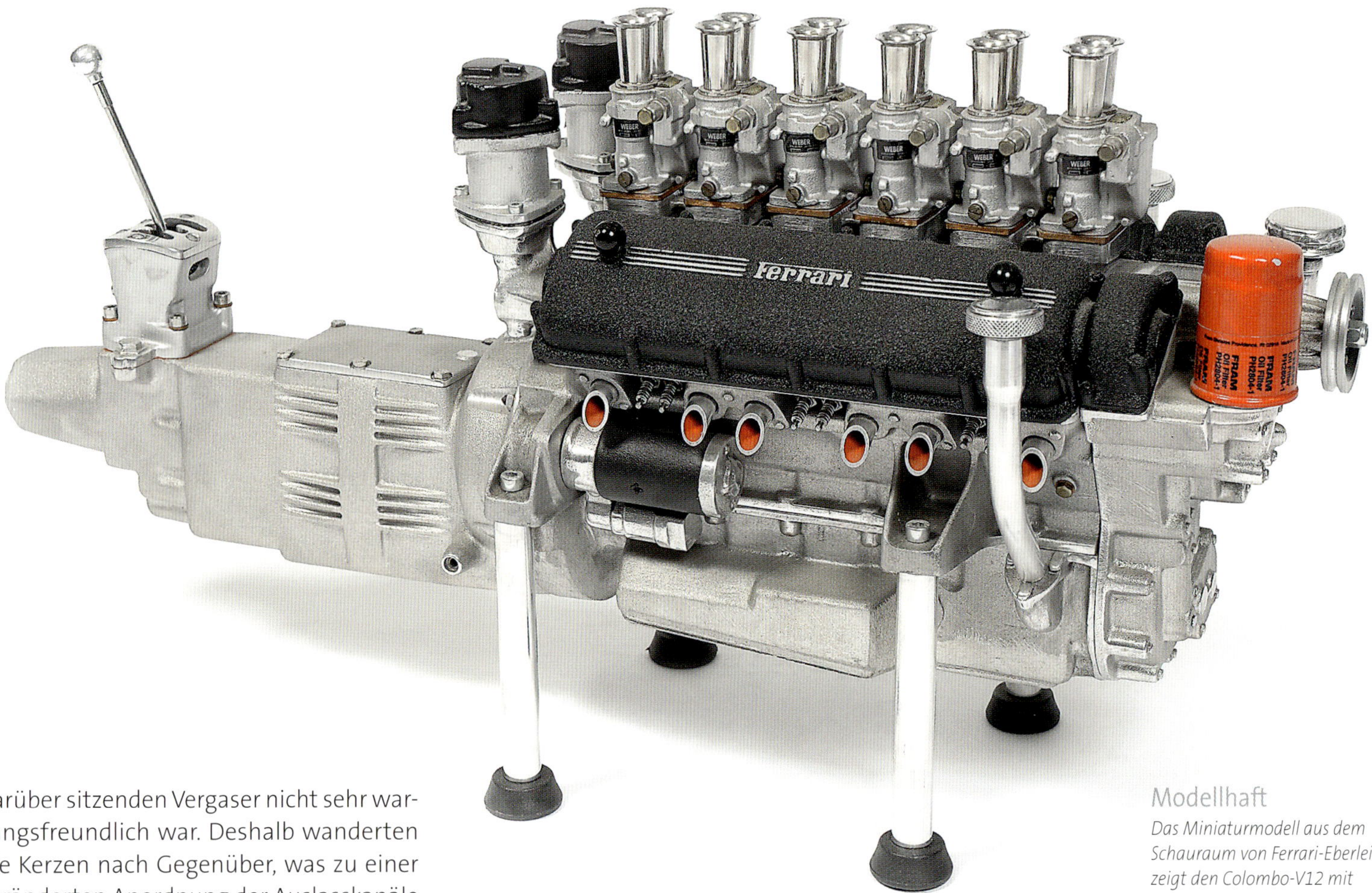

Modellhaft

Das Miniaturmodell aus dem Schauraum von Ferrari-Eberlein zeigt den Colombo-V12 mit sechs Weber-Vergasern.

darüber sitzenden Vergaser nicht sehr wartungsfreundlich war. Deshalb wanderten die Kerzen nach Gegenüber, was zu einer veränderten Anordnung der Auslasskanäle zwang: der erste und letzte sind Solisten während die vier in der Mitte je zwei dicht nebeneinander mündende Paare bilden (siehe Modellbild links). Die Brennräume haben die optimale Halbkugelform und jeweils ein Ventil für Einlass und Auslass. Die Führungen sind aus Bronze. Ein kleiner Absatz am Brennraumrand ermöglicht es, dass der Kolben im oberen Totpunkt mit der Oberkante bis in den Kopf hinein ragt. „Diese Quetschkante", so Kunz, „verhindert unkontrollierte Verbrennung an der Einfassung der Kopfdichtung und beugt somit Motor klopfen vor."

Je Kopf rotiert eine zentrale Nockenwelle direkt im Aluminium, wobei die Lagerdeckel von Aluböcken gebildet werden. Pro Zylinder gibt es einen Bock, der gleichzeitig die Kipphebel beherbergt, die die beiden V-förmig angeordneten Ventile betätigen. Auf der Nockenseite haben die Kipphebel reibungsmindernde kleine Stahlrollen. Die Ventilspieljustierung erfolgt mittels Einstellschrauben. Die Nockenwellen sind hohlgebohrt und erhalten über eine Umlaufnut Drucköl zur Schmierung aller Lagerstellen.

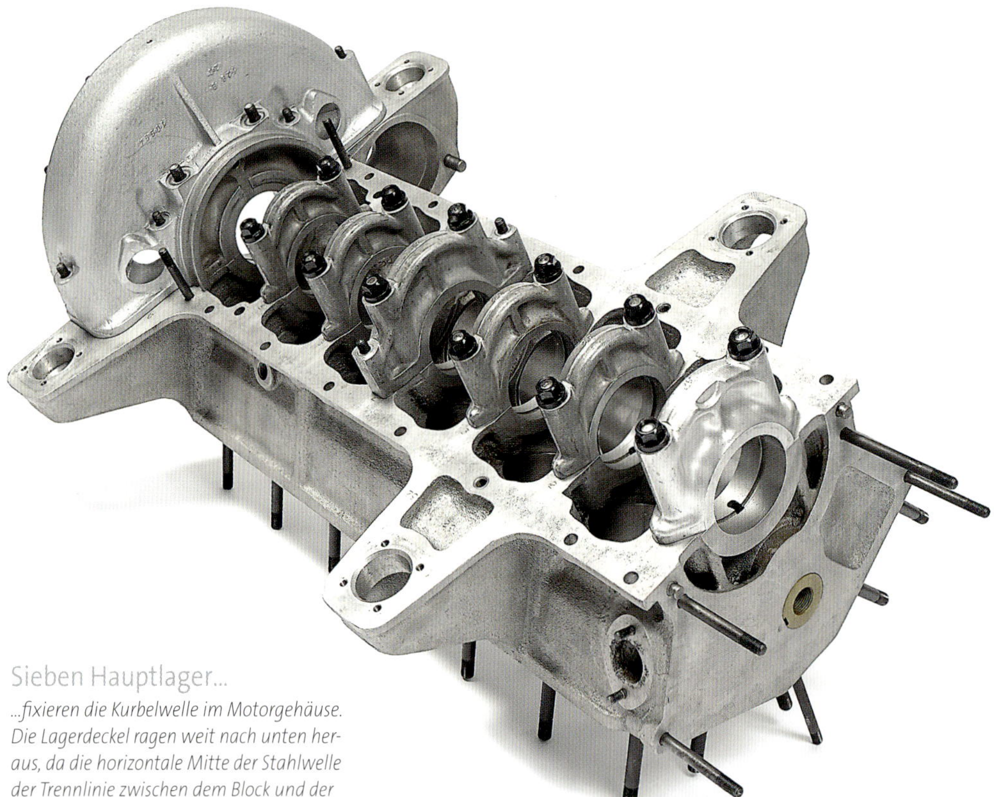

Sieben Hauptlager...

...fixieren die Kurbelwelle im Motorgehäuse. Die Lagerdeckel ragen weit nach unten heraus, da die horizontale Mitte der Stahlwelle der Trennlinie zwischen dem Block und der Ölwanne entspricht.

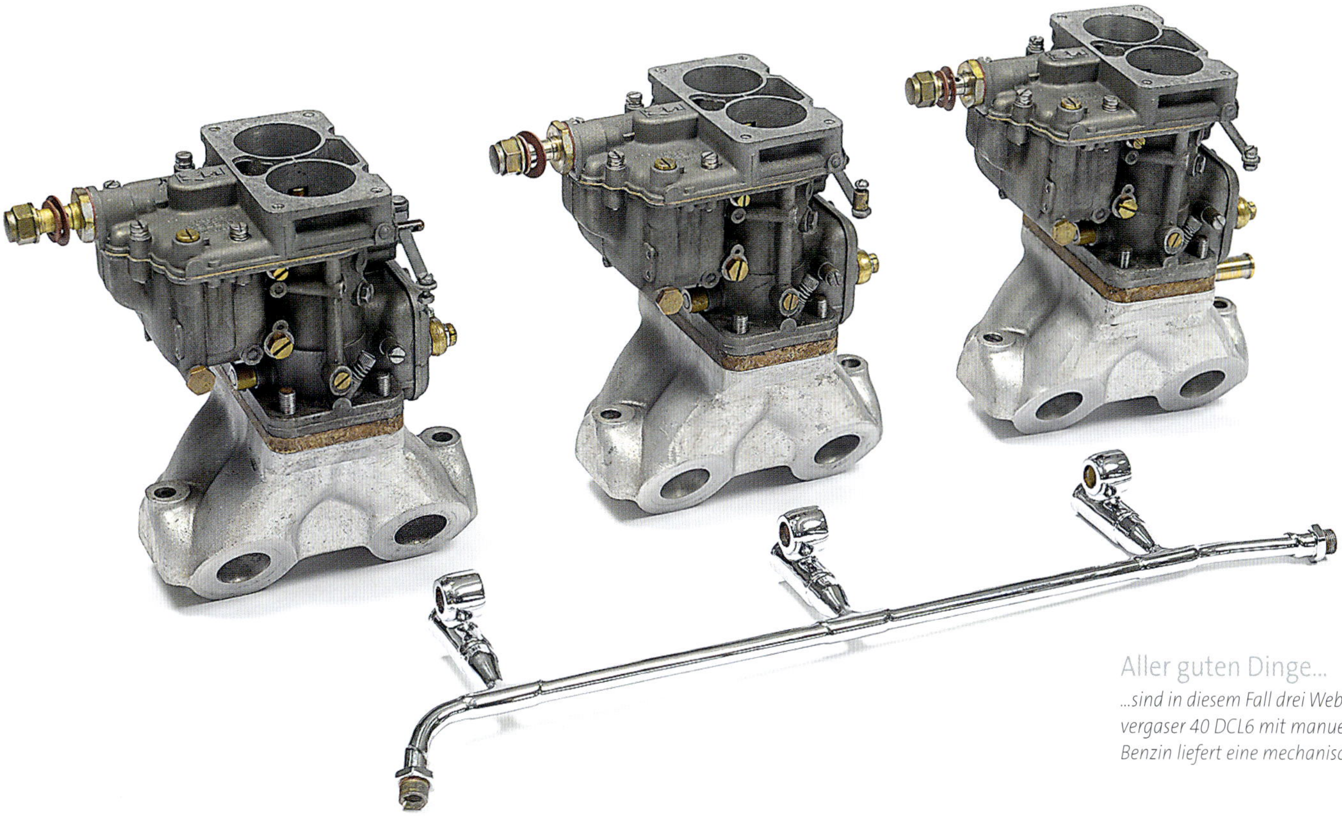

Aller guten Dinge...

...sind in diesem Fall drei Weber-Doppelvergaser 40 DCL6 mit manuellem Choke. Benzin liefert eine mechanische Pumpe.

Von den Lagerböcken erreicht das Öl über zwei Bohrungen auch die Kipphebelwellen. Diese sind gleitgelagert und durchaus verschleißanfällig, wie der Experte sagt. „Der Umbau auf Nadellager ist deshalb eine gängige Modifikation."

Davon abgesehen, hätten sich die Zylinderköpfe als unproblematisch erwiesen. „Wenn der Motor nicht überhitzt, gibt es keine Probleme mit Verzug oder Rissbildung. Die Nockenwellen sind aus Schmiedestahl gefertigt und entsprechend stabil. Allerdings müssen auch beim Ventiltrieb alle Einbaumaße äußerst exakt eingehalten werden. Erfahrungsgemäß sollte man hier öfter mal etwas genauer hinschauen."

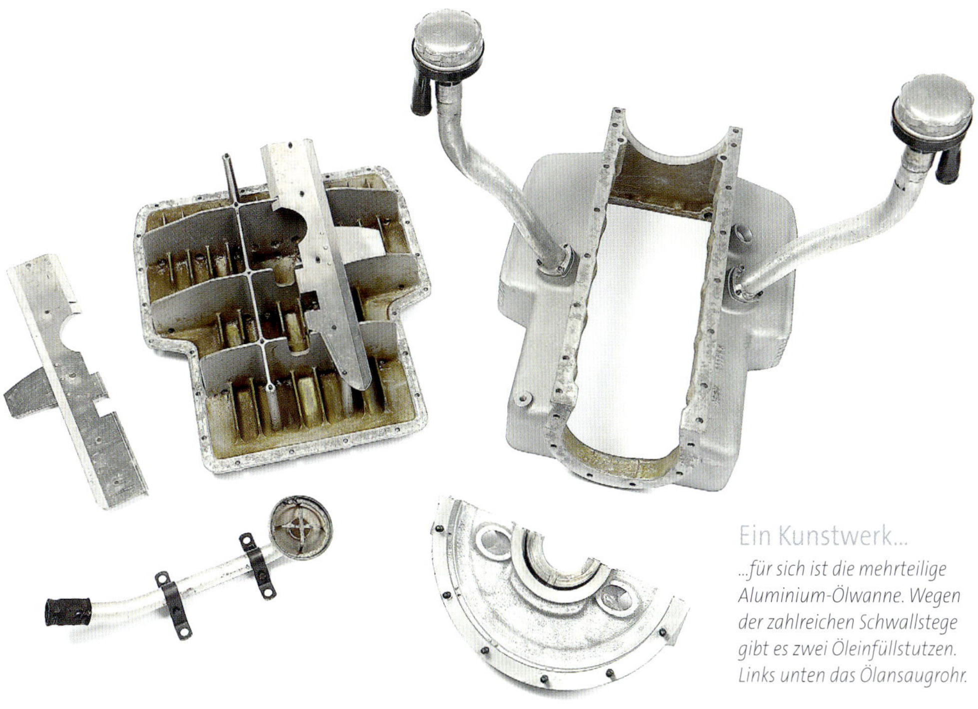

Ein Kunstwerk...

...für sich ist die mehrteilige Aluminium-Ölwanne. Wegen der zahlreichen Schwallstege gibt es zwei Öleinfüllstutzen. Links unten das Ölansaugrohr.

Das Steuergehäuse...

...ist reichlich gespickt mit Stehbolzen und Bohrungen, um die Flansche diverser Aggregate anzudocken. Im Innern verbindet die dreifache Rollenkette nicht nur die Kurbelwelle mit den beiden Nockenwellen. Sie treibt auch die Wasserpumpe an sowie eine Riemenscheibe. Diese wiederum bewegt per Keilriemen den Kühlerlüfter und die Lichtmaschine. Somit entfällt die übliche Riemenscheibe auf dem Kurbelwellenstumpf. Ein Schwingungsdämpfer ist ohnehin nicht notwendig. Auf der Kurbelwelle befindet sich lediglich noch ein zweites Zahnrad, das Öl- und Benzinpumpe antreibt.

Auch bei einem Denkmal ingeniösen Motorenbaus ist schlussendlich nach der Achillesferse zu fragen. Eine ausgeprägte, sehr typische Schwachstelle des filigranen V12 fällt Thomas Kunz auf Anhieb nicht ein: „Seine Todfeinde sind die üblichen: Hochjagen in kaltem Zustand und Ölverdünnung durch Kurzstreckenbetrieb. Empfindlich reagiert der Alu-Motor auf Überhitzung durch Fehler im Kühlsystem. Dann ist schnell das Gehäuse verbogen, und die Lagergasse muss neu gespindelt werden. Im Grunde kann der Motor durchaus als alltagstauglich gelten, vorausgesetzt, er wird gepflegt und es bastelt niemand herum, der sich nicht auskennt."

Das Herz des Tigers

Im Detail: Der Motor des **FMR Tg 500**, besser bekannt als Messerschmitt Tiger, auf dem Seziertisch.

Eigentlich ging alles ziemlich gut los: Bis zu 30 PS (!) entwickelte der für den Einsatz im FMR Tg 500 bestimmte Zweitakt-Zweizylinder schon bei ersten Prüfstandläufen. Nach Erinnerungen des FMR-Motorenmanns Eduard Ernst drehte das Triebwerk bis zu 8000 Touren, was prompt ein Veto von Zulieferer Bosch nach sich zog: Die Dynastartanlagen seien nur bis zu 6000 U/min standfest, ließen die Elektrikspezialisten wissen, und auch deshalb wurden die Motoren in Regensburg für die Serie auf 19,5 PS gedrosselt, vor allem durch kleinere Kolbenfenster. Ein „freiwilliger" Verzicht auf 30 Prozent Leistung – man sollte meinen, dass das eine gute Voraussetzung für ein völlig standfestes Aggregat sei. Doch weit gefehlt: Schon bei den Dauerlauf-Versuchen auf dem Prüfstand gab es reihenweise Probleme, und viele (der wenigen) Tiger-Käufer lernten den Motor ob seiner zahlreichen Malaisen fürchten.

Am Kurbeltrieb...

...hat es in aller Regel nicht gelegen. Tatsächlich hinterlässt der auch einen ausgesprochen soliden Eindruck. Die Kurbelwellenhauptlager sind reell dimensioniert (außen je ein einreihiges Rollenlager, in der Mitte ein zweireihiges) und laufen in separaten Lagerkäfigen, deren Position im horizontal geteilten Gehäuse durch Stifte und Bohrungen vorgegeben ist. Die Lagerkäfige haben Federringe, die in Nuten im Gehäuse eingreifen und unter denen sich zusätzlich Schnurringe verstecken, die für die Abdichtung des Kurbelgehäuses sorgen. Die Pleuelfüße sind ebenfalls rollengelagert, die Kolbenbolzen ab Werk in Bronzebuchsen, heute aber zumeist in Nadellagern, was den Betrieb mit Öl-Benzin-Gemisch im Verhältnis 1:50 er-

Ganz schön eng hier!

Ab Werk wiesen die Kolben sehr knappes Laufspiel auf. Das – und der Temperaturhaushalt des Motors – sorgten regelmäßig für Klemmer und Fresser. Das Geheimrezept der alten Hasen: Einen sanften Klemmer provozieren, seine Spuren auspolieren – und Ruhe haben!

Nachschubsorgen

Kolben? Werden nachgefertigt. Pleuel? Moderne Motorradteile lassen sich passend machen. Und die Kurbelwelle? Kann man überholen und gibt's neu als Vollwangenwelle (ca. 1850 Euro). Aber wenn das Diff ganz oder in Teilen fehlt oder auch kollabiert, wird die Sache richtig kritisch!

Immer schön mit Gefühl

Kupplung und vor allem Getriebe verlangen nach einem sensiblen Händchen. Letzteres ist völlig unsynchronisiert und seine Gestängebetätigung unpräzise. Tiger-Neulinge können beim Versuch, durchs H-Schaltschema zu finden, buchstäblich verzweifeln!

laubt (ursprünglich 1:25). Links auf der Kurbelwelle sitzt die Keilriemenscheibe, über die die Dynastartanlage und die beiden Kühlgebläse angetrieben werden. Der Kraftschluss zwischen Welle und Riemenscheibe wird über einen Halbmond-Keil hergestellt. Ebenfalls links auf der Welle sitzt die Unterbrecherzündung, rechts das Primärrad, das die Kraft zum Vierganggetriebe bringt.

Der Zweitakter...

...arbeitet nach dem Prinzip der (weiterentwickelten) Schnürle-Umkehrspülung, bei der das Frischgas zunächst im Kurbelgehäuse vorkomprimiert wird. Position und Größe der Kolbenfenster beinflussen maßgeblich die Strömung der Gase und somit die Leistungsausbeute. Das Laufspiel der mit drei Ringen bestückten Kolben war ab Werk mit drei bis fünf Hundertstel relativ knapp gehalten, was sich als problematisch erweisen sollte. Drei Kolbenringe waren seinerzeit durchaus üblich, sorgten aber auch für relative große „innere Reibung". Kolben aus moderner Nachfertigung besitzen üblicherweise deshalb auch nur noch zwei Ringe. Die Zylinder sind Graugussteile und bereiten keine Sorgen – wenn sich nicht ab und zu

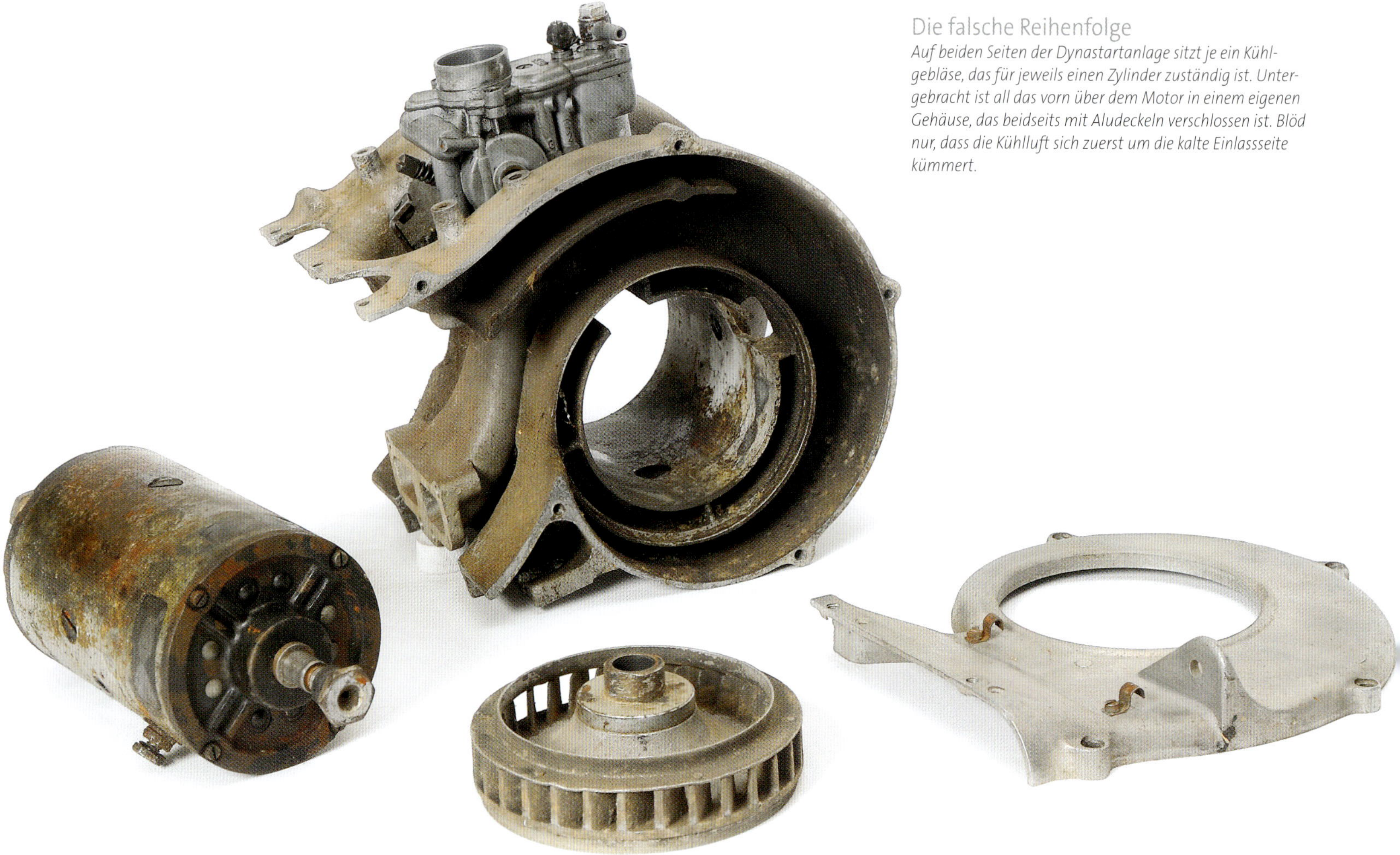

Die falsche Reihenfolge

Auf beiden Seiten der Dynastartanlage sitzt je ein Kühlgebläse, das für jeweils einen Zylinder zuständig ist. Untergebracht ist all das vorn über dem Motor in einem eigenen Gehäuse, das beidseits mit Aludeckeln verschlossen ist. Blöd nur, dass die Kühlluft sich zuerst um die kalte Einlassseite kümmert.

mal ein Kolben in sie verbeißen würde… Oben angekommen: Die Zylinderdeckel sind aus Alu. Und ohne dem Kapitel „Probleme" vorgreifen zu wollen: Ihnen wurde schon gerne mal so warm, dass sie buchstäblich aus der Form gerieten.

Die Kraftübertragung

In der Kupplung arbeiten zwei Reibscheiben, deren Mitnehmernasen sich schon mal in ihre Nuten im Kupplungskorb einarbeiten. Das Hauptproblem bei der Kraftübertragung ist freilich der Fahrer: Das Viergang-Klauengetriebe arbeitet vollkommen unsynchronisiert und verlangt nach extrem viel Gefühl beim Schalten. Sehr viel von diesem Gefühl versickert gewöhnlich in der unpräzisen Gestängebetätigung des Räderwerks. Selbst bei begabten Piloten kracht es immer mal wieder ein bisschen lauter, wenn nicht der exakte Schaltpunkt (und „Schaltweg") gefunden wird. Und wenn es dann oft genug gekracht hat, liegt schon mal ein Zahnradteil oder ein Teil eines Schaltsterns (der das gewählte Gangrad und die Getriebewelle miteinander verkuppelt) auf dem Grund des Gehäuses. Erfahrene Tiger-Bändiger ahnen das Unheil, wenn sich der Rückwärtsgang mal wieder nicht ohne Weiteres einlegen lässt. Der liegt nämlich unterhalb der Getriebewellen und somit dort, wo sich abgebrochenes Altmetall bevorzugt versammelt. Gute und schlechte Nachrichten zugleich gibt's vom Differenzial. Erstens: Es hält. Zweitens: Wenn doch mal Handlungsbedarf besteht, sind Teile oder komplette Einheiten praktisch nicht zu bekommen. Der Hintergrund: FMR fertigte auch den landwirtschaftlichen Geräteträger Kultimax. Dessen Motor entspricht zu sehr weiten Teilen dem des Tg 500, hat aber kein Differenzial. Und da eine ganze Reihe von Kultimax-Aggregaten inzwischen zum Tiger-Treibsatz umgepfriemelt wurden, sind die Regale, in denen einst noch ein paar Differenziale und Differenzialteile lagen, vollständig geplündert.

Der heiße Stuhl

Man muss einmal am Lenker gesessen und Gas gegeben haben, um zu verstehen, was den Spaß am Tiger ausmacht. Das Fahrwerk: ein Traum, auch nach heutigen Maßstäben. Das Fahrgefühl: einfach unvergleichbar. Und der Motor: Wer ihn mit modernen Mitteln optimiert, lernt das Gefühl kennen, mit Tempo 160 (und dem Hintern gefühlte fünf Zentimeter überm Asphalt) Tiefflug zu trainieren. Wenn die von 1958 bis 1961 nur rund 300 mal gebauten Dinger bloß nicht so teuer (Topzustand: 100.000 Euro aufwärts!) und so sensibel wären…

Die Probleme...

...die der Motor immer mal wieder bereitet, liegen in seinen Ursprüngen begründet. Von Sachs als Antrieb für ein Hercules-Motorrad erdacht (das Maicos 400er Taifun und DKWs RT 350 kontern sollte) und wieder verworfen, übernahm FMR das Triebwerk in einem frühen Prototypenstadium. Aus Kostengründen wurde es nicht konsequent zu Ende entwickelt, sondern eher halbherzig für den Einbau im Vierrad-Karo umgestrickt. Fehler Nummer eins: Die beiden Kühlgebläse sitzen aus Platzgründen vorn oberhalb des Motors. Leider „pusten" sie die Kühlluft somit zuerst auf die „kalte" Einlassseite. Erst anschließend erreicht diese die heiße Auslassseite. Thermische Probleme sind so programmiert, Kolbenklemmer und -fresser dito.

Verschärft wird die Sache...

...zusätzlich durch den dreistufigen Bing-Drehschieber-Registervergaser. Er war nur schwer einstellbar und neigte insbesondere in den Übergängen der Lastbereiche zur Gemischabmagerung, was einem thermisch ohnehin prekären Triebwerk nicht eben gut tut. Ein weiteres Handicap: die Zündung – respektive ihre Einstellung. Ab Werk waren die Kurbelwellen praktisch nicht gewuchtet. Die Folge: Vibrationen. Und die wiederum sorgten dafür, dass sich die Zündung häufig verstellte und die zwei Kontaktpaare unterschiedlich schnell verschlissen. Falscher (zu später) Zündzeitpunkt, zeitweilige Gemischabmagerung und dazu eine generell kritische „Thermik" – mehr Zutaten bedurfte es oft nicht für einen veritablen Motorschaden...

Und heute?

Auch heute sind die Tiger-Herzen nicht problemlos. Doch mit elektronischen Zündungen (zumeist umgebaute Trabant-Anlagen), anderen Vergasern (30er, bzw. 32er Amal-Schiebervergaser sind in der Szene beliebt), gut gewuchteten Kurbelwellen und modernen Kolben mit optimiertem Ausdehnungsverhalten und mehr Laufspiel ist ein Großteil der Probleme kuriert oder zumindest gemildert. Und mehr noch: Mit schärferen Steuerzeiten, Vollwangen-Kurbelwellen, Sportauspuffanlagen und viel Feinarbeit erstarken die Tg-500-Aggregate heute auf rund 30 PS. Das ist genug für rund 160 km/h Spitze! In dem Straßen-Torpedo ein unglaubliches Erlebnis – das jede Menge Werkstatt-Stress vergessen lässt.

TECHNISCHE DATEN

FMR Tg 500

Motorbauart:
Zweizylinder-Zweitakter, gebläsegekühlt, dreifach gelagert und schlitzgesteuert (optimierte Schnürle-Umkehrspülung)

Hubraum:
493 ccm (Bohrung x Hub: 67 x 70 mm)

Leistung:
19,5 PS bei 5000 U/min

Drehmoment:
33,3 Nm bei 3400 U/min

Kraftübertragung
Zweischeiben-Trockenkupplung, unsynchronisiertes Vierganggetriebe

Bauzeit:
1958 bis 1961

Die originale Zündung...
...ist was ihre 100-prozentig korrekte Einstellung angeht ein bisschen diffizil. Außerdem verstellt sie sich gern (auch durch Vibrationen), und die Unterbrecher verschleißen unterschiedlich schnell.

Drei Stufen...
...hat der Bing-Drehschieber-Registervergaser. In den Übergängen der einzelnen Stufen und der unterschiedlichen Lastbereiche neigt er zu Gemischabmagerungen – angesichts der thermischen Belastung gar nicht gut...

Ne kölsche Jung

Ein V6-Motor war einst Merkmal rassiger Sportwagen. Vor über 50 Jahren änderte sich dies: 1964 erschien der **Ford V6** im Taunus 20 M. Nun war es auch in der Mittelklasse möglich, Sechszylinder zu fahren. Über 40 Jahre wurde das erzsolide OHV-Triebwerk produziert…

Die Ingenieure im Kölner Ford-Werk gingen pragmatisch ans Werk: Aus dem 1962 präsentierten V4 zauberten sie irgendwie einen Sechszylinder. Und der sollte sich als großer Wurf erweisen – er trieb etliche Generationen von Ford-Automobilen an.

Eigentlich ist es kaum möglich, den V6 bei normaler Pflege kaputt zu kriegen", sagt Thomas Liebl aus Schwandorf. Er hat für uns einen 2,3-Liter-Motor aus einem 1973er Knudsen-Taunus auf den Seziertisch gelegt – der bis heute tatsächlich ungeöffnet war! „Probleme kommen in der Regel durch mangelnde Wartung, sorglosen Bleifreibetrieb und teilweise durch Materialalterung", weiß der Kfz-Meister, der sich vom Tuning diverser Marken mittlerweile fast völlig auf die Instandsetzung der Kölner Aggregate verlagert hat – die trotz enger Verwandtschaft übrigens nicht viel mit dem britischen Essex-V6 gemein haben. Der Graugussmotor mit der untenliegenden Nockenwelle ist theoretisch für Laufleistungen bis 400.000 Kilometer gut.

Das Kurbelgehäuse

Die Kurbelwelle ist im Block „nur" vierfach gelagert, doch Gehäuse und Welle sind so solide ausgeführt, dass es nicht zu Proble-

Nicht kompliziert
Der Ventiltrieb des OHV-V6 ist simpel: Stößelbecher, kurze Stößelstangen, üppig dimensionierte Kipphebelwellen, einfache Ventilfedern. Leichtes Tickern ist normal, klappern sollte aber nichts.

Keine Herzprobleme
Die Ölpumpe bereitet wenig Sorgen, auch in Punkto Öldruck gehört der V6 nicht zu den Sorgenkindern. Allerdings ist er auf regelmäßige Ölwechsel angewiesen.

men kommt. „Die Hauptlager verschleißen kaum. Eher altern die Pleuellager durch vernachlässigte Ölwechselintervalle und Billig-Öl. Recht langlebig sind die Kolben. Sie erreichen Laufleistungen von 300.000 bis 400.000 Kilometern. Selten weiten sich die Ringnuten, vor allem verschleißen die Kolbenringe. Doch selbst bei etwas aufgeweiteter Nut kann ein Kolben mit neuen Ringen noch tausende Kilometer laufen. Und das ist gut so, denn Kolben sind nicht ganz einfach zu bekommen“, weiß Liebl, der auch Haupt- und Pleuellagersätze in gehobener Qualität verbaut: „Original waren Zweistoff-Hauptlager und Dreistoff-Pleuellager verwendet. Gerade die Pleuelschalen sollten so ausgeführt sein, was im Zubehör nicht selbstverständlich ist.“

Der V6-Kenner rät zu regelmäßigen Ölwechseln: „Bei Schlammbildung in der Ölwanne kann das Sieb der Ölpumpe zugehen. Das ist tödlich. Auch die Ölkanäle zu den Köpfen verstopfen gerne mal.“

Die Zylinderköpfe...

...lassen den Umbau aus dem V4-Motor erkennen: Je zwei Zylinder teilen sich einen Auslasskanal, daher haben alle Motoren bis 1989 trotz sechs Zylindern nur vier Auslässe! „An den V4-Kopf mit seinem so genannten siamesischen Auslass wurde ein zusätzlicher Zylinder mit extra Auslasskanal nachträglich angehängt“, erklärt der Profi. Uneingeschränkt bleifreitauglich sind die Motoren übrigens nicht: Die Ventile haben keine Sitzringe und keine eingepressten Führungen, sondern sitzen direkt im Grauguss. Bei hohen Drehzahlen und entsprechenden Temperaturen können sie sich im Kopf einarbeiten. „Wenn die Zylinderköpfe mit Ventilsitzringen ausgerüstet werden, gibt es keine Probleme mehr“, weiß Liebl. „Generell geht der V6 am falschen Sprit natürlich nicht sofort kaputt, die Motoren sind ja noch zu hunderttausenden unterwegs gewesen, als verbleiter Kraftstoff vom Markt genommen wurde. Doch auf Dauer leiden die Köpfe tatsächlich. Ab etwa 1985 hatten die 2,8- und die späteren 2,4- und 2,9-Liter-Motoren werksseitig Sitzringe. Diese Versionen sind uneingeschränkt bleifreitauglich“

Der Ventiltrieb ist unkompliziert: Ford verzichtete auf Experimente und spendierte dem V6 nur eine einzelne untenliegende Nockenwelle – die aber oberhalb der Kurbel-

Immer in Bewegung

Die vierfach gelagerte Kurbelwelle ist so langlebig wie die Kolben. Und das ist gut so, denn Wellen sind nur noch gebraucht, Kolben nur für teures Geld zu bekommen.

TECHNISCHE DATEN

Ford V6

Motorbauart:
Wassergekühlter Sechszylinder-Viertaktmotor in 60°-V-Form, Kurbelwelle vierfach gelagert; eine untenliegende, stirnradgetriebene Nockenwelle; ab 1989 Steuerkette

Hubraum*:
2294 ccm (Bohrung x Hub: 90,02 x 60,1 mm)

Leistung:
108 PS bei 5100 U/min

Bauzeit:
1970 bis 1988

*= Die Daten beziehen sich auf den gezeigten Vergasermotor des Taunus GXL. Der V6 war von 1964 bis 2011 in etlichen Hubraumvarianten lieferbar: 2,0/2,3/2,6 und 2,8 Liter sind die häufigsten Stirnrad-Motoren. 2,4 und 2,9 Liter haben immer eine Steuerkette.

Solides Blech

Die Ölwanne fasst etwa 4,2 Liter Schmierstoff. Das Teil ist zwar aus relativ dünnem Blech, zählt aber nicht zu den Schwachstellen des Motors.

Die Ansaugspinne...

...sitzt zwischen den Köpfen und wird auch von Kühlwasser durchströmt. Die Stege der Dichtung weichen gerne auf, dann gerät Wasser in Zylinder drei und vier.

Nicht ganz dicht...

...ist der V6 oft auch am hinteren Dichtring der Kurbelwelle: Der hintere Lagerbock (l.) ist in seiner Längsposition nicht fixiert und bewirkt dadurch Undichtigkeiten am Simmerring. Zusätzlich muss er auch noch die vierteilige Dichtung der Ölwanne aufnehmen.

Ein dickes Ding

Das gusseiserne Steuergehäuse trägt die kolossale Wasserpumpe. Sie ist in guter Qualität schwer zu kriegen – doch sie geht selten kaputt. Ist die originale Pumpe intakt, sollte man sie weiterverwenden.

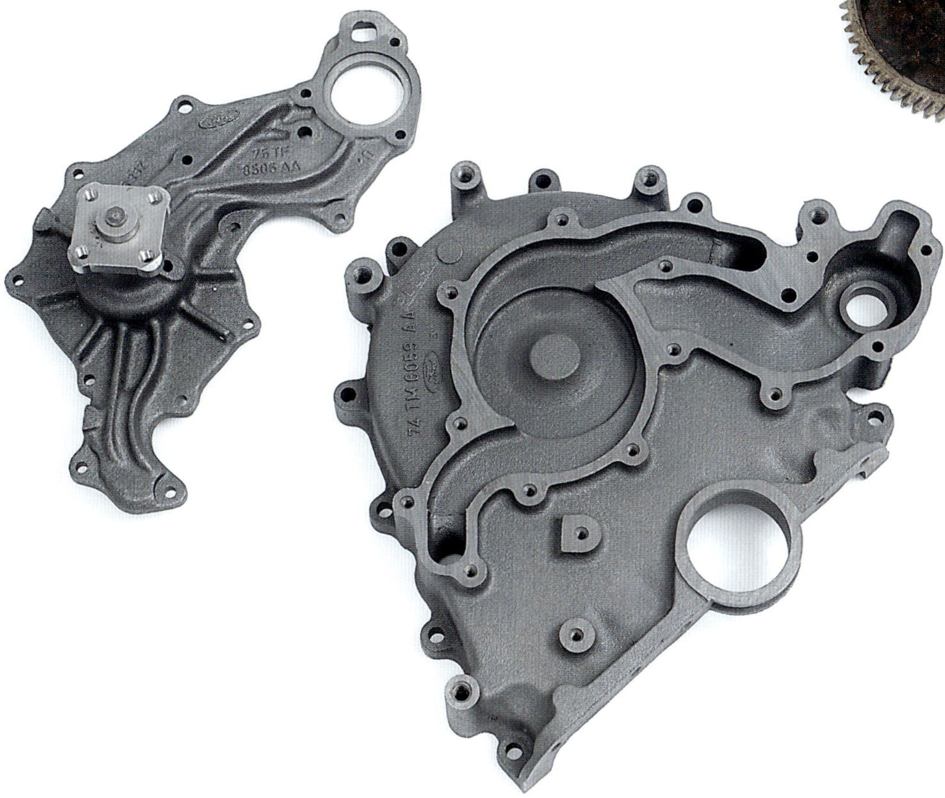

Zahnersatz?

Das Stirnrad der Nockenwelle war anfangs aus Novotex (l.), später aus Gusseisen mit Kunststoffrand (r.). Heute gibt's Aluteile.

Ein langlebiger Geselle in allen Disziplinen...

...war und ist das V6-Triebwerk aus Köln. Es debütierte im August 1964 im Ford Taunus P5, seinerzeit mit 85 PS aus zwei Liter Hubraum. Die diversen klassischen Ausführungen mit Hubräumen von 1,8 bis 2,8 Liter waren bis Ende der Achtziger in fast allen deutschen Ford-Modellen von Capri bis Scorpio lieferbar. Der 1989 präsentierte 2,9-Liter-V6 mit Steuerkette und überarbeiteten Zylinderköpfen – erkennbar an sechs Auslässen – blieb in Deutschland bis 1998 im Programm. Die V6-Produktion in Köln endete erst 2011 (!). So lange war der Dauerläufer unter anderem noch in den US-Modellen Ranger, Explorer und Mustang sowie im Land Rover verbaut.

welle und somit schon nahe bei den Zylinderköpfen läuft. Hierdurch konnten die Stößelstangen kurz gehalten werden; die Kipphebelwellen sind üppig dimensioniert, die Ventilfedern einfach: Auf Drehzahlorgien ist der Kurzhuber zwar nicht ausgelegt, doch aushalten kann er sie allemal. „Das Ventilspiel sollte gerade bei den Motoren ohne Sitzringe regelmäßig kontrolliert werden. Hier lässt sich im Zweifel erkennen, ob sich ein Bleifreischaden ankündigt – der Hals des betreffenden Ventils ragt dann weiter raus und das Spiel wird permanent zu klein. Das heißt dann: Kopf ab!"

Was wir hier nicht im Bild haben, sind die Ventildeckel: Dies sind lediglich zwei lackierte Blechhauben, die optisch so rein gar nichts hermachen. Das ist auch nicht nötig: „Die Teile verrichten ihren Dienst bestens, solange sie nicht zu stramm verschraubt werden. Es gibt zwar Chromteile und auch Aludeckel, aber selbst bei Rennmotoren sind die nicht nötig."

Die Motorsteuerung

Bis Ende der Siebziger verwendete Ford für den Nockenwellenantrieb meist ein Novotex-Rad, das irgendwann zerbröselt. Ab etwa 1979 griff man bei allen Motorvarianten auf ein stabileres Stahlteil zurück, das nur noch einen Kunststoffkranz hatte. Beide Versionen sind nicht mehr lieferbar. „Heute kosten schon Gebrauchtteile richtig Geld", weiß Liebl. „Aktuell sind Aluräder auf dem Markt, die grundsätzlich brauchbar sind, aber oft nicht geräuscharm laufen. Ihre Verzahnung ist nicht identisch mit der der älteren Räder. Daher muss in jedem Fall auch das Antriebsrad auf der Kurbelwelle gewechselt werden, sonst gibt's Geräusche und bald Zahnausfall. Oft wird dies bei den 2,0 und 2,3 nicht beachtet, da für diese das untere Zahnrad des Satzes nicht passt." Auf dem Steuergehäusedeckel sitzt auch die Wasserpumpe, die je nach Baujahr ein recht imposantes Labyrinth-Gehäuse hat. Neuteile sind oft nur in mäßiger Qualität erhältlich, doch die Pumpe ist sehr langlebig. Liebl rät, sie weiterzuverwenden, sofern sich keine Lagerschäden oder Leckagen zeigen.

Ganz allgemein

„Nicht verzweifeln, wenn der Motor Öl schwitzt", rät der Profi. „Die Abdichtung der Ölwanne ist nicht perfekt und auch die Ventildeckeldichtungen können feuchteln. Der V6 ist halt eine Konstruktion der Sechziger, das zeigen solche Mini-Mängel. Darin liegt aber auch sein Reiz."

Das große Brabbeln

Seine Premiere feierte er vor über 60 Jahren, und noch immer wird der **GM Small Block V8** gebaut – heute freilich gründlich überarbeitet. Wir haben uns ein klassisches Exemplar des US-Schwermetalls angesehen.

Gar nicht so viel Teile...

...für einen Achtzylinder: Beim GM-V8 wurde bewusst auf Finesse verzichtet. Statt dessen wurden die Komponenten umso üppiger dimensioniert. Der rote Koloss etwa ist die Wasserpumpe – die in Europa jeden Lkw zieren würde. Gut und gerne 300 Kilogramm bringt ein komplett montierter Motor auf die Waage!

Diese Zahl ist schwindelerregend: General Motors hat im November 2011 den einhundertmillionsten Small Block V8 produziert. Der einst gusseiserne Achtzylinder aus Detroit feierte 1955 in der Chevrolet Corvette C1 sein Debüt. Und nur, dass hier keine Missverständnisse aufkommen: Small heißt nicht, dass dieses „kleine" Aggregat auch kleine Leistung bieten würde. Es bezieht sich auf die platzsparende Motorblock-Konstruktion, die es ermöglichte, V8-Motoren auch in – für US-Verhältnisse – kleineren Fahrzeugen unterzubringen. Die Zahl produzierter Motoren lässt ahnen, dass es auch eine Fülle unterschiedlicher Versionen gibt: Serienmäßige Hubräume von 4300 bis 6000 Kubikzentimeter und PS-Zahlen von 115 bis 375 sprechen eine deutliche Sprache. Europäische Kubikzentimeter spielen bei der Benennung indes kaum eine Rolle: Fast

Weniger ist mehr

Der Ventiltrieb ist ausgesprochen einfach: Stößelstange, Kipphebel, Schaftdichtungen, Feder und Teller. Bei regelmäßigem Ölwechsel macht der Hydrostößel-Ventiltrieb ebenso wenig Probleme wie die ältere Version mit Tassenstößeln.

Eine Nockenwelle...

...genügt für 16 Ventile. Aus- und Einbau ist durch die ohv-Konstruktion reichlich aufwendig.

Nicht alle mögen bleifrei

Zeichen für gehärtete Ventilsitze: Überm Auslassventil (vorne) sitzt noch ein zusätzlicher Drehteller, dieser 1984er-Zylinderkopf ist schon bleifreitauglich. Bei Versionen ohne diesen Teller heißt es, vorsorglich Bleiersatz einzufüllen.

überall spricht man beim Small Block von der US-Hubraumbezeichnung cubic inch (cui). Populäre V8 sind der 283er (entsprechend 4637 ccm), der 327er (5358 ccm) und vor allem der seit 1967 gebaute 350er (5735 ccm).

Aus dem Vollen

US-Car-Spezialist Max Rossel hat uns einen 350-cubic-inch-Motor von 1984 ins Fotostudio mitgebracht: „Dieses Modell ist die wohl häufigste Variante", sagt der Frankfurter, der bereits etliche US-Cars restauriert hat. „Als Basis sowohl für Tuning als auch für serienmäßige aufbereitete Aggregate ist der 350 die beste Wahl. Der Small Block ist fast unzerstörbar, allerdings für die USA mit 55-Meilen-Tempolimit konstruiert. Daher ist die Kühlung für europäische Verhältnisse knapp bemessen. Wer schnell fahren will, sollte nicht nur die Wassertemperatur im Auge behalten, sondern am besten auch noch einen Ölkühler nachrüsten. Und regelmäßig die rund fünf Liter Öl wechseln. Die Hauptdefekte sind Hitzschlag sowie Fressschäden durch Abrieb und Verschlammung."

Der Kurbeltrieb

Der knapp bemessene Graugussblock ist namensgebend. Das Gehäuse selbst weist keine besonderen Schwachstellen auf, aller-

Schwere Qualität auch im Obergeschoss

Die Zylinderköpfe des V8 sind wie das Kurbelgehäuse aus Grauguss. Hydrostößel wurden in den Achtzigern eingeführt. Die Steuerkette ist sehr kurz – und kommt stets ohne Spannmechanismus aus.

dings sollten bei einer Überholung sämtliche Öl- und Wasserkanäle aufgrund der sparsamen Dimensionierung penibel gereinigt werden. „Die interessanteste Variante ist der sogenannte Vier-Bolzen-Block, bei dem die Lagerböcke der Kurbelwelle mit vier Schrauben statt mit zwei befestigt werden", erklärt der Spezialist. „Diese Aggregate wurden in der Regel in sportlichen Autos wie der Corvette verbaut." Die untenliegende Nockenwelle sitzt nicht sehr zugänglich im Kurbelgehäuse. Man sollte sie am besten nur bei einer Motorüberholung tauschen, rät Rossel: „Bei eingebautem Triebwerk ist es eine heftige Arbeit, und in der Regel schafft eine neue Nocke in alter Umgebung eher neue Probleme", mahnt er.

Kolben

Die Kolbenbolzen der Ami-Motoren werden werksseitig ins Pleuel eingepresst. Das sorgt immer mal wieder für Verdruss: „Beim Auspressen der Bolzen gehen die alten Kolben meist kaputt. Das ist nicht schlimm, Ersatz gibt es problemlos. Leider wird dieser oft sehr sorglos montiert. Wer ohne Gefühl und Spezialwerkzeug presst, kann Folgeschäden verursachen – meist sitzt der Kolben dann nämlich fest auf dem Pleuel und wer nun hofft, dass er sich schon freischaffen wird, hat sich geschnitten. Das erzeugt nur Reibung und in der Folge neuen Abrieb, der sich auch wieder im Motorinneren absetzt. Die Frage ist dann nur noch, ob es in der Folge zum Kolbenfresser oder zum Lagerschaden kommt." Rossels Montagetipp: „Am besten, man erwärmt das Pleuelauge, nimmt den Kolben und schiebt den gekühlten Bolzen durch."

Small Block: Einer für Alle

Der Small Block ist der Motor, der Hochleistung zu den einfachen Leuten gebracht hat", sagte David Cole, Gründer des GM Center for Automotive Research anläßlich des Jubiläums 2011 über den meistgebauten Automotor der Welt. „Es gibt eine elegante Einfachheit in seinem Design, die ihn großartig machte, als er neu war und die dafür sorgt, dass der Motor heute, über sechzig Jahre später, immer noch Erfolg hat." Die ganze Konzernpalette wurde von dem Grauguss-Aggregat angetrieben: von Chevrolet Corvette und Camaro (u.) bis zum Opel Diplomat, in dem der 5,4 Liter starke 327-cui-V8 verbaut war. Ein GM-Ami ohne das charakteristische Brabbeln des V8 ist schwer vorstellbar. Selbst im italienischen ISO Rivolta steckte das US-Schwergewicht. Die Teileversorgung ist entsprechend der Häufigkeit des Motors problemlos – aus den USA gibt es alles.

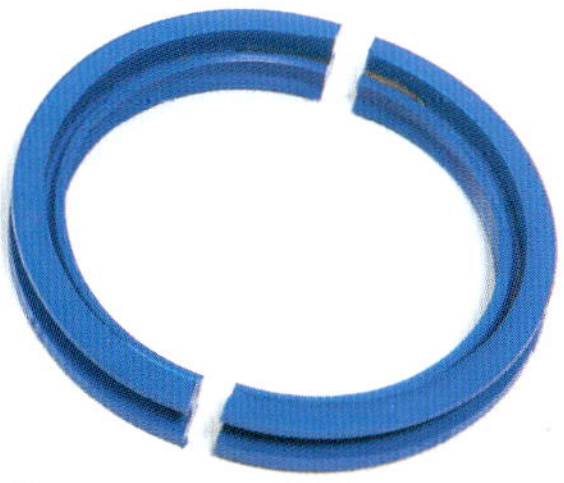

Eine echte Ölquelle...
...kann der zweigeteilte Dichtring der Kurbelwelle (bis 1986) sein, hier keine Billigteile verbauen, die Stoßkanten mit etwas Dichtmasse einstreichen.

Platzsparende Konstruktion: der Small Block
Die Zylinder im Grauguss-Block stehen im 90-Grad-Winkel zueinander und sind jeweils um die Breite eines Pleuellagers versetzt: Auf der Kurbelwelle teilen sich je zwei Pleuel einen Hubzapfen.

Gemischfabriken...
...kommen heute in der Regel von Zulieferern wie Edelbrock, Holley oder Weber. Ab Werk waren ab 1966 in der Regel GM Quadrajet verbaut. Die Qualität ist bei fast allen Vergasern ordentlich, bei AT-Teilen aus den USA hakt es aber oft an der Verarbeitung.

Zylinderköpfe

Der Ventiltrieb mit Stößelstangen arbeitet problemlos. Versionen mit Hydrostößeln sind besonders auf regelmäßige Ölwechsel angewiesen. „Bei sportlichen Motoren empfehlen sich die herkömmlichen Tassenstößel oder Rollenstößel, die es im Zubehör gibt. Interessant sind auf jeden Fall auch bleifreitaugliche Zylinderköpfe. Man erkennt sie leicht am Drehteller überm Auslassventil. Die „Centerbolt"-Ventildeckel späterer Baujahre sind in der Mitte verschraubt, die älteren bis Mitte der Achtziger haben kleinere Schauben am Auflageflansch des Zylinderkopfes.

Touren wagen!

Fünfstellige Drehzahlen? „Kein Thema für die Technik des **Honda S 800**", erklärte der japanische Autobauer anno 1966, und es hält sich hartnäckig die Story, dass beim Versuch, das zu widerlegen, ein Prüfstand der TH Braunschweig hochgegangen sei. Wahrheit? Legende? Sei's drum: Wir nehmen den erstaunlichen dohc-Motor unter die Lupe.

Kompakt und leicht

Nur etwa 105 Kilogramm wiegt die komplette Antriebseinheit des Honda S 800 inklusive Anbauteile. Um ihn unter die Haube des kleinen Sportlers zu bekommen ist der dohc-Motor um 45 Grad zur Seite geneigt eingebaut.

Die enorm hohe Literleistung von rund 85 PS, eine Nenndrehzahl von über 7500 Touren – das war anno 1966, bei der Präsentation des Honda S 800, Neuland im Serien-Automobilbau und blieb auf Jahrzehnte hinaus außergewöhnlich. Was den kleinen Nippon-dohc-Vierzylinder zu einer solch leistungsfreudigen Drehorgel macht? Wir haben Franz Greuter besucht, einen Experten, auf dessen Werkbank schon etliche der Motoren gesundeten.

Beim Kurbeltrieb,...

...dem Herz des Vierzylinders, fangen die Besonderheiten auch schon an, erklärt uns der Honda-Fan: „Kurbelwelle und Pleuel sind komplett in Nadeln gelagert, die direkt auf der Welle laufen. Die Welle selbst ist aus sechs Teilen zusammengesetzt und verpresst. Diese Konstruktionsweise ist in direkter Linie mit der japanischer Vierzylinder-Motorradmotoren der Zeit verwandt und meines Wissens außer bei Honda bei

Zweigeteilt

Der Alu-Motorblock ist horizontal geteilt und mit Laufbuchsen bestückt.

Präzise gefertigt

Die Kurbelwellenlagerböcke werden mit sechs großen und vier kleinen Stehbolzen mit der oberen Gehäusehälfte verschraubt (im Bild fehlen die Muttern).

keinem Serien-Viertakt-Autotriebwerk zu finden." Im Vergleich zu einem gleitgelagerten Motor ist die innere Reibung viel geringer, worin ein großer Teil der Drehfreude des S 800 begründet liegt, was ihn aber auch thermisch unkomplizierter macht. Außerdem kommt der Motor so ohne Druckölschmierung aus. Diese Vorteile erkauft man allerdings durch einen hohen Reparaturaufwand. Im Verschleiß- oder Schadenfall muss die Kurbelwelle von einem Spezialisten auseinander gepresst und anschließend mit neuen Lagernadeln, Lagerkäfigen und eventuell auch mit neuen Hubzapfen wieder verpresst werden. Die Kolbenbolzen laufen direkt in den Pleuelaugen, die sich oval ausweiten können. Greuter: „Für die Überholung der Welle muss man je nach ihrem Zustand im Detail zwischen 2000 und über 3000 Euro einkalkulieren."

Das Gehäuse...

...ist aus Aluminium gegossen, die Zylinder sind als Paare aus Grauguss gefertigt. Bei der Montage wird der gesamte Kurbeltrieb samt der Kolben in den oberen Teil des Gehäuses eingefädelt. Die Lagerböcke der drei Hauptlager werden anschließend mit sechs großen Stehbolzen (sowie am Mittellager zusätzlich mit vier kleineren) mit der Gehäusehälfte verschraubt. Eine weitere Besonderheit: Der Anlasser dreht die Kurbelwelle mittels einer kurzen Kette über eine Freilaufeinrichtung vorn auf der Welle durch. Es gab zwei unterschiedliche Freilaufkonstruktionen. Bei frühen Motoren lag er außerhalb des Motorblocks und war somit unge-

Der wesentliche Grund...

...für die Drehfreude des Motors ist die Wälzlagerung von Welle und Pleuel – die innere Reibung ist sehr gering.

Ein Fall für Profis

Die Überholung der „gebauten" Kurbelwelle ist aufwendig. Selbst manche Motorenfachbetriebe lassen mangels Erfahrung lieber die Finger davon!

Grüße vom Motorradbau

Verpresste Kurbelwelle, Nadellagerung von Welle und Pleuel – bei Viertakt-Automobilmotoren sind diese Konstruktionsmerkmale außergewöhnlich.

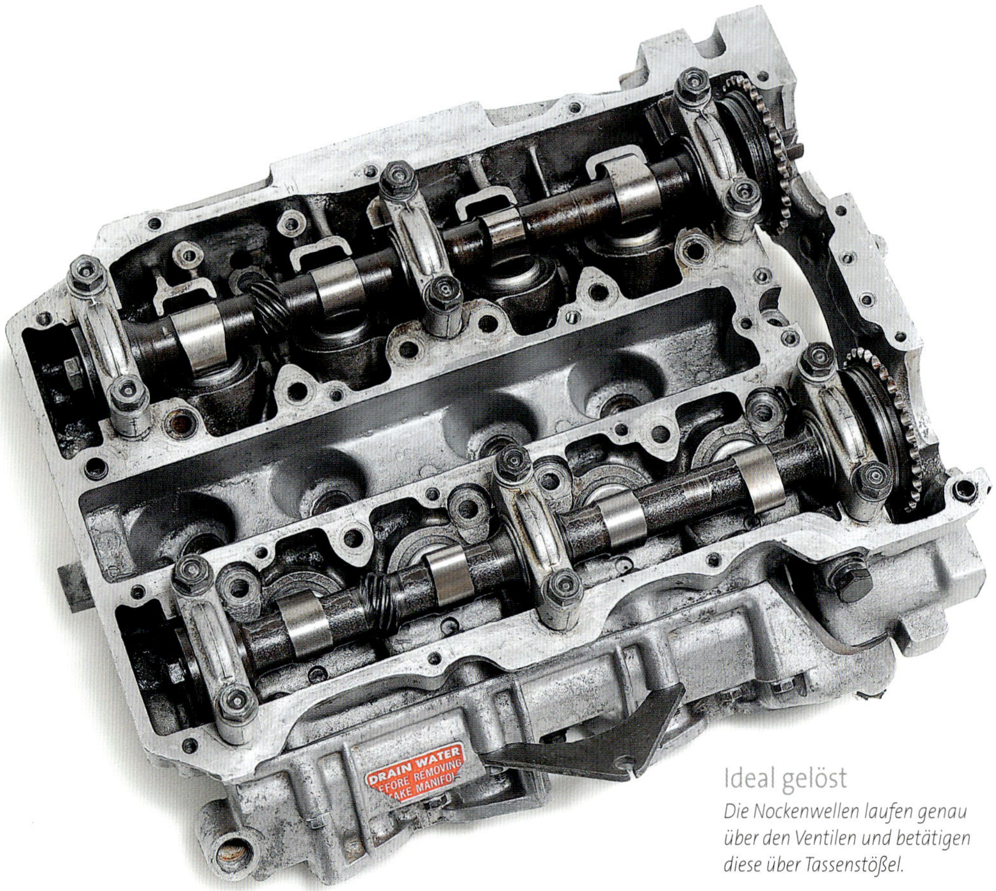

Ideal gelöst

Die Nockenwellen laufen genau über den Ventilen und betätigen diese über Tassenstößel.

Etwas zu langsam

Die Ölzentrifuge dreht sich langsamer als die Kurbelwelle und ist deshalb nur eingeschränkt wirksam.

Über Umwege

Die Auslassnockenwelle ganz oben im Motor treibt die Ölpumpe in dessen Kellergeschoss per Zwischenwelle an.

Gut untergebracht

Der Zündverteiler sitzt – gut zugänglich – auf dem vorderen Ende der Auslassnockenwelle.

schmiert, bei späten Motoren innerhalb, was zwar dank der Schmierung mit Spritzöl per se besser ist, im Reparaturfall aber einen höheren Aufwand nach sich zieht.

Der Ventiltrieb

Das zweite Kettenrad vorn auf der Kurbelwelle treibt die Steuerkette der beiden obenliegenden Nockenwellen an. Sie ist erstaunlich filigran, macht aber ebenso wie die Anlasserkette nach Franz Greuters Erfahrung praktisch nie Probleme, was auch ihrer extrem sorgfältigen Führung geschuldet sein dürfte. Unmittelbar oberhalb des Antriebsrads auf der Kurbelwelle ist eine Führungsrolle platziert, darüber liegt der Kettenspanner der mit einem Ritzel in die Kette eingreift. Zusätzlich ist noch eine Brücke mit zwei weiteren „Führungsritzeln" in den Block eingeschraubt sowie eine Brücke mit einem Ritzel oben zwischen den Nockenwellen, die die Ventile mittels Tassenstößeln öffnen. Die Ventileinstellung erfolgt über eingelegte Shims, doppelte Ventilfedern schließen die Ventile auch bei hohen Drehzahlen zuverlässig.

Die Nockenwellen…

…sind jeweils dreifach gleitgelagert und haben den einen oder anderen Nebenjob. So treibt die Einlasswelle an ihrem vorderen Ende über einen Mitnehmer den Zündverteiler an, außerdem über eine Verzahnung die Drehzahlmesserwelle. Die Auslasswelle übernimmt die Aufgabe, über eine Verzahnung und eine lange Zwischenwelle die Ölpumpe anzutreiben, und außerdem auch noch die Wasserpumpe.

Im Ölkreislauf…

…sind gleich zwei Filtereinrichtungen vorgesehen: zum einen ein handelsüblicher Papierfilter, zum anderen eine von der Steuerkette angetriebene Ölzentrifuge. Franz Greuter: „Erstaunlicherweise ist der Antrieb dieses Schleuderfilters so übersetzt, dass sich die Zentrifuge langsamer dreht als die Kurbelwelle, weshalb sie weitgehend unwirksam ist. Insbesondere wenn die Ölwechselintervalle nicht eingehalten wurden oder schlechtes Öl beziehungsweise Feststoff-Additive im Spiel waren, finden sich dennoch oft erhebliche Ablagerungen in der Zentrifuge. Sie sollte deshalb, wie alle Teile des Ölkreislaufs, beizeiten penibel gereinigt werden. Öl ist insgesamt ein wichtiges Thema bei diesem Motor. Honda schrieb Wechselintervalle von nur 3000 Kilometern vor, und die sollten auch annähernd eingehalten werden. Sorgfältiges Warmfahren ist für die Lebensdauer des Triebwerk ebenfalls noch einmal wichtiger, als es bei anderen Konstruktionen der Fall ist. Ich habe mich an diese Prämissen gehalten, und mein erster S 800 hat es mir mit 230.000 problemlosen Kilometern ge-

Drehzahlfest

Auch bei 10.000 U/min schließen die doppelten Federn die Ventile zuverlässig. Schon die Serien-Ventile sind mit unter 40 Gramm sehr leicht, die Teile der RSC-Rennmotoren wiegen aber noch rund sieben Gramm weniger!

Führungskräfte

Zusätzlich zu einer Rolle und dem Spanner halten drei weitere (Kunststoff-)Ritzel die filigrane Steuerkette auf dem richtigen Weg.

TECHNISCHE DATEN

Honda S 800

Motorbauart:
Vierzylinder-Viertaktreihenmotor mit horizontal geteiltem Gehäuse, um 45 Grad geneigt längs eingebaut, dreifach wälzgelagert, wassergekühlt, dohc-Ventilsteuerung, Verdichtung 9,2:1, vier 36er Keihin-Horizontal-Gleichdruckvergaser

Hubraum:
791 ccm (Bohrung x Hub: 60 x 70 mm)

Leistung:
67,2 PS bei 7570 U/min

Max. Drehmoment:
68,6 Nm bei 5800 U/min

Bauzeit:
1966 bis 1970

Kunstwerk aus Guss und Rohr

Der Aufwand, den Honda betrieb, um die Länge der Krümmerrohre aller Zylinder gleich zu gestalten, verrät viel über die Ansprüche der Konstruktion.

Der 333 cm kurze Honda S 800, gebaut von 1966 bis 1970, vereinigt klassische Roadster-Linien mit purer Hightech.

Und noch so ein alter Bekannter aus dem Motorradbau: der Anlasser-Rollenfreilauf.

Üppig beatmet

Vier 36er Vergaser (für nicht einmal 800 Kubik!) stellen sicher, dass es dem Motor auch bei hohen Touren nicht an Futter fehlt.

dankt, ehe ein Ventil undicht wurde. Kurbeltrieb, Kolben und Zylinder waren trotz der Laufleistung noch innerhalb der Toleranzen, die Ölablagerungen in der Zentrifuge im Rahmen."

Das Drumherum

Ein genauer Blick auf die Auspuffanlage verrät viel über den Aufwand, den Honda bei der Suche nach Leistung, Drehmoment und Laufkultur betrieb. An den vorderen Teil der Krümmer, dessen Rohre sich durch den Platz im Motorraum bedingt nicht einmal annähernd gleich lang gestalten ließen, schließt sich ein komplexes Vier-in-zwei-Rohrgeflecht an, das gleich lange Abgaswege und so wirklich ideale Arbeitsbedingungen für den Viertakter schafft.

Angesichts des kleinen Hubraums von nur 791 Kubik ist die Ansaugseite mit vier 36er Keihin-Horizontal-Unterdruckvergasern üppigst bestückt. Ab 1968 waren sie zusätzlich mit Beschleunigerpumpen versehen. „Diese späten Gasfabriken sind schwieriger einzustellen und Teile für sie sind kaum aufzutreiben", sagt Greuter, der...

die Ersatzteilsituation...

...ansonsten als insgesamt eher entspannt charakterisiert. „Für die Mechanik des Autos ist das meiste zu bekommen. Vieles wird inzwischen nachgefertigt, der Spezialist Michael Ortmann aus Kottenheim ist sehr engagiert. Vor allem aber hat man mit einem einmal gut gemachten Motor auf Jahre hinaus keine Probleme zu erwarten. Trotz des hohen Drehzahlniveaus fliegt da nichts auseinander. In Braunschweig sollen das ehedem sogar TH-Ingenieure herausgefunden haben."

Sanfte Gewalt

Mit seiner zweiten Nachkriegs-Motorenkonstruktion setzte der britische Nobelhersteller Anfang der siebziger Jahre Maßstäbe. Der stämmige **Jaguar V12** beeindruckte mit geballter Kraft und beispielhafter Laufkultur in Sportwagen und luxuriösen Limousinen.

K.o.-Ringe...

...sind betagte O-Ringe der Ölleitungen im Kellergeschoß, wenn sie nicht mehr dicht halten und der Druck fällt.

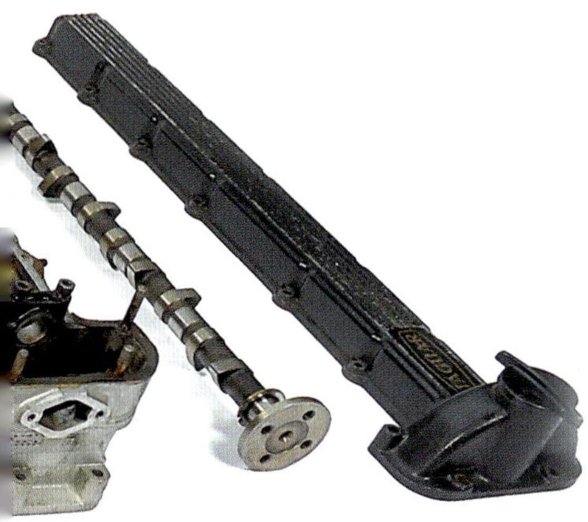

Ungewöhnlich...

...ist die Position der Ölpumpe auf einer Verzahnung am vorderen Kurbelwellenstumpf.

Sein Debüt hatte der 5,3-Liter-V12 passenderweise 1971 im legendären E-Type, der damit in die Liga der italienischen Supersportler vorstieß – jedenfalls zylinderzahlenmäßig. Ein Jahr später beförderte der Zwölfender den XJ12 zur schnellsten Großserienlimousine der Welt

Bis dahin waren Zwölfzylinder alles andere als Dutzendware: Nur bei Ferrari und Lamborghini kam eine elitäre Klientel in den Genuss solch maximal motorisierter Straßenmodelle. Bei Jaguar schlug es nun zu deutlich günstigeren Konditionen Zwölf, so dass man beinahe von einer Massenbewegung sprechen könnte. „Luxus zu erschwinglichem Preis“, definierte Konstrukteur Walter Hassan einmal die Leitlinie des Hauses. Motorseitig angestrebt war demnach ein ideales Verhältnis von Zuverlässigkeit, Leistung, reichlich Drehmoment und Kultiviertheit. Hassan: „Wir setzten auf einen V12, weil er perfekt ausbalanciert ist und somit ruhig und seidenweich läuft. Außerdem ist eine Kurbelwelle mit Hubzapfen in drei Ebenen das Optimum hinsichtlich des Drehmoments.“ Für den E-Type, dessen Stern nach zehn Jahren im Sinkflug war, bedeutete der neue Antrieb noch einmal eine Galgenfrist. Die Ikone hatte zusehends an Temperament verloren, weil der betagte XK-Sechszylinder immer weiter zugeschnürt werden musste, um die US-Abgasregularien zu erfüllen. Der V12 hielt – immer wieder modifiziert und schlussendlich auf sechs Liter Hubraum vergrößert – respektable 26 Jahre lang durch, bis auch er 1997 der Abgasproblematik erlag.

Ein leichter Koloss

Block und Kopf des V12 bestehen aus Aluminium. Mit 278 Kilo wiegt der Koloss nur drei Kilo mehr als Jaguars 4,2-Liter-Sechszylinder.

Nasse Laufbuchsen...

...sind leichter zu kühlen. Vertiefungen in den Kolbenböden bilden die Brennräume.

Zuerst ein Rennmotor

Die Entscheidung für den Zwölfzylinder fiel den Jaguar-Oberen leicht: Man hatte ja bereits seit Mitte der Fünfziger Pläne für ein solches Triebwerk in der Schublade. Sie basierten auf der Kombination von zwei XK-2,5-Liter-Sechszylindern mit gemeinsamer Kurbelwelle. Ziel war zuerst ein neuer Sportmotor für die Le-Mans-Rennwagen, der aber erst Mitte der Sechziger mit dem Prototypen XJ13 Gestalt annahm: ein kolossaler Fünfliter-V12 mit vier obenliegenden Nockenwellen, bis 8000 Touren drehend und 500 PS stark, thronte als Mittelmotor hinter dem Cockpit. Doch der Wagen war nicht wirklich konkurrenzfähig, und Jaguar gab seine Rennsportambitionen auf.

Offene Bauweise

Für die Serientauglichkeit des V12 nahm Jaguar massive Änderungen vor allem an den Zylinderköpfen vor. Der Motor musste billiger, kleiner und leichter werden. Das einbaufertige E-Type-Triebwerk, das uns Jaguar-Spezialist Marcus Kümpel im hessischen Rödermark per Gabelstapler vor die Kameralinse rollt, ist im vollen Ornat mit vier Zenith-Stromberg-Vergasern nebst Ansaugspinnen und allen Nebenaggregaten trotzdem keineswegs zierlich zu nennen. Und auch wenn die Hülle vom Kopf bis zur Ölwanne aus Aluminium besteht, beträgt das einbaufertige Kampfgewicht immer noch 308 (netto 278) Kilogramm, etwa doppelt so viel wie beim 3,5-Liter-Rover-V8.

Bruchgefahr

Der automatische Steuerkettenspanner arbeitet mit Federkraft. Die Kunststoff-Gleitschiene versprödet mit der Zeit und bricht gerne bei der Demontage auseinander.

An dem zerlegten E-Type-V12 daneben auf der Werkbank fällt zuerst der geräumige Block auf, in den die Zylinder – die beiden Bänke stehen im 60-Grad-Winkel – als nasse Laufbuchsen eingesetzt werden. Hier ist viel Platz für Kühlwasser: 22 Liter zirkulieren im E-Type. Dass die offene Bauweise ein Stabilitätsproblem erzeugen könnte, haben die Konstrukteure berücksichtigt. Der Block ist mit 52 Stehbolzen gespickt. Die sorgen einerseits für Steifigkeit, verursachen andererseits aber auch massive bis im wahren Wortsinn unlösbare Probleme, wenn sie nach langen Jahren im Wasser korrodiert sind und die Köpfe runter müssen. „Mitunter muss man die Köpfe mit der Flex demontieren", sagt Kümpel. „Das kommt vor allem bei Autos aus den USA vor, die lange ohne Kühlmittelzusatz gefahren wurden."

Mit Zylinderbohrungen von 90 Millimetern zu einem Hub von 70 Millimetern ist der Motor extrem kurzhubig ausgelegt. „Die großen Bohrungen ermöglichen große Ventile", erklärt Kümpel, „aber der kurze Hub reduziert den Wärmeübergang vom Kolben zum Zylinder. Das hat man durch die große Kühlwassermenge gelöst. Die Bohrungen können übrigens problemlos um acht Millimeter erweitert werden. Mit gleichzeitiger Steigerung des Hubs auf 90 Millimeter lässt sich der Gesamthubraum auf 8,1 Liter, im Extremfall sogar neun Liter steigern. Solche Reserven hat kein heutiger Motor mehr zu bieten."

Ein langes Leben

Seine Sportwagen-Karriere begann der Jaguar-V12 im E-Type der Serie 3 ab 1971, um sodann den Nachfolger XJS anzutreiben. Für die Jaguar- und Daimler-Limousinen war der Zwölfzylinder lange die Top-Motorisierung. 1981 erschien die verbrauchsoptimierte „HE"-Version mit Lucas-Einspritzung. 1992 erstarkte der Motor mit sechs Liter Hubraum auf 318 PS.

Langstreckenläufer

Vier Gleitschienen und ein mechanischer Kettenspanner halten die Steuerkette im Zaum. Außer den beiden Nockenwellen treibt sie über eine kleine Welle in der Mitte den Zündverteiler an.

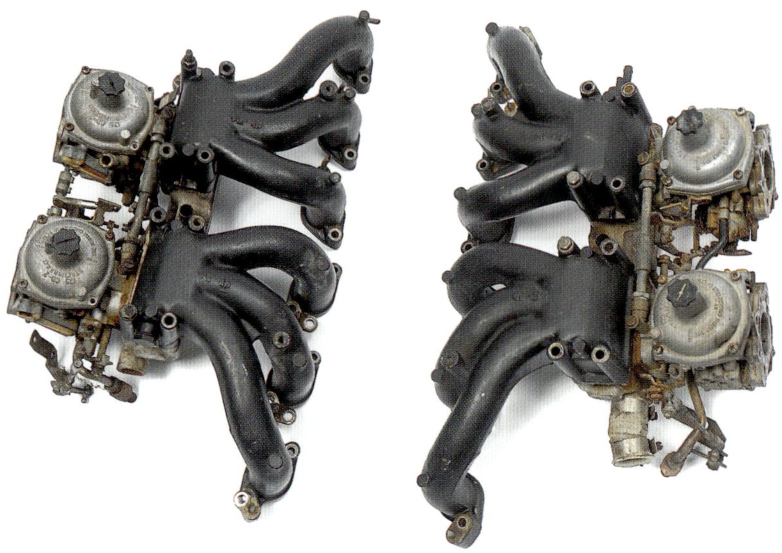

Im Gleichdruck marsch!

Vier Strombergvergaser mixen den Brennstoff. Die Ansaugkrümmer sind mit dem Wasserkreislauf verbunden, um die Ansaugluft in der Kaltlaufphase vorzuwärmen.

TECHNISCHE DATEN

Jaguar V12 5,3 Liter

Motorbauart:
Wassergekühlter V12-Viertaktmotor, Leichtmetall-Motorblock und -Zylinderköpfe, 60-Grad-Zylinderwinkel, sohc-Ventilsteuerung, vier Stromberg-Vergaser, Verdichtung 9,0:1

Hubraum:
5343 ccm (Bohrung x Hub: 90 x 70 mm)

Leistung:
272 PS bei 5850 U/min, 412 Nm bei 3800 U/min (Anfangswerte für die Europaversion des E-Type Serie 3, höhere Angaben für die US-Version resultieren aus anderen Messmethoden

Maße (L x H x B in mm):
1170 x 990 x 686

Gewicht in kg:
278 (einbaufertig 308)

Bauzeit:
1971 bis 1994

Zwei Flachköpfe

Kennzeichnend für die Zylinderköpfe ist die gegenüber dem Prototyp erheblich schlichtere Konstruktion. So sucht man vergebens die hemisphärischen Brennräume der XK-Maschine. Die Kopfunterseite ist nach dem Prinzip des „Heron"-Kopfes eben und bündig mit den Ventilen, der Brennraum ist als Mulde im Kolben ausgebildet. Nur noch eine obenliegende Nockenwelle pro Kopf betätigt die parallel zueinander und zur Zylinderachse hängenden Ventile über Tassenstößel. Das Ventilspiel wird mit Stahlplättchen eingestellt, die in den Ventiltellern liegen. Die aufwendige Prozedur ist jedoch selten nötig. Die Nockenwellen laufen an sieben Lagerstellen direkt im Alu. Verschleißprobleme sind an dieser Stelle unbekannt. Für den Antrieb wird lediglich eine Duplex-Steuerkette benötigt, die einen langen Weg zurückzulegen hat. Durchhängen verhindert ein Spanner, der aus einer Nylonschiene und einem Feder-Ratschenmechanismus mit Einweg-Sperrfunktion besteht. Der kann schon mal altersbedingt ausfallen, „allerdings bricht er dann meist beim Aus- oder Einbau".

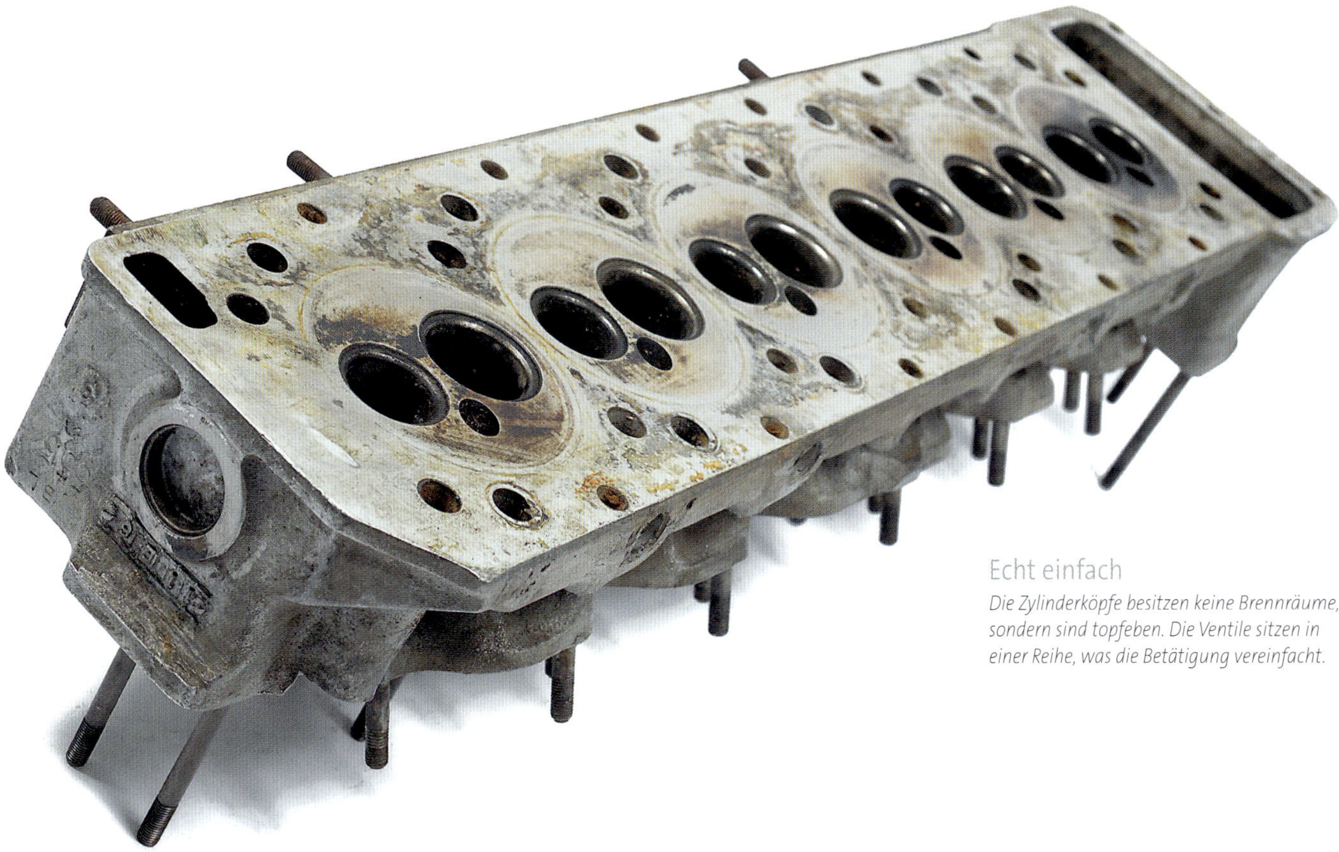

Echt einfach

Die Zylinderköpfe besitzen keine Brennräume, sondern sind topfeben. Die Ventile sitzen in einer Reihe, was die Betätigung vereinfacht.

Doppelfedern...

...halten die Ventile. Das Spiel wird mit Distanzplättchen in den Federtellern unter den Tassenstößeln eingestellt.

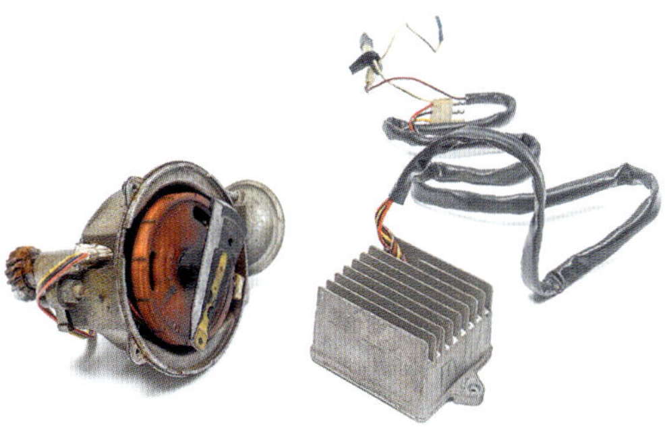

Funkt, funkt nicht...

Die kontaktlose OPUS-Zündanlage besteht aus Verteiler und externem Elektronik-Modul. Lucas hatte sie für Rennwagen entwickelt. Im Alter wird sie leider flatterhaft.

Der Kurbeltrieb...

...ist üppig dimensioniert und erfahrungsgemäß langlebig. Die siebenfach gelagerte geschmiedete Welle mit zwei Pleueln je Kurbelzapfen zeigt nach Kümpels Erfahrung in den seltensten Fällen Abnutzungserscheinungen. Untermaßlager sind vom Hersteller nicht vorgesehen. Der Schwachpunkt schlechthin ist die Kurbelgehäuseabdichtung am hinteren Ende der Kurbelwelle in Form eines zweigeteilten Schnurrings („Borgmann-Ring"). Ist er defekt, was gerne nach langen Standzeiten passiert, muss für den Austausch der Motor komplett demontiert werden.

Am entgegengesetzten Ende der Kurbelwelle fällt ein diskusförmiges Gehäuse auf: Die epizyklische Ölpumpe hat hier einen eher exotischen Platz gefunden. Probleme gibt es damit nicht, zumal die Pumpe eher überdimensioniert ist. Dennoch ist der Ölkreislauf die Achillesferse des V12, wie Kümpel weiß: „Die diversen Leitungen im Bereich von Pumpe und Ölwanne sind mit O-Ringen abgedichtet. Diese härten mit der Zeit aus, dichten nicht mehr richtig und der Öldruck sinkt. Ein anderes Problem ist, dass die 12,5 Liter Öl schnell zu heiß werden, wenn man den Motor richtig fordert. Ein originaler V12-E-Type ist nicht vollgasfest. Schnellfahrern empfehle ich die Nachrüstung eines Ölkühlers, wie ihn Jaguar leider erst später einführte." Trotzdem lässt Kümpel auf den V12 nichts kommen: „ Ich kenne kein vergleichbares Triebwerk mit einem derart breiten Leistungsband. Man kann im E-Type mit Leerlaufdrehzahl im 4. Gang dahinbummeln und sofort ohne Rucken und Zucken bis auf 6500 Touren beschleunigen. Und was die Haltbarkeit anbelangt, bin ich fest überzeugt, dass man den V12 bei guter Wartung 500.000 Kilometer fahren kann – und dann schafft er die nächsten 500.000 auch noch...

Der Rivale

Es war die Kampfansage an Platzhirsch Ferrari, als ein Traktorenkönig mit eigenen Supersportwagen auf den Plan trat: Der **Lamborghini V12** bot dem Maranello-Zwölfender Paroli.

Gezähmte Renntechnik

Der V12 hat ab Werk eine hohe Verdichtung bis zu 10,5:1. Sie steigt auf kritische Werte, wenn Block und Köpfe mehrmals plangeschliffen werden. Die Brennräume sind deshalb unbedingt auszulitern.

Gleich zum Debüt hatten Ferrucio Lamborghinis Sportwagen einen mehr als konkurrenzfähigen Motor unter der Haube. Der brandneue Alu-V12 forderte sein tradiertes Pendant aus Maranello mit vier statt zwei Nockenwellen und mehr als ebenbürtiger Leistung heraus.

Lamborghini konnte Anfang der Sechziger einige Könner für sein Start-up begeistern, darunter Ex-Ferrari-Mann Giotto Bizzarini. Der einstige Chefentwickler des 250 GTO zog das Layout für einen 1,5-Liter-Rennmotor aus der Schublade, der – eine Analogie zur Historie von Ferraris Colombo-V12 – als Basis für den neuen V12 dienen konnte. Das Ziel: ein 350-PS-Motor mit vier obenliegenden Nockenwellen, Trockensumpfschmierung und sechs Vergasern. Bizzarini präsentierte 1963 die erste Version des Zwölfzylinders mit 3,5 Litern Hubraum und 360 PS (SAE) bei 8000 (!) Umdrehungen. Mit einer Literleistung von gut 100 PS hatte die Maschine Rennwagenniveau. Die Drehmomentspitze von 325 Nm lag erst bei 6000 Umdrehungen an, und Bizzarini war überzeugt, dass sich mit größeren Vergasern 400 PS erreichen ließen – bei 11.000 Touren...

Kombi-Instrument

Die Konsole für den Klimakompressor dient gleichzeitig als Einfüllrohr für das Motoröl.

Bis ins Jahr 2010 basierten die Zwölfzylinder der Lamborghini-Supersportler auf dem Bizzarini-V12 der Sechziger.

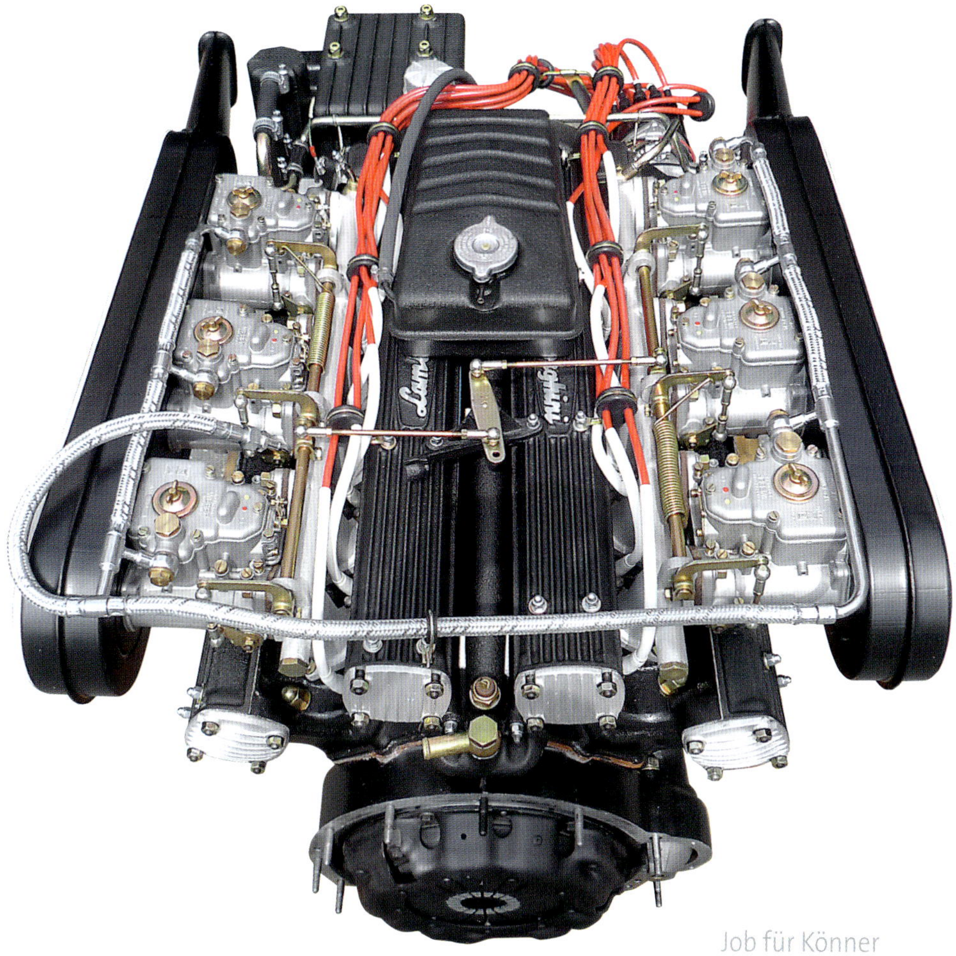

Job für Könner

Das Einregulieren der sechs Doppelvergaser ist anspruchsvoll. Für die Einstellung der Übertragungsgestänge gibt es eine spezielle Lehre.

Hält, hält nicht...

Pleuelmuttern gibt es in mehreren Varianten. Bei frühen Versionen lösen sich mitunter die Splinte.

Kurz gehubt

Die Pleuelstangen verraten den Kurzhuber. Ab Werk wurden sowohl Schmiede- als auch Gusskolben verbaut. Dass sie unterschiedliche Laufspiele benötigen, wurde nach der Erfahrung von Experte Stefan Cuntz nicht unbedingt beachtet.

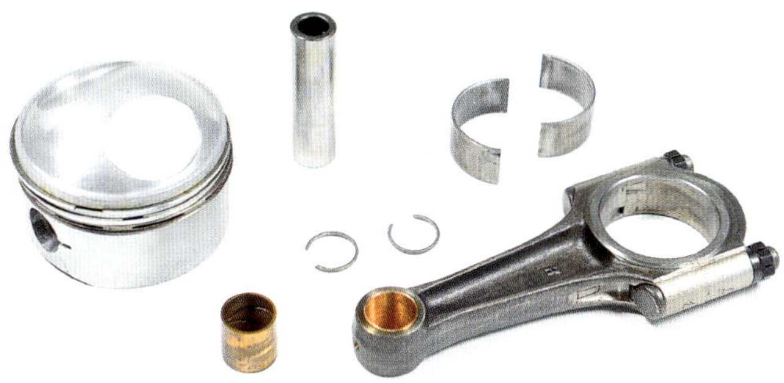

V12-Motoren bieten optimalen Massenausgleich, was schädliche Schwingungen reduziert. Zusammen mit der gleichmäßigen Verteilung der Zündungen beim 60-Grad-Gabelwinkel ergibt das extreme Laufruhe und lässt hohe Drehzahlen zu. Doch anders als Ferrari hatte Lamborghini keine Rennambitionen und ließ den V12 auf straßentaugliches Niveau entschärfen. Die Serienproduktion startete mit 260 DIN-PS im 350 GT nach vielen Detail-Änderungen und dem Wechsel von aufwendiger Trockensumpf- auf Druckumlaufschmierung.

Als weise Tat Bizzarinis sollte sich später noch der große Zylinderabstand erweisen: Der V12 blieb in seiner Grundstruktur die beeindruckend lange Zeit bis ins Jahr 2010 im Dienst und nahm stetig an Hubraum und Leistung zu. Letzte Ausbaustufe war der 6,5-Liter-Einspritzer im Murciélago mit 650 PS. Eingesetzt wurde er in den unterschiedlichen Modellen sowohl als längs eingebauter Frontmotor als auch quer und längs in Heck- bzw. Mittelmotorlage.

Das Innenleben der Motoren-Ikone präsentiert uns der freie Lambo-Spezialist Stefan Cuntz in Nürnberg anhand der Vierliter-Frontmotor-Version. Der Proband gehört zu einem Siebziger-Jahre-Espada 400 GT. Ins Auge fallen an dem flach und breit bauenden V12 zuerst zwei Dinge: die beiden voluminösen Zylinderköpfe mit jeweils zwei Nockenwellen in V-Anordnung und die ungewöhnliche Position der Ansaugkanäle zwischen den beiden Nockenwellen einer Zylinderbank. Daraus ergibt sich, dass die sechs Weber Querstrom-Doppelvergaser nicht mittig zwischen beiden Zylinderbänken thronen, sondern weit nach außen gerückt sitzen.

Der Kurbeltrieb

Auch im Untergeschoss finden sich deutliche Unterschiede zum Colombo-V12. Das Gehäuse ist zwar wie bei diesem aus Aluminium

TECHNISCHE DATEN

Lamborghini V12 (L 403)

Motorbauart:
Wassergekühlter Zwölfzylinder-V-Motor (60 Grad); zwei obenliegende Nockenwellen je Zylinderreihe; siebenfach gelagerte Kurbelwelle; sechs Weber-Flachstrom-Doppelvergaser 40 DCOE 20-21

Hubraum:
3929 ccm (Bohrung x Hub: 82 x 62 mm)

Leistung:
350 PS bei 7500 U/min

Drehmoment:
490 Nm bei 5500 U/min

Bauzeit:
1969 bis 1978

Den hohen Fertigungsaufwand...
...des Alu-Motors verdeutlicht schon die vielfach verrippte Ölwanne.

und beherbergt eingeschrumpfte nasse Schleuderguss-Laufbuchsen, die sich in zwei Reihen leicht seitlich versetzt im idealen Winkel von 60 Grad gegenüber stehen. Der Block ist aber nach unten deutlich länger, so dass er die Kurbelwelle mit ihren sieben Hauptlagern mit Mehrstoff-Lagerschalen seitlich komplett umhüllt. Darunter schließt sich eine breite, innen wie außen verrippte Alu-Ölwanne mit engmaschiger Schwallblech-Bestückung an. Die in einem 30-stündigen Prozess aus dem Vollen gefräste Kurbelwelle ist ein Kunstwerk aus Chrom-Nickel-Molybdän-Stahl, nitriert und mit induktionsgehärteten Lagerzapfen. Die Welle baut schlank, da keine großen Ausgleichsgewichte vonnöten sind. „Drei Untermaßstufen sind möglich", sagt Stefan Cuntz. Lagerschäden entstünden allerdings weniger durch Verschleiß, „sondern durch Verschmutzung, mitunter sogar Sand noch aus der Gießerei. Nicht selten wird auch die Feder im Ölfiltergehäuse falsch eingebaut, weil es der Teilekatalog so zeigt." Die kurzen Pleuelstangen sitzen paarweise auf den sechs Lagerzapfen und sind über schwimmende Kolbenbolzen in Bronzebuchsen mit den gewölbten Leichtmetallkolben verbunden. Die Laufbuchsen können auf Übermaß gebohrt werden, so Cuntz: „Standard sind beim Vierliter 82 Millimeter. Wir haben Kolben bis 83 Millimeter. Zum Bohren muss unbedingt eine Hohnbrille verwendet werden, die den Kopf simuliert. Wer das unterlässt, hat krumme Buchsen, sobald er die Köpfe montiert. Das gleiche gilt für das Spindeln der Hauptlagergasse."

Die Zylinderköpfe

Die Leichtmetall-Zylinderköpfe haben hemisphärische Brennräume mit jeweils zwei Ventilen (die Modellpflege bescherte später

Quartett-Gewinner
Mit vier Nockenwellen hatte Lamborghini als zweiter Sportwagenbauer der Sechziger mit einem V12 die Nase vorn. Ferrari zog später nach.

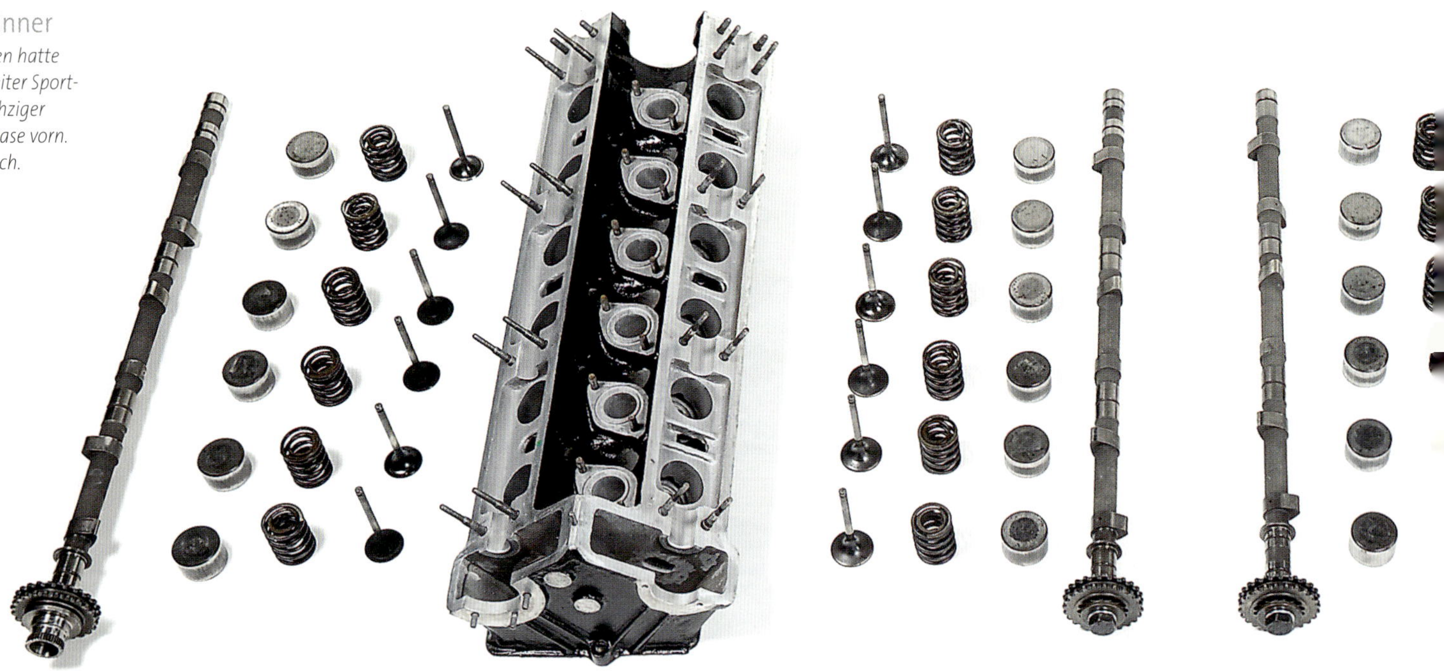

Ein Fehler...

...im Teilekatalog setzt den Ölfilter an der Ölpumpe außer Kraft, wenn Feder und Druckplatte falsch montiert werden.

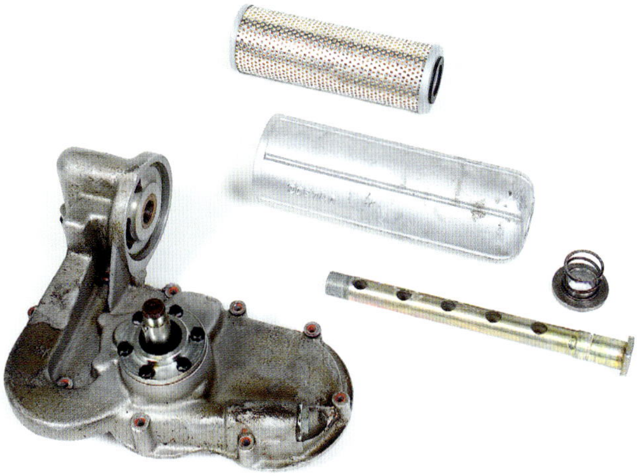

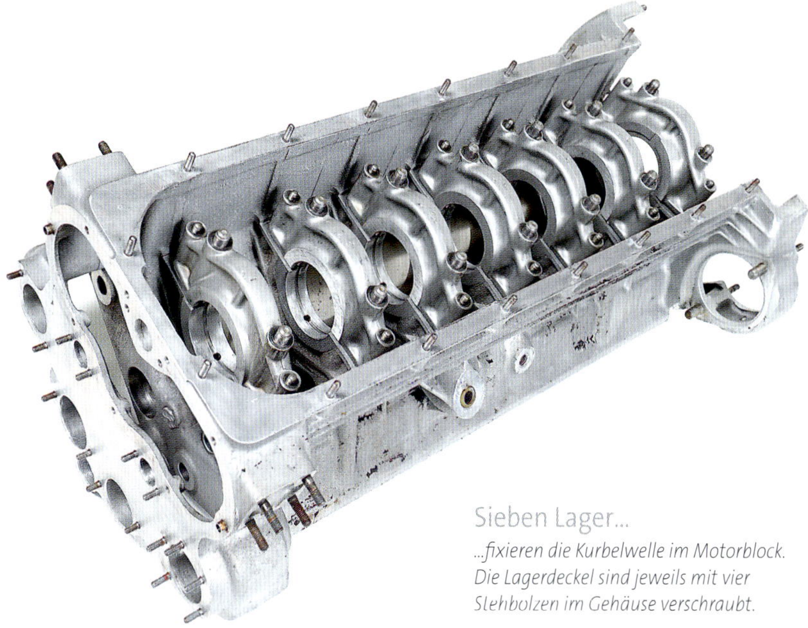

Sieben Lager...

...fixieren die Kurbelwelle im Motorblock. Die Lagerdeckel sind jeweils mit vier Stehbolzen im Gehäuse verschraubt.

auch Vierventiler), die im Winkel von 70 Grad zueinander sitzen. Dadurch stoßen die Einlassnockenwellen der beiden Köpfe fast aneinander, und die beiden Auslassnockenwellen liegen schwer zugänglich unterhalb der Vergaser. Die Wellen sind vierfach direkt im Alu der Köpfe gelagert und zur Schmierung der Nocken hohlgebohrt. Sie betätigen die Ventile über die im Ölbad liegenden Stößel. Das Ventilspiel wird mit Käppchen auf dem Schaft justiert, die es zwischen 1,5 und 3,5 Millimetern in 25-Hundertstel-Schritten gibt. Mit Freischrauben geht dafür leicht ein Arbeitstag drauf, wie Profi Stefan Cuntz er-

Flachmänner

Drei Weber-DCOE-Vergaser pro Zylinderbank liefern das Gemisch. Die Horizontal-Ausführung erlaubt eine flache Fronthaube.

Zwei Rollenketten...

...treiben die Nockenwellen an. Sie werden von je einer Umlenkrolle und einem Kettenspanner gegenüber geführt.

Doppelte Federn...

...halten die Ventile im Zylinderkopf. Das Ventilspiel wird mit Käppchen justiert, die unter den Tassenstößeln (hier ein Exemplar mit Pitting durch Ölmangel) auf dem Ventilschaft sitzen.

klärt. „Man sollte auch nicht die ähnlich aussehenden Käppchen von Alfa verwenden. Sie sind zu lang und drücken auf die Ventilkeile." Außerdem: „Ventilführungen und -sitze sind durch modernes Material für Bleifreibetrieb zu ersetzen, und es empfiehlt sich, Schaftabdichtungen nachzurüsten. Wir fertigen dafür passende Ventilführungen selbst." Sehr häufig seien die Nockenwellen eingelaufen, da die hindurch führenden Ölkanäle und die oft allzu winzigen Bohrungen mit der Zeit verstopften.

Die Steuerung

Der Antrieb der Nockenwellen erfolgt durch ein – im Interesse der Laufruhe schräg verzahntes – Rad auf dem vorderen Kurbelwellenstumpf. Es greift in zwei Räder ein, die jeweils eine kurze Duplex-Steuerkette für jeden Zylinderkopf bewegen. Die Antriebsräder rotieren auf Achsen, die in Kugellagern sitzen – und gerne einlaufen. Bemerkenswert sind hier die mechanischen Exzenter-Kettenspanner, die manuell justiert werden müssen. Weil auch das mit einem halben Tag Arbeit recht aufwendig ist, wird es gerne vergessen. Zu lockere Ketten fräsen dann regelrecht Spurrillen ins Alugehäuse. Folgeschäden durch Späne, die ins Öl gelangen, sind nicht unwahrscheinlich.

An der Auslassnockenwelle des rechten Zylinderkopfs ist der Zündverteiler angedockt. Nocken- und Verteilerwelle verbindet eine feinverzahnte Muffe, die zur thermischen Entkopplung aus Kunststoff besteht.

Die Kampfstiere aus Sant'Agata Bolognese

Der Legende nach war der Ärger über Ferrari der Anlass für den Industriellen Ferrucio Lamborghini, in Sant'Agata Bolognese Anfang der Sechziger eine supermoderne Autofabrik aus dem Boden zu stampfen. Fest steht, dass die V12-Sportler mit dem Stier im Wappen sofort zu erbitterten Rivalen des „springenden Hengstes" aus Maranello wurden. Erstling war 1963 der 350 GT, gefolgt vom 400 GT und dem legendären Mittelmotor-Renner Miura. Größter Verkaufserfolg der Siebziger war der gut 1200 mal produzierte Espada (Bild). Den familientauglichen Gran Turismo hatte Bertone gezeichnet.

Spannende Details

Der Kettenspanner funktioniert simpel mittels Exzenter. Die richtige Position wird per Lochkranz fixiert.

Manche Varianten des Lambo-V12 sind mit zwei Verteilern ausgerüstet. Ebenfalls im direkten Eingriff angetrieben wird die Wasserpumpe durch die rechte Kettenumlenkrolle. Elegant gelöst ist auch das Thema Ölpumpe: Die Zahnrad-Pumpe sitzt in einem Alu-Gehäuse, das gleichzeitig als vorderer Steuergehäusedeckel dient und den liegenden Ölfilter aufnimmt.

Wenn auch am Ende der Eindruck einer soliden Konstruktion vorherrscht, warnt Stefan Cuntz vor Euphorie: „Letztlich bleibt es doch Renntechnik reinsten Wassers, die keine Fehler verzeiht.“ Und mitunter teuer wird: Die Komplettsanierung eines Lambo-V12 kann nach der Erfahrung des Profis im schlimmsten Fall 60.000 Euro kosten.

Ein Ölkanal in der Nockenwelle versorgt die Nocken durch kleine Bohrungen – solange diese nicht verstopfen.

Die Steuerzeiten werden an den Kettenrädern mittels verdrehbaren Lochkreisen eingestellt und mit Pins fixiert

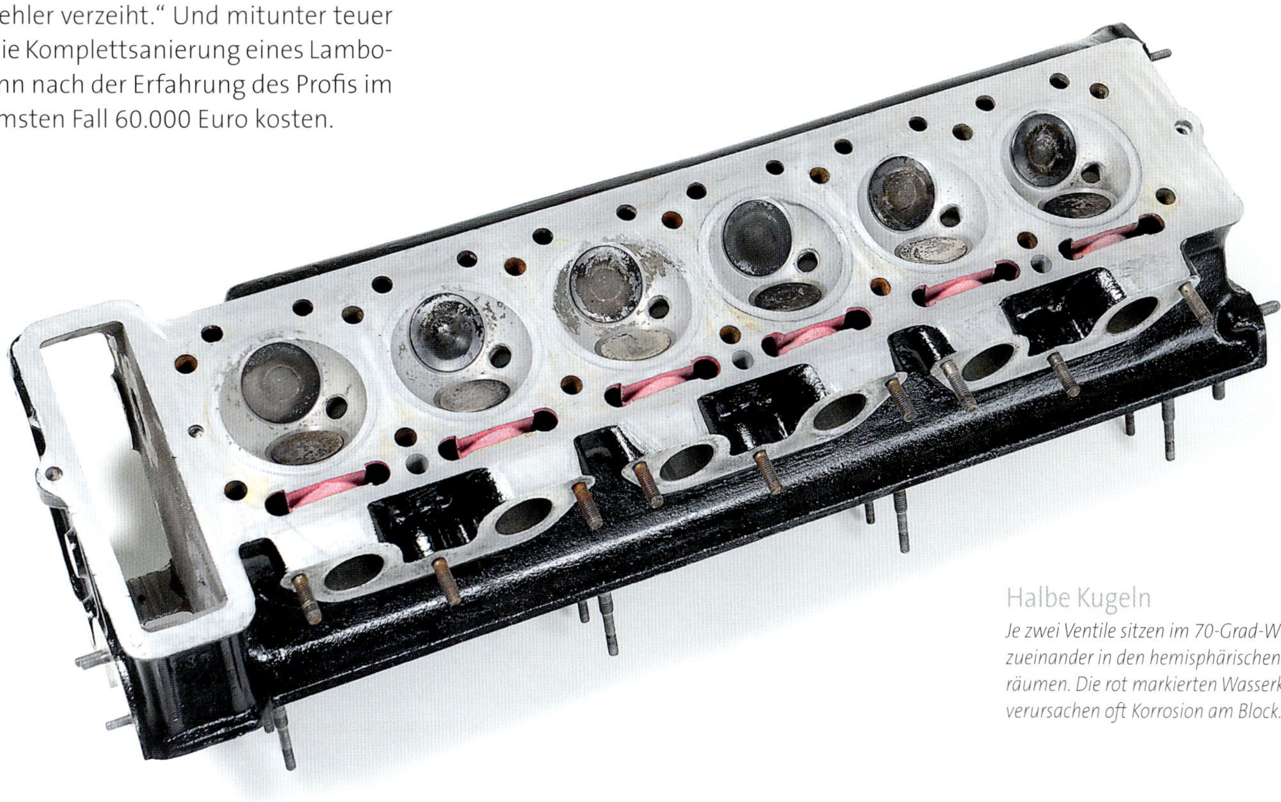

Halbe Kugeln

Je zwei Ventile sitzen im 70-Grad-Winkel zueinander in den hemisphärischen Brennräumen. Die rot markierten Wasserkanäle verursachen oft Korrosion am Block.

Fein verzahnt und spielfrei...

...dockt der Zündverteiler in waagerechter Position an die rechte Auslassnockenwelle an. Eine Kunststoffmuffe koppelt die Wellen.

Kopfsache

Der **Lotus Twin Cam** ist ein Musterbeispiel sportlichen Motorenbaus. Dabei basiert er auf einem sehr bürgerlichen Ford-Aggregat.

Sein Debüt feierte der leistungsstarke dohc-Vierzylinder im Mai 1962 an standesgemäßem Ort: Auf dem Nürburgring fegte Jim Clark in einem Lotus 23 über die Strecke. Zwar hielt der Wagen nicht bis zum Ende durch, doch der Brite stellte mit dem neuen Triebwerk einen neuen Rundenrekord in der Zweiliter-Klasse auf. Einige Monate später ging der zwischenzeitlich von 1498 auf 1558 Kubik erstarkte Motor in die Serienproduktion.

Einer, der schon früh dem Reiz des dohc-Triebwerks erlegen ist, ist Rainer Brammer aus Mettmann. Seit über 40 Jahren schraubt er an Lotus-Sportlern und hat uns ein spätes, 126 PS starkes Twin-Cam-Triebwerk auf den Seziertisch gelegt. „In 13 Jahren brachte es Lotus auf drei Leistungsstufen. Anfangs hatte der Motor 105 PS, ab 1966 waren es 115, und die letzte Version ab 1971 hatte schließlich 126 PS." Da hierzu Ventile und Einlasskanäle vergrößert wurden, prangt auch unübersehbar *Big Valve* auf dem Ventildeckel des bis 1975 produzierten Doppelnockers, der eigentlich sogar drei Nockenwellen hat! Moment mal, wie bitte? „Sportmotoren auf Basis solider Großserientechnik zu bauen, war gang und gäbe. Die Männer um Colin Chapman übernahmen damals den neuen Ford-Cortina-Motor und verpassten ihm ihren Zylinderkopf mit obenliegenden Nockenwellen samt passendem Steuergehäuse. Nun hatte der Cortina-Motor aber ab

Das Meisterwerk...

...dieses Triebwerks ist der Zylinderkopf. Die Lotus-Entwicklung aus Alu thront auf dem (Ex-) ohv-Motorblock, der vom Ford Cortina stammt. Ansaugkrümmer und Thermostatgehäuse sind fest angegossen. Auffällig: Das flache Steuergehäuse, in dem eine Simplexkette die drei (!) Nockenwellen antreibt. Welle Nummer drei stammt noch vom Cortina-Aggregat und treibt nur den Verteiler an.

Die acht Ventile...

...werden über Tassenstößel angetrieben. Nachbauteile können für Verdruss sorgen: Die Ventilhälse (l.) haben im Original einen leichten, abgerundeten Absatz. Bei Billig-Repros weisen sie eine scharfkantige Stufe auf.

Werk eine untenliegende Nockenwelle. Da sie gleichzeitig den Verteiler antrieb, blieb sie auch bei Lotus einfach drin – die Ventilnocken drehten leer. Das war Pragmatismus pur", spricht der Profi die kuriose Konstruktion an. Und doch ist das Lotus-Aggregat alles andere als eine Bastellösung.

Der Kurbeltrieb

Block, Kurbelwelle, Pleuel und Kolben – alles stammt von Ford. Und natürlich auch die untenliegende Nockenwelle. Allerdings wurden die Teile dort nicht einfach vom Fließband genommen. Brammer: „Die für Lotus produzierten Blöcke haben ein großes, eingegossenes L auf der Flanke. Fehlt es bei einem Doppelnocker, ist klar, dass dieser Motor ein Umbau auf einem Cortina-Rumpf sein muss. Es gibt für den Lotus etliche Sportkolben, erkennbar sind sie am Dach. Serienkolben sind oben flach, abgesehen von den Taschen für die Ventile natürlich."

TECHNISCHE DATEN

Lotus Twin Cam

Motorbauart:
Viertakt-Reihenvierzylinder aus Grauguss mit Aluminium-Zylinderkopf, wassergekühlt, zwei obenliegende Nockenwellen über Kette betätigt, fünffach gelagerte Kurbelwelle

Hubraum:
1558 ccm (Bohrung x Hub: 82,6 x 72,8 mm)

Leistung:
Bis 1966: 105 PS, 1966 bis 1971: 115 PS, 1971 bis 1975: 126 PS

Max. Drehmoment:
1962 bis 1971: 146 Nm bei 4400 U/min, ab 1971 153 Nm bei 5500 U/min

Zwei Nocken für ein Halleluja

Im Lotus Elan debütierte der auf der Rennstrecke bereits erprobte dohc-Motor, Anfangs noch mit 1498 Kubik. Als Ende 1962 die Hubraumgrenze für Tourenwagen der Gruppe 2 auf 1600 Kubik erhöht wurde, passte auch das Team um Lotus-Gründer Colin Chapman (1928–1982) den Hubraum an: Der Elan mit 1600er-Motor erschien vor ziemlich genau 50 Jahren im Mai 1963 und die Erfolgsgeschichte nahm ihren Lauf. Das potente Triebwerk kam bis 1975 auch im Ford/Lotus Cortina und im Lotus Europa zum Einsatz. Auch im Ford Escort konnte man bis 1971 das heiße Herz ordern. Im historischen Motorsport ist das Triebwerk noch immer weitverbreitet, und die Ersatzteilversorgung hierfür ist seitens Lotus besser als für manchen Neunziger-Jahre-Motor.

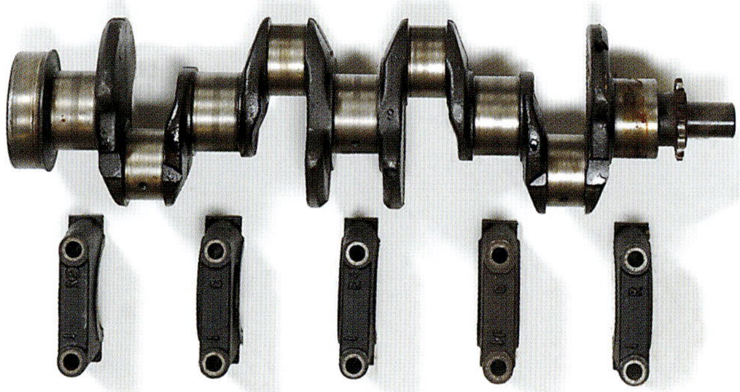

Die fünffach gelagerte Kurbelwelle macht keine Probleme, und natürlich gibt es auch hier vom Ford-Gussteil abweichende, geschmiedete Tuning-Exemplare. Das gilt im Grunde auch für die Verteiler-Nockenwelle: „Das Teil ist ja nur aus Produktionsgründen in kompletter Länge verbaut. In Rennmotoren kommen zwecks Gewichtserparnis oft in der Mitte gekappte Wellen zum Einsatz. Wer ein solches Teil verbaut, muss allerdings darauf achten, die Ölbohrung der nicht mehr benötigten dritten Lagerstelle im Block zu verschließen, sonst baut der Motor keinen richtigen Öldruck auf", mahnt der Profi.

Zylinderkopf und Ventiltrieb

Alleine der Ventildeckel mit dem Lotus-Schriftzug ist bereits ein optischer Leckerbissen – der Kopf selbst ist es in technischer Hinsicht aber auch: Das Aluteil sorgt für einen Leistungszuwachs von über 40 PS gegenüber dem serienmäßigen, etwa 61 PS starken Ford-1600er. „Ungewöhnlich sind die fest angegossenen Einlasskrümmer. Man könnte jetzt vermuten, dass diese Konstruktion empfindlich ist gegen Überhitzung oder Vibrationen, aber es passiert tatsächlich einfach nichts. Die Lotus-Ingenieure haben die Massen offenbar sehr gut berechnet. Die Kraftstoffversorgung übernehmen in Europa stets Weber- oder Dell'Orto-Doppelvergaser. Bei der US-Version wurden hingegen zwei SU-Vergaser verbaut. Aufgrund der festen Krümmer gab es hier folgerichtig auch einen anderen Zylinderkopf. Außer bei den Einlässen unterscheidet sich der US-Kopf freilich in keinem weiteren Detail von der Europa-Version. Auch die Leistung bleibt gleich. Die SU-Vergaser sind nicht so beliebt wie die Dell'Ortos, doch eigentlich sind sie nicht schlechter."

Der Kurbeltrieb...

...bietet solide Großserientechnik. Das 1600er Ford-Cortina-Triebwerk bietet noch weitere Tuningmöglichkeiten: Etwa durch Verwendung von Sportkolben (l.) oder geschmiedeten Kurbelwellen. Das Angebot an Teilen ist groß, die Qualität in der Regel ordentlich.

Die Verteilerantriebswelle...

...kann man auch kürzen (u.). So muss die Steuerkette weniger Masse bewegen, was der Drehfreudigkeit zugute kommt. Die Ölbohrung der dritten Lagerstelle muss geschlossen werden.

Im Zeichen des L: Der Buchstabe beim Anlasserflansch zeigt, dass dieser Block von Anfang an für Lotus produziert wurde.

Die Vergaser...

...machen wenig Probleme – auch nicht die US-Version mit den wenig beliebten Stromberg-Vergasern (o.). In Europa waren Dell'Orto-Doppelvergaser Serie (u.). Da die Ansaugkrümmer Teil des Zylinderkopfs sind, gab es auch hier zwei Versionen, die mit Ausnahme der Krümmer identisch sind (oben re.).

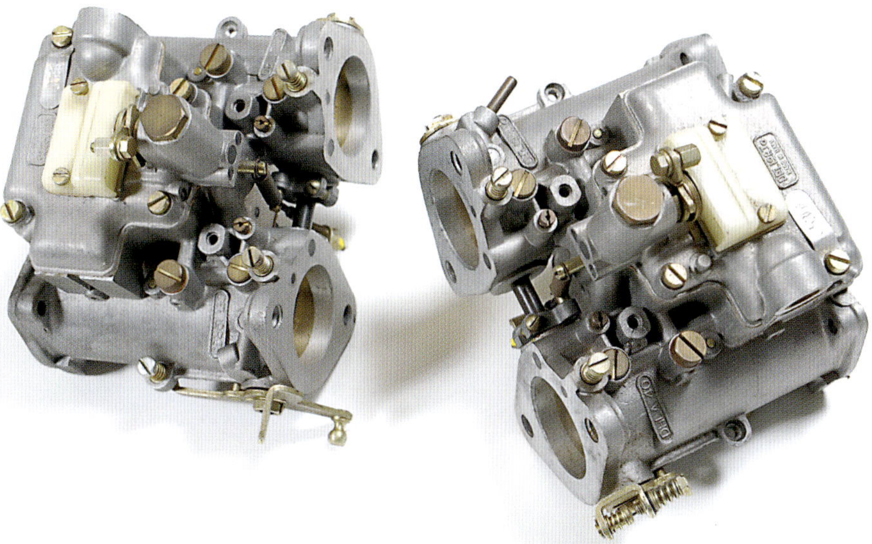

Der Steuertrieb

Hier offenbart sich dann doch, dass der heiße Twin Cam ein Umbau ist, denn der Deckel des Steuergehäuses hat es in sich: Er nimmt die Wasserpumpe auf, und sie ist nur zu erreichen, wenn der Deckel abgenommen wird. Hierfür muss man wiederum Zylinderkopf und Ölwanne demontieren – was bei ausgebautem Motor am besten gelingt...

Rainer Brammer rät dringend, auf Frostschutz und korrekte Keilriemenspannung zu achten: „Ohne Frostschutz korrodiert der Sitz des Wasserpumpen-Wellendichtungspakets im Alu. Und wer den Keilriemen zu straff spannt, riskiert, dass die Wasserpumpenlager verschleißen. Der Steuergehäusedeckel kann um die Pumpe sogar reißen. Ein zu lockerer Riemen ist nicht so schlimm – lieber eine leere Batterie als ein gerissener Deckel. Das Teil wird alllmählich rar und kann bis zu 650 Euro kosten..."

Die Steuerkette ist auch im Renneinsatz haltbar – obwohl sie einfach ist: „Bei normaler Fahrweise halt die Kette jahrelang. Die Spannschraube vorne auf dem Steuergehäuse sollte noch etwa fünf bis acht Millimeter Gewinde zeigen. Ist sie schon ganz hineingedreht, sollte die Kette erneuert werden, da sie dann definitiv gelängt ist."

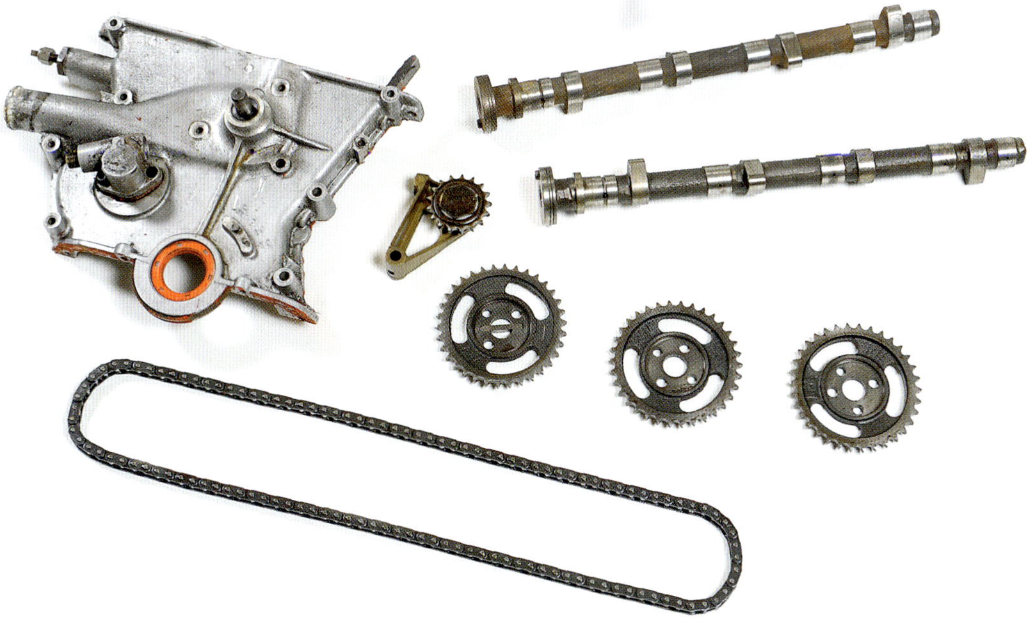

Das Steuergehäuse...

...des drehfreudigen 1600ers überrascht Technik-Freunde: Der Lotus-Motor kommt mit einer Simplexkette aus. Vom Verteilerwellenrad (l.) wird bei Sportversionen auch ein Drehzahlmesserantrieb betätigt.

Ewiges Leben

Seit den fünfziger Jahren ernagelten sich die **Mercedes-Dieselmotoren** den Ruf der Unzerstörbarkeit. Eine Million Kilometer sind keine Seltenheit…

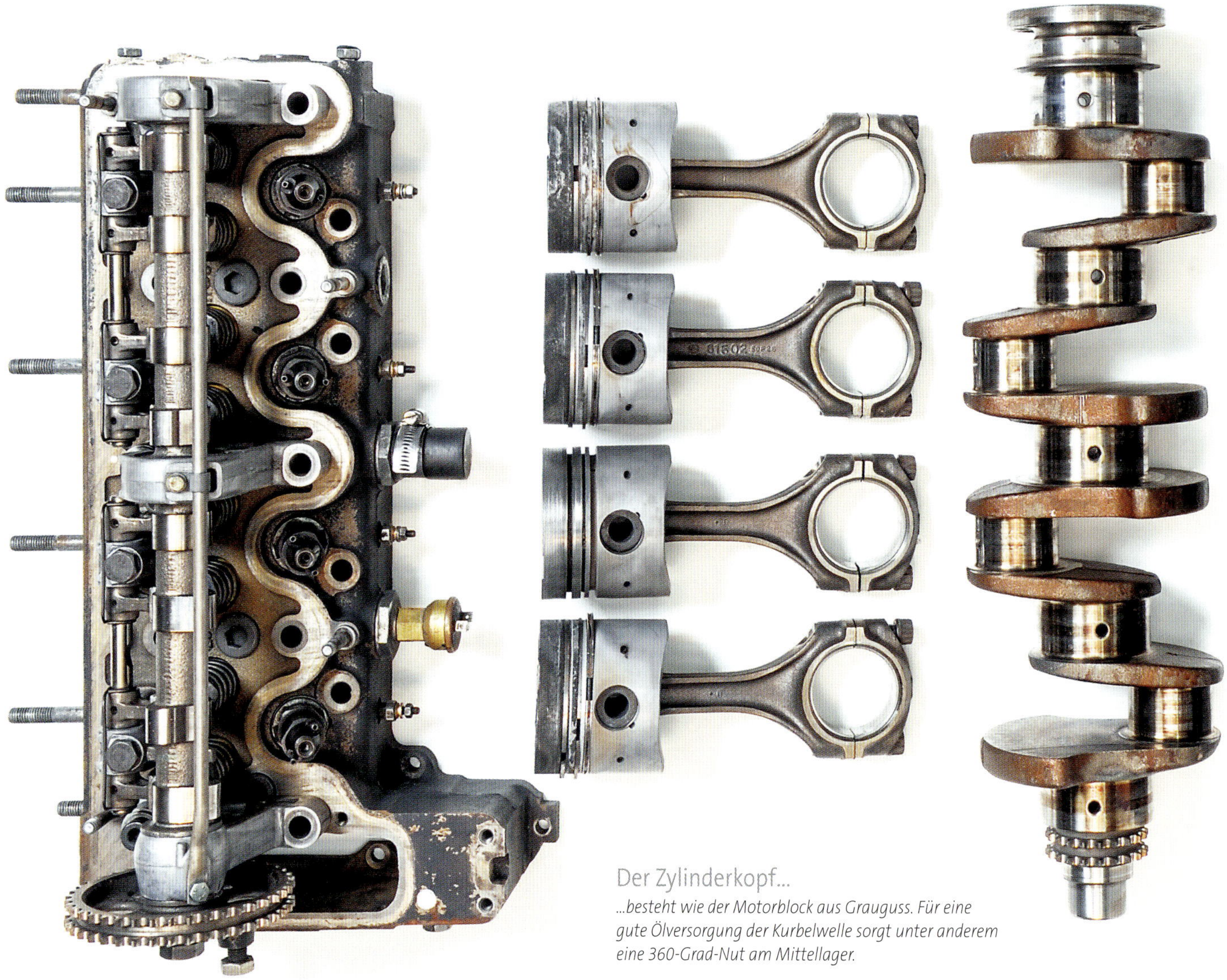

Der Zylinderkopf…

...besteht wie der Motorblock aus Grauguss. Für eine gute Ölversorgung der Kurbelwelle sorgt unter anderem eine 360-Grad-Nut am Mittellager.

Vor allem Taxifahrer schworen auf die Modelle mit den Vierzylinder-Dieseln der Baureihen OM 621 / 615 / 616. Dass sie nicht die Schnellsten waren und schon mal als „Wanderdünen" verspottet wurden, störte im Stadtverkehr nicht. Viel schwerer wogen Robustheit und Sparsamkeit.

Bis in die dreißiger Jahre nagelten Dieselmotoren in Schiffen, Lkw, Lokomotiven und Ackerschleppern, aber nicht in Personenwagen. Den Selbstzündern fehlte es bis dahin an Laufkultur, und die Leistungsausbeute war aufgrund eng limitierter Drehzahl in Pkw-kompatiblen Bauformen nicht sehr überzeugend. Ein Problem war lange Zeit die Kraftstoffzuführung bei dem hohen Druck, der beim Komprimieren der Luft im Brennraum entstand. Robert Bosch löste es mit einer Hochdruck-Einspritzpumpe, die 1927 in Serie ging.

Daimler-Benz präsentierte 1936 den 260 D als ersten Serien-Diesel-Pkw der Welt. Nach dem Zweiten Weltkrieg legten die Schwaben nach mit dem OM („Oelmotor") 636 des 170 D (1,7 Liter, 38 PS bei 3200 U/min). Deutlich moderner war der neu konstruierte OM 621 der 1958 im 190er Ponton mit 50 PS debütierte. Damit begann eine lange Erfolgsgeschichte: Bis in die neunziger Jahre wurde dieser Motorentyp in mehreren Evolutionsstufen millionenfach gebaut.

Der Vierzylinder-Viertakt-Dieselmotor nahm über die Jahre bis auf 2,4 Liter Hubraum zu. Die ausgereifteste Variante, der hier gezeigte OM 616, mobilisierte ab 1973

Die Laufbuchsen...

...sind eingepresst und relativ leicht zu tauschen. Wenn der Motor zu fett läuft, verschleißen sie schnell. Vollsynthetisches Öl ist nicht ideal und birgt die Gefahr, dass sie verglasen.

Die Kolben...

...bilden mit ihren Mulden einen Teil des Brennraums unter dem topfebenen Zylinderkopf. Die Aussparungen sind entsprechend der Strahlrichtung des vorgezündeten Gemischs aus den Öffnungen der Vorkammer ausgeformt.

Die Ventile...

...sind mit der „Rotocap"-Drehvorrichtung versehen, die das Ventil bei jeder Betätigung auf einem Kugellager ein kleines Stück bewegt. Vorteile sind gleichmäßige Wärmeverteilung und weniger Ablagerungen auf Ventil und Sitz. Der Kraftstoff wird in die Vorkammern (oben) eingespritzt, deren Spitzen mit kleinen Bohrungen in den Brennraum ragen. In die Vorkammern sind seitlich die Glühkerzen eingeschraubt.

Die Steuerkette...

...wird mit einer gebogenen Schiene unter Druck gehalten. Für ruhigen Lauf sorgt die hydraulische Nachstellung des Spanners. Der Fliehkraftversteller (li.) regelt den Förderbeginn der Einspritzpumpe drehzahlabhängig.

Mercedes-Benz W 114 / 115 „Strichacht"

Der von Paul Bracq designte Strichachter wurde von 1967 bis 1976 in rund 1,8 Millionen Exemplaren verkauft. Die Triebwerkspalette umfasste Ottomotoren von 2 bis 2,8 Litern mit 95 bis 185 PS und Diesel von 2 bis 3 Litern mit 55 bis 80 PS. Die Leistungsausbeute der Selbstzünder war für das rund anderthalb Tonnen schwere Auto nicht üppig. Der 240 D erreicht ein Spitzentempo von 138 km/h und beschleunigt in etwa 26 Sekunden von Null auf Hundert. Der Verbrauch beträgt zwischen neun und zwölf Liter.

den „Strichachter" W 115 240 D mit 65 PS, danach auch den W 123. Motoren aus dieser Familie stellten und stellen bis heute unter anderem auch in Kleinlastern, Geländewagen, Staplern und Booten ihre Zuverlässigkeit unter Beweis.

Das 189 Kilo schwere Triebwerk ist insgesamt sichtlich aus dem Vollen geschnitzt. Die Wandstärken sind überall überdurchschnittlich. Die Kurbelwelle rotiert in fünf Mehrstofflagern. Das zentrale Lager erhält mit einer 360-Grad-Ölnut im Trägermaterial eine Extra-Portion Schmierstoff. Eine Reaktion der Konstrukteure auf frühere Probleme mit Schäden am Achsiallager, erklärt der Experte für Motoreninstandsetzung, Anton Buss, der für uns den OM 616 auf den Seziertisch legte. Den optimalen Umlauf der 6,5 Liter Öl garantiert die großzügig ausgelegte Ölpumpe. Einzige klassische Schwachstelle: Die sogenannte Borgmann-Abdichtung der rückwärtigen Gehäusedurchführung der Kurbelwelle mit einer Gewebeschnur ist häufig undicht. Eine Umbaumöglichkeit auf einen Wellendichtring gibt es nicht. Ebenso haltbar wie reparaturfreundlich ist die Auslegung der Zylinder mit eingepressten Laufbuchsen, die man im Bedarfsfall wechseln kann. So werden keine Übermaßkolben benötigt. Der Zylinderkopf besteht wie der Block aus Grauguss. Das vermeidet Ausdehnungsdifferenzen und kommt der Haltbarkeit der Kopfdichtung zugute, die bei der Verdichtung von 20:1 stark belastet ist. Trotzdem ist sie mit der häufigste Anlass, wenn geschraubt werden muss. Die obenliegende Nockenwelle ist in drei Böcken gelagert und wird von einer Duplexkette angetrieben. Für eine „weichere" Verbrennung und damit einen leiseren Lauf als bei alten Direkteinspritzern sorgen die in den Kopf eingeschraubten Vorkammern, die einen Teil des Brennraums bilden. Dort wird der Kraftstoff eingespritzt, vorgezündet und durch fünf Bohrungen in den Hauptbrennraum geschossen.

Die Nockenwelle...

...betätigt die Ventile materialschonend über breite Schwinghebel. Sie drücken auf gehärtete Hutmuttern am Schaftende der Ventile. Mit diesen wird das Ventilspiel eingestellt.

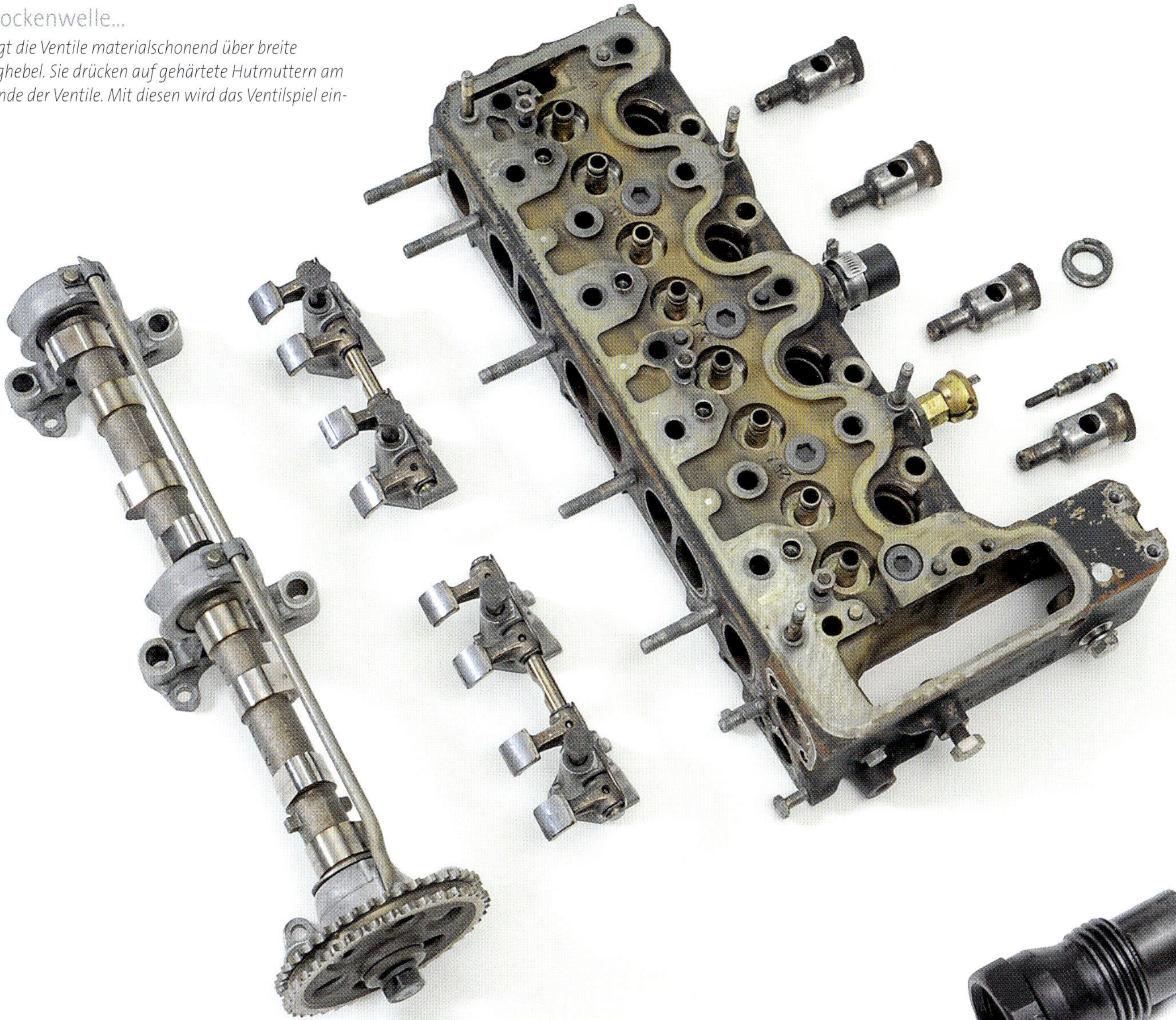

Die Einspritzventile...

...müssen beim Druck von 115 bar öffnen. Justiert wird das mit unterschiedlich starken Stahlplättchen über der Feder. Die Revision ist nötig, wenn Verschleiß an Nadel und Dichtkegel das Spritzbild verändert und es zum Nachtropfen kommt.

TECHNISCHE DATEN

Mercedes-Benz OM 616 240 D

Motor:
Viertakt-Vorkammer-Dieselmotor aus Grauguss, vier Zylinder in Reihe, wassergekühlt, obenliegende Nockenwelle von Duplexkette angetrieben, fünf Kurbelwellenlager

Hubraum:
2404 ccm (Bohrung x Hub: 91 x 92,4 mm)

Leistung:
65 PS bei 4200 U/min
(ab Juli 1978: 72 PS bei 4400 U/min)

Max. Drehmoment:
137 Nm bei 2400 U/min

Gewicht:
189 kg

Faktor Sechzehn

Der Motor des **Mercedes-Benz 190 E 2.3 16V** – einfach nur ein Standard-Motorblock mit aufgeschraubtem Sechzehnventil-Kopf? Mitnichten! Fast kein Bauteil des Sporttriebwerks entspricht seiner Achtventil-Verwandschaft, erklären uns zwei Experten.

Alles im Kopf

Der dohc-Zylinderkopf entstand in Kooperation von Mercedes und Cosworth. Die Nockenform beider Wellen ist identisch.

Wenn ich Mercedes fahren möchte, rufe ich mir ein Taxi – Sie kennen diesen despektierlichen Spruch? Geprägt wurde er dem Vernehmen nach von Fans einer anderen süddeutschen Automarke mit vermeintlich sportlicherem Ansatz. Sicher ist: Die Spötter dürften noch nie das Vergnügen mit einem 2.3 16V der W201er Baureihe gehabt haben – und auch dessen Motor noch nie näher in Augenschein genommen haben. Macht gar nichts, sie können es uns einfach glauben: Dieses leistungsstarke, drehfreudige Triebwerk ist ein Traum für Fahrer mit Faible fürs Sportliche. Und das mit der genauen Inaugenscheinnahme holen wir heute nach.

Wir sind zu Besuch bei der Firma Atec im saarländischen Merzig, einer der Kompetenzzentralen rund um die Vierventil-Ausführung der Mercedes-Motorenbaureihe M 102. Praktisch jede Woche wird hier zumindest ein solcher Motor überholt – und oft auch gleich leistungsgesteigert.

Im Zentrum unserer Betrachtung steht selbstredend erstmal der Sechzehnventilkopf samt Ventiltrieb des Vierzylinders, entwickelt in Kooperation mit den englischen Spezialisten von Cosworth. Der Alu-dohc-Kopf beherbergt je zwei Einlass- und Auslassventile pro Brennraum, die mit 38 und 33 Millimeter Durchmesser (bei sieben und acht Millimeter Schaftdurchmesser) ziemlich groß ausfallen, aber keine Besonderheiten wie Innenkühlung oder ähnliches aufweisen. Ein- und Auslassnockenwelle sind baugleich und öffnen die Ventile über auffallend leichte und dünnwandige (gehärtete) Tassenstößel. Das Ventilspiel wird über eingelegte Shims justiert. Die beiden Nockenwellen drehen

An der Kette...

...hapert's noch am ehesten: Die Simplex-Steuerkette der 2.3er Sechzehnventiler gilt als knapp dimensioniert.

Der Sechzehnventiler ist ein wackerer Alltagsmotor mit guten Manieren. Nur dass der Spaß jenseits der 5000 Touren nicht aufhört, sondern erst richtig beginnt!

sich in je vier Lagerböcken mit geschraubten Deckeln. Ihre Lagergasse wurde im Werk exakt fluchtend ausgespindelt und logischerweise darf die Reihenfolge der Deckel nicht verändert werden, beispielsweise nicht bei der Einstellung des Ventilspiels, für die die Wellen ausgebaut werden müssen.

Die Nockenwellen sind im Schalenhartguss gefertigt (sehr harte Oberfläche bei vergleichsweise weichem Kern). Sie werden von einer Simplex-Steuerkette angetrieben, die in zwei Gleitschienen geführt ist und von einem großen (mechanisch vorgespannten) hydraulischen Spanner beaufsichtigt wird. Die Kette läuft zudem über ein Nebenrad, das den Zündverteiler antreibt. „Die Simplex-Kette galt als Schwachpunkt", erklärt Atec-Seniorchef Lothar Mich. „Deshalb wurde empfohlen, sie alle 100.000 Kilometer samt Spanner zu wechseln, und deshalb hatte der weiterentwickelte 2,5-Liter-Sechzehnventiler eine Duplexkette – mit Ausnahme der Triebwerke des Homologationsmodells Evo II. Eine Häufung von Problemen mit der Simplexkette habe ich aber persönlich nie beobachten können. Auch gerissene Köpfe sind ebenso wie Nockenwellenschäden die absolute Ausnahme", erklärt der Experte.

Ehe wir die unteren Stockwerke des Motors näher betrachten, noch ein Wort zu Aggregaten und Anbauteilen: An den M-102-Motoren debütierte bei Mercedes der Rippenriemen als Ersatz für die bisherigen Keilriemen. Über einen einzigen solchen (vollautomatisch gespannten) Rippenriemen, dessen Antriebsrad auf der Kurbelwelle vor dessen Schwingungsdämpfer sitzt, werden auch beim Sechzehnventiler Lichtmaschine, Wasserpumpe und die Servopumpe der Lenkung angetrieben.

Eine neue Art von Mercedes...

...war der 1982 präsentierte 190er (Baureihe W201) per se. Doch schon ein Jahr später wurde der Baby-Benz dank eines Sechzehnventilkopfs dann auch noch zum Sportwagen. Der 2,3 16 V war geboren – drei Jahre vor Erscheinen des BMW M3. Ab 1987 löste der 2.5-16V das Urmodell ab, mehr Hub (87,2 statt 80,25 mm) sorgte für mehr Hubraum und Leistung (2498 ccm/195 PS), aber der Biss und die Drehfreude der Urversion erreicht der bis 1993 gebaute 2.5er in den Augen vieler Fans nicht. Eine Geschichte für sich sind die Homologations-Modelle Evolution (1989) und Evolution II (1990), die mit wieder kurzhubigeren Motoren (82,8 mm Hub) je 502 Mal gebaut wurden.

50 PS Mehrleistung – dank 16V-Kopf, aber auch dank viel Feinarbeit. Der Motor gilt als langlebig und ausgesprochen robust.

Mehrventil-Vorteile: Bessere Zylinderfüllung, besserer Gasaustausch, niedrigeres (Einzel-) Ventilgewicht, zentrale Kerze.

Alle an einem Strang

Die Nebenaggregate werden von einem gemeinsamen, automatisch gespannten Rippenriemen angetrieben.

Es wird immer wieder gerne erzählt und geschrieben, dass der Graugussblock (Ölwanne, Steuerkasten, kleinere Gehäuseteile und der Zylinderkopf sind aus Leichtmetall gegossen) des Vierventilmotors völlig baugleich mit dem des 2,3-Liter-Zweiventiler sei – was nur für ungefähr die ersten 400 Triebwerke zutrifft! Anschließend hatten die 2.3-16V-Aggregate eine deutlich breitere mittlere Hauptlagerstelle. Zeitgleich wurden die Kolbenbolzen (nun 22 statt 24 Millimeter Durchmesser), die Kolben und die Pleuel leichter – alles Maßnahmen, um den Motor mit seinen recht großen Einzelhubräumen noch drehfreudiger zu machen. Die Nenndrehzahl liegt bei 6200 U/min (2.5-16V: 6750 U/min) und damit 1100 Touren höher als beim Achtventil-Motor. Die speziell gehärtete Kurbelwelle dreht sich in fünf Hauptlagern, die Pleuel sind nicht nur leichter, sondern zugleich auch deutlich stabiler, die Kolben geschmiedet – all das, um den Sechzehnventiler für die Mehrleistung von rund 40 Prozent gegenüber dem Achtventiler und für die deutlich höheren Drehzahlen fit zu machen. „Die alte Behauptung, der Sechzehnventiler sei letztlich nur ein 230er Block aus dem W124, auf den man mal eben kurzerhand einen Cosworth-Kopf geschraubt hat, könnte nicht weiter entfernt von der Wahrheit sein. Ohne jede Übertreibung: Fast alles, was sich in diesem Motor bewegt oder verschleißen kann, unterscheidet sich vom Achtventiler“, stellt Atec-Juniorchef Christian Weber klar. „Die Pleuellagerschalen sind beispielsweise eine der Ausnahmen. Aber auch da montieren wir heute gerne hochwertigere Alternativen. Und wie gesagt: Auch der Block selbst ist ein anderer.“

Ebenfalls bemerkenswert ist die recht hohe Verdichtung von 10,5:1 (Katalysatormodelle: 9,7:1) im Vergleich zu den 9:1 verdichteten Achtventilern. Auf der Auslassseite ist der serienmäßige 4-2-1-Fächerkrümmer auffällig. Er ist ausgelegt auf die Förderung des Drehmoments. Auf der Einlassseite kümmert sich die bekannte Bosch-KE-Jetronic um die Gemischaufbereitung, eine vom

Stabile Verhältnisse

Die Kurbelwelle ist speziell gehärtet, der gesamte Kurbeltrieb penibel gewuchtet. Ein bemerkenswertes Detail: Der mittlere Hauptlagersitz ist breiter als beim Achtventiler, die Anlaufscheiben sind entsprechend schmaler.

Prinzip her mechanische Saugrohreinspritzung, bei der die Menge des eingespritzten Kraftstoffs im „Normalbetrieb" ausschließlich von der angesaugten Luftmenge abhängig ist.

Es gab – anders als etwa beim BMW M3 – eine relativ große Zahl von Kunden, die den 2.3 16V und später auch den 2.5 16V einfach nur als Topmodell der Baureihe missverstanden haben und ihn nie als den Sportwagen erkannten, der er tatsächlich war und ist. Diese Autos wurden praktisch nicht gefordert. „Aber auch die Motoren, die von sportlichen Piloten forciert bewegt wurden, machten so gut wie keine Probleme, wenn sie die entsprechende Wartung erfuhren, bei passender Gelegenheit die Steuerkette getauscht wurde und grundsätzliche Regeln befolgt wurden, beispielsweise das vernünftige Warmfahren", stellt Lothar Mich klar. „Wir bekommen regelmäßig Motoren auf die Werkbank, die nachweislich 300.000 und mehr Kilometer ohne jeden nennenswerten Eingriff hinter sich gebracht haben. Es ist auch keine Schadenshäufung an irgendeinem Bauteil festzustellen, sondern viel mehr fast immer ein homogenes Verschleißbild an allen relevanten Bauteilen. Ich kann ohne zu übertreiben sagen, dass praktisch jeder kapitale Schaden, den ich zu sehen bekommen habe, in groben Fehlern auf Seiten des Fahrers begründet lag. Ohne Öl oder

TECHNISCHE DATEN

Mercedes-Benz 190 E 2.3 16V

Motorbauart:
Wassergekühlter Vierzylinder-Viertaktmotor, fünffach gelagert, dohc-Ventilsteuerung, vier Ventile pro Zylinder, Verdichtung 10,5:1, mechanische Bosch-KE-Jetronic (elektronisch gesteuert)

Hubraum:
2298 ccm (Bohrung x Hub: 95,5 x 80,25 mm)

Leistung:
185 PS bei 6200 U/min (mit Kat: 170/5800)

Max. Drehmoment:
230 Nm bei 4500 U/min (mit Kat: 215/4750)

Bauzeit:
1983 bis 1988

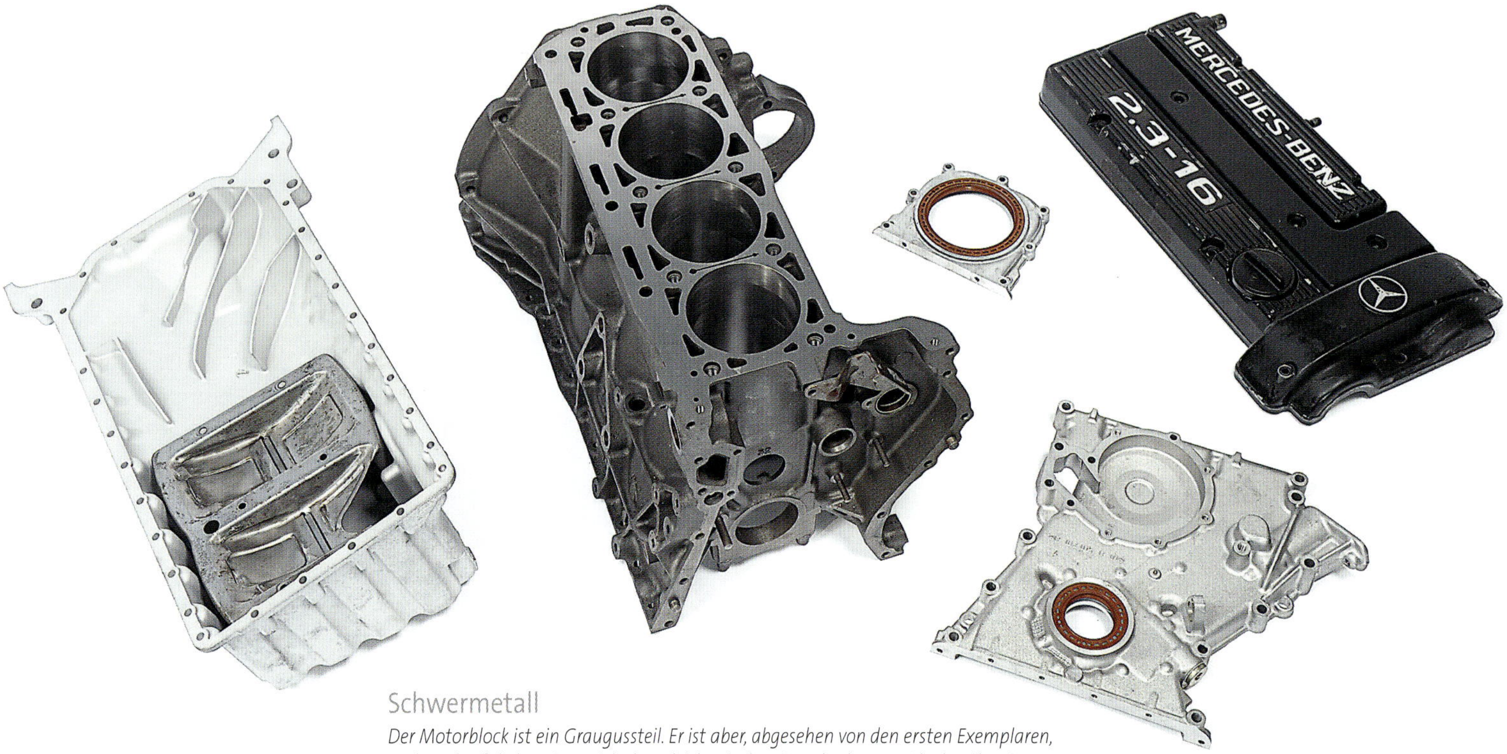

Schwermetall

Der Motorblock ist ein Graugussteil. Er ist aber, abgesehen von den ersten Exemplaren, anders als oft kolportiert, nicht baugleich mit dem Standard-230er-Block. Teile wie Ölwanne und Steuerkasten sind natürlich aus Leichtmetall gegossen.

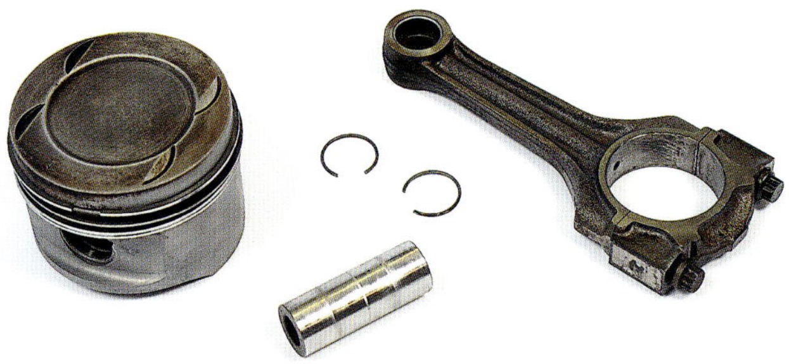

Alles ganz anders

Geschmiedete Kolben, leichtere und stabilere Pleuel, leichtere Kolbenbolzen – kein Teil, das sich bewegt, entspricht seinem „Achtventiler-Pendant"!

Aus dem Hause Bosch

Eine KE-Jetronic ist für die Gemischaufbereitung zuständig. Sie gilt als eine der problemlosesten Einspritzungen schlechthin, kann aber Standschäden entwickeln.

Wasser tut sich das beste Triebwerk schwer, und bei Drehzahlen weit oben im roten Bereich gibt's halt schon mal Bruch."

Kurbelwelle und Zylinder schleifen, neue Kolben samt Ringen und neue Lagerschalen, den Kopf überholen, die Ölpumpe, Steuerkette und kleinere Verschleißteile tauschen – eine Überholung des ersten echten Neuzeit-Sportmotors der Marke mit dem Stern geht üblicherweise erstaunlich unspektakulär über die Bühne und kostet bei Atec im Regelfall rund 4000 bis 4500 Euro. Und wenn's ein bisschen mehr sein darf: Dank der langen Motorsport-Karriere des Triebwerks ist heute vieles möglich!

Krummes Ding

Ab Werk atmen die Sechzehnventiler durch einen Edelstahl-Fächerkrümmer aus

Mehr Leistung. Um jeden Preis!

Ab 1988 unterstützt Mercedes den Einsatz des Mercedes 190 E 2.3 16V in der Deutschen Tourenwagen-Meisterschaft, ab 1990 treten dann von „Haustuner“ AMG vorbereitete Mercedes 2.5-16 Evo II gegen BMW M3 und Audi V8 an. 502 zulassungsfähige Exemplare werden eigens als Homologationsserie gebaut. 1992 gewinnt Klaus Ludwig mit 16 Siegen bei 24 Rennen den ersten Meistertitel für die Stuttgarter, die ersten drei Plätze in der 1992er Gesamtwertung werden von Evo II belegt, die Übermacht eines Autos in der DTM war nie größer. Es war die Zeit, in der die Deutsche Tourenwagen-Meisterschaft zur Materialschlacht ausartete und zum Dreikampf von Audi, BMW und Mercedes wurde, sehr zum Leidwesen vieler Fans, die nicht nur die Vielfalt im Starterfeld vermissten, sondern auch so etwas wie eine Seriennähe der startenden Autos über ihre Silhouette hinaus.

Die Motoren der Rennwagen haben mit den Serien-Sechzehnventilern nichts gemein. In den AMG-Preislisten waren sie tatsächlich gelistet – mit knapp 120.000 Mark plus Mehrwertsteuer! Bis zu 380 PS bei gut 9500 U/min leisteten die Triebwerke, die nach 400 Kilometern eine „kleine“ Revision bekamen (inklusive neuer Kolben, Lager und ähnlichem Kleinkram), alle 800 Kilometer eine große. Dann waren beispielsweise auch Kurbelwelle und Pleuel fällig. Keine Sorge: Wer die DTM-Renner heute noch so rannimmt wie einst, bekommt deren Stahl-Titan-Pleuel noch immer. Für 1800 Euro. Pro Stück.

Teuerste Innereien: Ein Satz Kolben und Pleuel? Macht in etwa 10.000 Euro!

Großes Kaliber: Je nach Rennstreckencharakter kamen unterschiedliche Fächerkrümmer zum Einsatz.

Die Wettbewerbs-Evo II haben abgesehen von ihrer Sihouette absolut nichts mit der Serie zu tun.

Schräge Gewalt

Der Mercedes-Benz 300 SL war bei seinem Debüt der schnellste Seriensportwagen. Dafür sorgte der erste Pkw-Serien-Viertakter mit Benzindirekteinspritzung. Der ebenso agile wie drehmomentstarke **Mercedes-Benz M-198-Sechszylinder** verpasste der Stuttgarter Ikone gewaltigen Schub.

Schiefe Ebenen...

...prägen die Schmalseitenansicht des Reihensechszylinders. Die Brennraumgestaltung erfordert schräg auslaufende Zylinder. Aus der geneigten Einbaulage resultiert die keilförmige Ölwanne.

215 PS aus drei Litern Hubraum, Spitze über 240 km/h – das war Mitte der Fünfziger für ein Straßenauto am Rande des Vorstellungsvermögens. Der Sechszylinder-Einspritzmotor katapultierte den 300 SL an die Spitze der Top-Sportler. Wir werfen einen Blick in das potente Herz des Beaus, der Ferrari und Co. das Fürchten lehrte.

An seinem Arbeitsplatz inmitten des vorderen Gitterrohrrahmengeflechts ist von dem famosen Triebwerk wenig zu sehen. Damit es gerade so in den flachen Vorderbau passt, haben die Konstrukteure es um 50 Grad nach links geneigt. Dadurch gerät die Zylinderkopfhaube in Schräglage, und der voluminöse Alu-Luftsammler mit seinen sechs langen Ansaugrohren und dem dar-

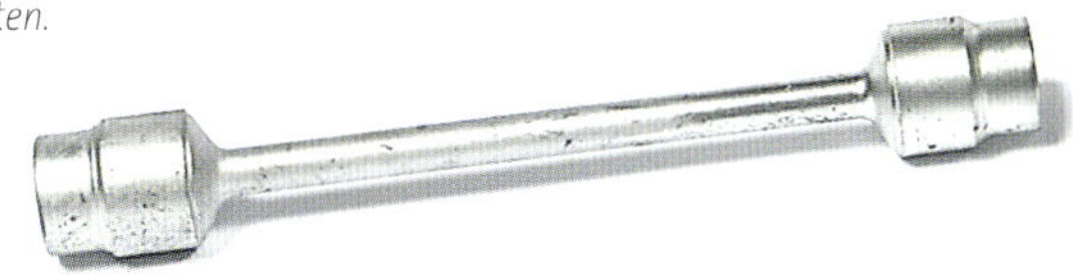

Präzisionsmechanik

Die Sechsstempel-Einspritzpumpe von Bosch bringt etwa zehn Prozent mehr Motorleistung. Sie wird über eine Zwischenwelle (r.) und drei Stirnräder von der Kurbelwelle angetrieben. Die Einspritzleitungen sollten bei Restaurierungen erneuert werden, da sie meist innerlich rosten.

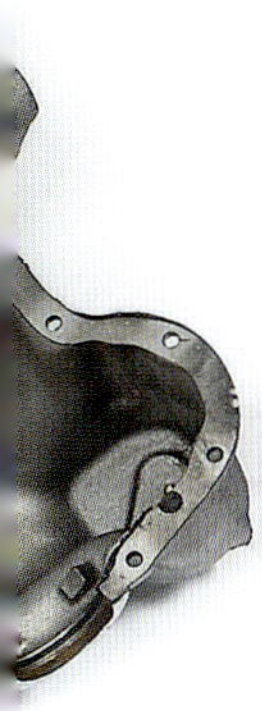

Steuerung

Der Klappenstutzen am Eingang des Ansaugluftsammlers steuert die Regelstange der Einspritzpumpe über Unterdruck entsprechend der Stellung der Drosselklappe.

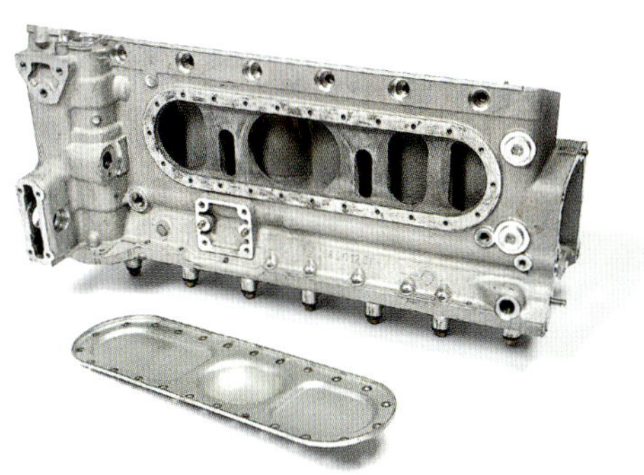

Offener Mantel

Der Wassermantel ist seitlich durch eine große Öffnung zugänglich, die mit einer verschraubten Blechplatte verschlossen wird.

Die Schmiedekolben...

...aus Alu haben zwei Kompressionsringe und zwei Ölabstreifringe. Die Kolbenböden sind giebelförmig gestaltet und bilden die Brennräume in den Zylindern.

Ein Ölkanal im Pleuelschaft befördert Drucköl aus dem horizontal geteilten Pleuellager zum Gleitlager des Kolbenbolzens im oberen Pleuelauge.

unter liegenden Hitzeschutzblech über dem Auspuffkrümmer rückt in den Mittelpunkt. Selbst der Zündkerzenwechsel wird hier zum Tastbox-Experiment.

Ein Grund mehr, uns von den Spezialisten von Kienle-Automobiltechnik in Heimerdingen bei Stuttgart ein Exemplar des „M 198" filetiert auf die Werkbank legen zu lassen. Genau gesagt einen M 198 III, der die finale Evolutionsstufe darstellt. Im Unterschied zu den Vorgängern hat er einen Zylinderblock aus Leichtmetall statt aus Grauguss. Die letzten 209 Roadster wurden damit ausgestattet.

Die Entwicklungsgeschichte beginnt mit dem brandneuen Sechszylinder mit obenliegender Nockenwelle, der für die 1952 eingeführte 300er Limousine (W 186) konstruiert worden war. Daraus abgeleitet entstand das Triebwerk für die 300-SL-Rennwagen (W 194), das mit drei Solex-Fallstromvergasern und Sportnockenwelle zunächst 175 PS erreichte. Der 1954 präsentierte Serienstraßensportwagen erhielt die mittels Direkteinspritzung erstarkte und verbrauchsoptimierte Version mit zunächst 200 PS, die dann mit „Sportnockenwelle" und einer Verdichtung von 8,55:1 und maximaler Dauerdrehzahl von 6000 Touren auf 215 PS gepäppelt wurde. Von dem Limousinenmotor ist das Sporttriebwerk allerdings denkbar weit entfernt, wie Klaus Kienle betont. Identisch ist kaum mehr als Bohrung und Hub (85 x 88 mm), austauschbar lediglich die Kurbelwelle.

Das sollte halten: Sieben Lagerböcke fixieren die geschmiedete Kurbelwelle im Kurbelgehäuse.

Zusammen mit der rechten Seite des Kolbenbodens (r.) ergibt die Ausbuchtung des abgeschrägten Zylinders bei OT einen annähernd halbkugelförmigen Brennraum, in den seitlich die Einspritzdüse mündet.

Einlass- und Auslasskanäle...

...münden auf derselben Seite des Alu-Zylinderkopfes. Der Kopf ist entgegengesetzt zur Blockschräge keilförmig, so dass beides zusammen wieder rechtwinklig ist. Die Ventile sind schräg zur Längsachse und bündig zur planen Unterseite des Kopfes angeordnet.

Die Wasserpumpe und die riemengetriebene Lichtmaschine sind innig verbunden über Innen- und Außenverzahnung sowie einen gezahnten Zwischenring aus Kunststoff, der mit den Jahren gerne verschleißt.

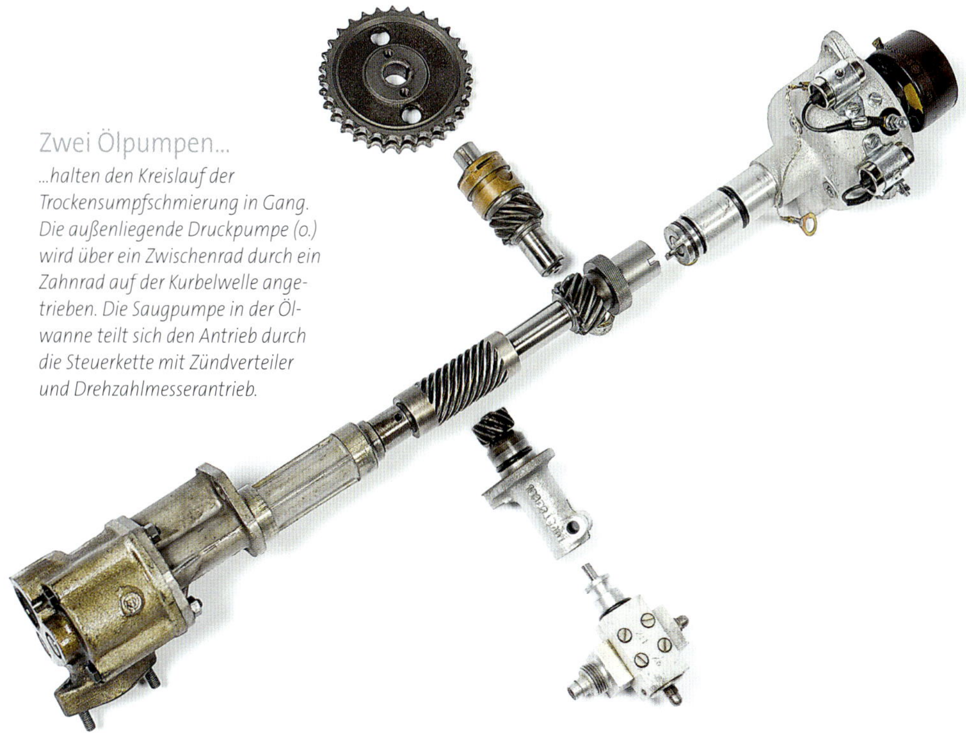

Zwei Ölpumpen...

...halten den Kreislauf der Trockensumpfschmierung in Gang. Die außenliegende Druckpumpe (o.) wird über ein Zwischenrad durch ein Zahnrad auf der Kurbelwelle angetrieben. Die Saugpumpe in der Ölwanne teilt sich den Antrieb durch die Steuerkette mit Zündverteiler und Drehzahlmesserantrieb.

Kurbeltrieb und Zylinder

Die in Stahl geschmiedete Kurbelwelle mit acht Ausgleichsgewichten und einem aufwendigen Schwingungsdämpfer am vorderen Zapfen läuft erzsolide in sieben Hauptlagern mit eingelegten Mehrstofflagerschalen. Der Durchmesser der Hauptlagerzapfen beträgt 60 Millimeter. Die geschmiedeten Pleuel laufen auf 52 Millimeter starken Lagerzapfen. Zur Schmierung der Kolbenbolzen dient eine relativ aufwendige Konstruktion: Der Schaft ist hohlgebohrt und fördert Drucköl vom Kurbelwellenlager zum Gleitlager im oberen Pleuelauge. Meist begnügen sich die Konstrukteure an dieser Stelle mit der Schmierung durch Schleuderöl.

Die Kolben sind aus Aluminium geschmiedet. Sie haben zwei Kompressionsringe und zwei Ölabstreifringe. Der Kolbenboden ist giebelförmig gestaltet und bildet mit dem Zylinder den ungewöhnlich gestalteten, annähernd halbkugeligen Brennraum. Die Hemisphäre wölbt sich nicht wie üblich in den (völlig planen) Zylinderkopf, sondern in die Gegenrichtung. Dafür ist seitlich der (nur beim Alu-Block) eingeschrumpften Stahllaufbuchse eine Mulde gefräst. Hier mündet die in den Block eingeschraubte Einspritzdüse. Diese Brennraumgestaltung erzwingt eine markante „Schieflage“: Die Dichtfläche zwischen Block und Kopf ist nicht rechtwinklig zu den Zylindern sondern schräg angeordnet.

Der Ölkreislauf

Aufgrund der geneigten Motorposition im Fahrzeug ist auch die Alu-Ölwanne, die das Kurbelgehäuse nach unten abschließt, keilförmig. Dadurch steht ihr verrippter Boden in Einbauposition waagerecht. Das nach unten kastenförmig auskragende Reservoir fasst nur etwa einen Liter: der 300 SL hat Trockensumpfschmierung. Der Ölkreislauf wird aus einem externen Fässchen im linken Radhaus gespeist. Abgesehen davon, dass der Motor dadurch flacher baut, bietet dieses System bessere Ölkühlung und konstante Versorgung aller Schmierstellen, die nicht durch Quer- und Längsbeschleunigungskräfte beeinträchtigt werden kann. Eine Saugpumpe in der kleinen Ölwanne und eine Druckpumpe außen am Kurbelgehäuse erhalten den Kreislauf aufrecht. Frühe Motorversionen hatten eine innenliegende kombinierte Saug- und Druckpumpe. Die Ölfüllmenge beträgt maximal 18 Liter, was Kienle aber nur im Rennbetrieb empfiehlt: „Bei normaler Fahrweise genügen acht Liter, bei flotterer Gangart zwölf, sonst kommt dieser Motor nicht auf Betriebstemperatur. Wer ihn nicht wirklich fordert, muss schon den Ölkühler abkleben, um über 70 Grad hinaus zu kommen.“

Zwei Ventile...

...pro Zylinder sind schräg zur Längsachse angeordnet. Doppelte Ventilfedern halten sie in Position. Die Auslassventile sind natriumgefüllt. Als Schaftabdichtung dienen breite Gummiringe.

Der Schwingungsdämpfer am vorderen Kurbelwellenende ist ein Schwergewicht. Die Nabe (ganz links) und die große Stahlscheibe ganz rechts sind fest mit der Welle verbunden. Die beiden Scheiben dazwischen mit Reibscheiben, Federn und Gummipuffern sind ab einer bestimmten Drehkraft beweglich.

Vom Rennwagen zum Serienauto

Im Jahr 1952 startete der 300 SL („Super Leicht") W 194 als reines Sportgerät und fuhr augenblicklich der internationalen Konkurrenz davon. Die silberne Alu-Karosserie des Coupés ruhte auf einem 50 Kilo leichten Gitterrohrrahmen. Aus den Zwängen dieser Geometrie entstanden die legendären Flügeltüren. Der Renner brachte es mit dem Dreiliter-Direkteinspritzer auf bis zu 240 PS. US-Importeur Max Hofmann regte den Bau einer Straßenversion an, die 1954 debütierte und bis 1957 in 1400 Exemplaren produziert wurde. Es folgte der 1858 Mal gebaute 300 SL Roadster (bis 1963), der deutlich komfortabler und alltagstauglicher als das Coupé war.

Zylinderkopf und Steuerung

Der Alu-Zylinderkopf ist korrespondierend zur schiefen Ebene des Zylinderblockdecks keilförmig. Die zwölf Öffnungen der Einlass- und Auslasskanäle befinden sich suboptimal auf derselben (rechten) Seite in einer Reihe. Vorne ist das Steuergehäuse angeformt, das sich im Block fortsetzt. Pro Zylinder gibt es zwei Ventile mit doppelten Ventilfedern. Die Auslassventile sind natriumgefüllt. Sie werden über Kipphebel von der Nockenwelle betätigt, die in vier auf dem Kopf verschraubten Lagerböcken direkt im Alu rotiert. Auch hier wurde für hohe Haltbarkeit Sorge getragen: Die hohlgebohrte Nockenwelle wird über den vierten Lagerbock mit Drucköl versorgt, das über Bohrungen alle Lager und Nocken zuverlässig schmiert. Der Antrieb der Nockenwelle geschieht über eine Duplex-Steuerkette, die mechanisch gespannt wird.

Die Benzineinspritzung

Durch die direkte Kraftstoffeinspritzung wird das Benzin-Luft-Gemisch erst im Brennraum erzeugt, was eine präzisere Dosierung des Brennstoffs ermöglicht. Das System besteht aus der links am Block verschraubten Bosch-Einspritzpumpe mit Hochdruckleitungen und Einspritzdüsen sowie dem Ansaugluftsammler mit dem Klappenstutzen. Das Arbeitsprinzip in Kürze: Das Gaspedal betätigt die Drosselklappe im Stutzen. Der jeweilige Unterdruck im Saugrohr steuert über eine Leitung mittels eines Feder- und Membran-Systems die Regelstange der Einspritzpumpe. Diese wiederum beeinflusst die Position von sechs verdrehbaren kleinen Stößelkolben, die von einer Welle mit sechs Exzenternocken betätigt werden. Bei einem Öffnungsdruck von 40 bis 48 bar öffnet die Einspritzdüse und der Kraftstoff schießt im Saughub in den Zylinder.

TECHNISCHE DATEN

Mercedes-Benz 300 SL-Motor M 198

Motorbauart:
Wassergekühlter Sechszylinderviertakt-Reihenmotor mit Bosch-Benzindirekteinspritzung; Trockensumpfschmierung; obenliegende Nockenwelle, über Duplexkette angetrieben; Leichtmetallzylinderkopf mit hängenden Ventilen; Block aus Grauguss, ab März 1962 Leichtmetall (209 Stück)

Hubraum:
2996 ccm (Bohrung x Hub: 85 x 88 mm)

Leistung:
215 PS bei 5800 U/min

Drehmoment:
275 Nm bei 4600 U/min

Bauzeit:
1952 bis 1963

Dank der Direkteinspritzung glänzt der „M 198" mit Dynamik im Ansprechverhalten und großer Elastizität auch bei niedrigen Drehzahlen.

Die doppelgliedrige Steuerkette...

...wird von vier Gleitschienen stabilisiert. Der manuell zu verstellende Spanner greift über ein Zahnrad an einem Drehausleger in die Kette. Das mittlere Kettenrad treibt über eine Welle und schrägverzahnte Zahnräder Zündverteiler und Ölpumpe an.

Die gusseiserne Nockenwelle läuft ohne separate Lagerschalen im Alu der vier Böcke. Die Nocken haben Ölbohrungen.

Der Antrieb der Einspritzpumpe erfolgt über eine Zwischenwelle zur außenliegenden Druckölpumpe. Dort stellen drei Stirnräder die Verbindung zur Kurbelwelle her. Der Pferdefuß der Direkteinspritzung: „Bei kaltem Motor wird mehr Kraftstoff eingespritzt, der teilweise nicht vollständig verbrannt werden kann. Die überschüssige Menge schlägt sich – anders als bei Saugrohreinspritzung – im Zylinder nieder", erklärt Klaus Kienle. „Für Rennwagen ist das kein Problem, aber im kurzstreckengeprägten Alltagsbetrieb kann es relativ schnell zu Verschleiß erhöhender Ölverdünnung kommen." Auch säuft der Motor beim Kaltstart gerne ab. Wohl auch deshalb legte Daimler-Benz die technisch sehr aufwendige Benzin-Direkteinspritzung nach dem 300 SL ad acta. Das System, erstmals in den Dreißigern in Flugzeugmotoren serienmäßig eingesetzt, erlebte erst in den neunziger Jahren eine Renaissance bei verschiedenen Herstellern.

Perfekt eingestellt und gewartet ist ein artgerecht gehaltenes 300-SL-Triebwerk aber solide wie ein Bauernmotor, betont der Experte: „Eine Lebensdauer von über 200.000 Kilometer ist durchaus nicht ungewöhnlich."

Prinzen-Pracht

Der luftgekühlte **NSU TT-Vierzylinder** war ein großer Wurf – obwohl bei seiner Entwicklung das Geld in Neckarsulm knapp war.

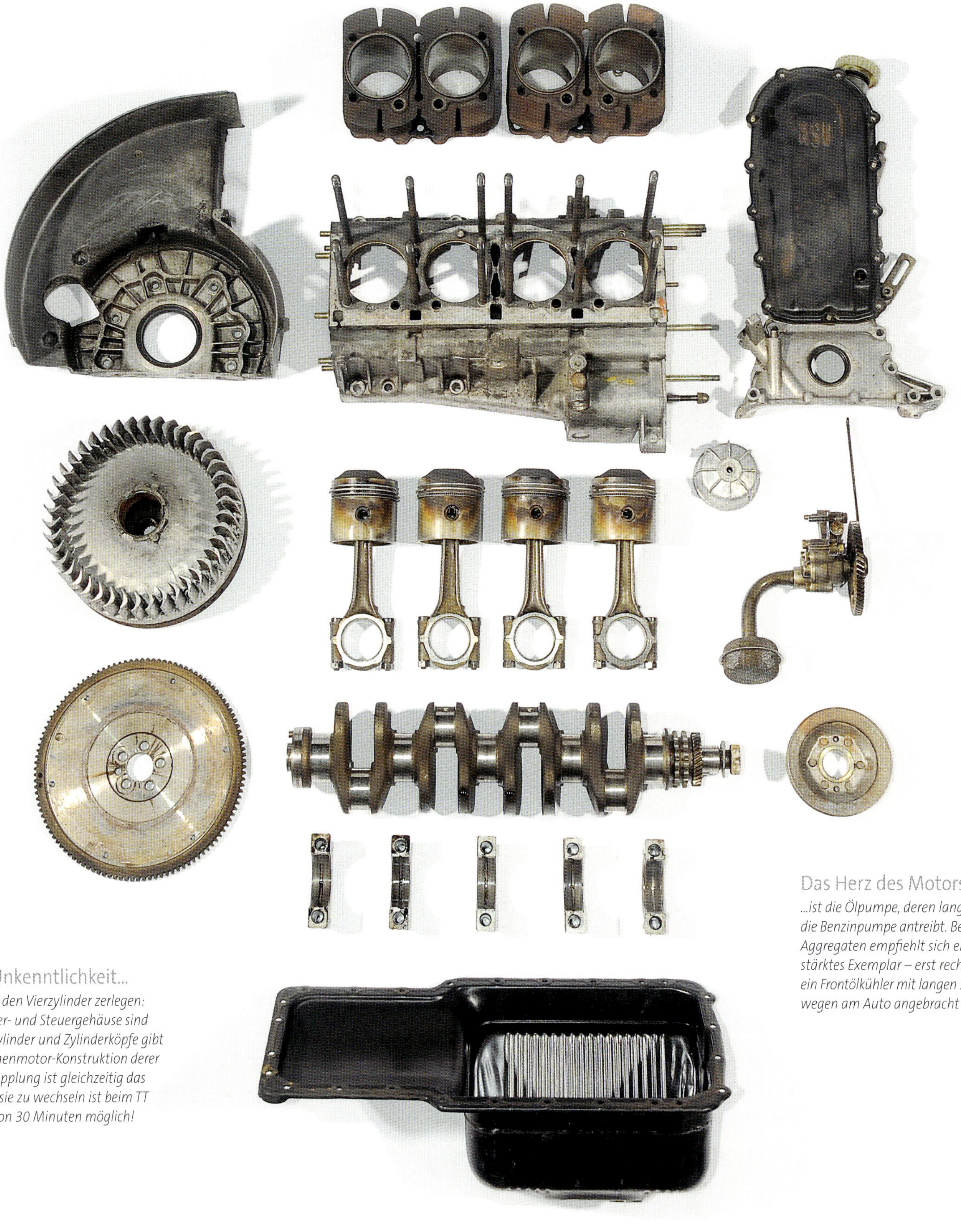

Das Herz des Motors…

…ist die Ölpumpe, deren langer Stößel die Benzinpumpe antreibt. Bei Tuning-Aggregaten empfiehlt sich ein verstärktes Exemplar – erst recht, wenn ein Frontölkühler mit langen Schlauchwegen am Auto angebracht wird!

Bis zur Unkenntlichkeit…

…kann man den Vierzylinder zerlegen: Kubel-, Lüfter- und Steuergehäuse sind trennbar; Zylinder und Zylinderköpfe gibt es trotz Reihenmotor-Konstruktion derer zwei. Die Kupplung ist gleichzeitig das Lüfterrad – sie zu wechseln ist beim TT innerhalb von 30 Minuten möglich!

Kleiner Sportler

Lange vorm VW Golf GTI hatten die Neckarsulmer Autobauer 1965 den ersten Kompaktsportler im Limousinenkleid entwickelt. Der NSU TT, benannt nach dem Motorradrennen Tourist Trophy, war klein, schnell und schrauberfreundlich. Im Sommer 1972 endete die Produktion, einen Nachfolger gab es nicht mehr – NSU war 1969 im Audi-Konzern aufgegangen.

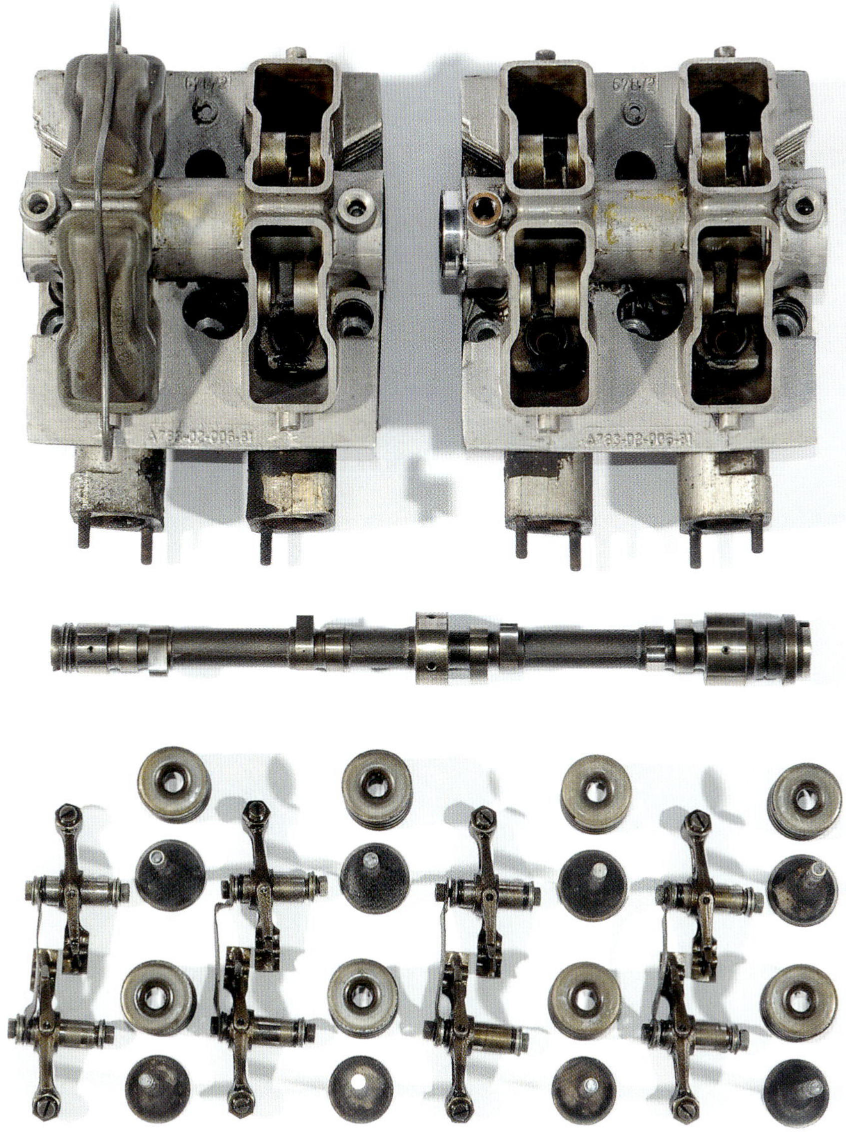

Die Nockenwelle…

…ist das einzig durchgehende Teil oberhalb des Kurbelgehäuses, der gesamte Rest ist geteilt. Die bügelgesicherten Ventildeckel (o. li.) kennen auch VW-K70-Freunde.

Der erste NSU-Vierzylinder-Motor, seit die Neckarsulmer 1957 die Automobilproduktion wieder aufnahmen, geriet zum echten Kracher: Mit Drehzahlen von 7500 und mehr prügelten in den Siebzigern zornige Jungerwachsene PS-starke Prinzen über die Slalom- und Bergrennstrecken des Landes. Mit der „richtigen" Vergaser-Auspuff-Kombination entwickelte das luftgekühlte ohc-Triebwerk im Heck der TT- und TTS-Renner neben Leistung und Drehfreudigkeit auch noch eine infernalische Lautstärke. Dabei begann die Geschichte im April 1964 mit dem neu entwickelten Kleinwagen Prinz 1000 ganz brav mit 43 PS aus 996 Kubikzentimetern Hubraum. Doch schnell offenbarten sich die sportlichen Gene des Neuen aus Neckarsulm: Schon zur IAA 1965 präsentierte man den ersten, 55 PS starken, Prinz TT mit 1100 Kubik. Ende 1967 wuchs die Leistung des TT auf 65 PS aus 1200 Kubik, zudem erschien der TTS, der bei 996 Kubik satte 70 PS entfachte – und die grundlegenden Teile für jegliches zeitgenössische Motortuning der Prinzengarde spendete: Zwei Doppelvergaser auf einer imposanten Ansaugbrücke, eine 285-Grad-Nockenwelle und eine Auspuffanlage, die garantiert kein einziges PS schluckt. Der Grundaufbau aller Vierzylindermotoren, egal ob 40 oder 70 PS, ist jedoch nahezu identisch. Das abgebildete 65-PS-Aggregat aus dem letzten TT-Modelljahr 1972 ist heute sowohl im Originalzustand als auch als Basis für getunte Triebwerke in Punkto Standfestigkeit die beste Wahl – 100.000 Kilometer waren keine Rekordmarke mehr. Allerdings blieben die Prinzen-Motoren empfindlich gegen brutale Vollgasorgien in kaltem Zustand.

Der Kurbeltrieb

Hier droht kaum Ungemach: Die fünffach gelagerte Kurbelwelle ist mit das stabilste Teil der gesamten Konstruktion; Laufleistungen von 300.000 Kilometern sind drin – länger, als der Rest des thermisch hochbelasteten Motors mitmacht. Auch, dass auf der linken Seite des quer eingebauten Triebwerks Schwungscheibe und die zugleich als Lüfterrad wirkende, rund 20 Kilo schwere Kupplung auf der Welle verschraubt sind, sorgt nicht für Unwucht. Der Kurbeltrieb selbst ist dreigeteilt: Steuerketten-Kasten, Lüftergehäuse und das eigentliche Kurbelgehäuse, auf dem die gusseisernen Zylinder aufgesetzt werden, lassen sich voneinander trennen. Lagerschäden treten meist durch Ölmangel oder nachlässige Kontrolle der Ölfilterpatrone auf: Sie kann sich im Lauf der Zeit zusetzen. Über ein Notventil gelangt

Bleifreies Benzin...

...ist kein Problem. Allerdings haben die Ventile keine Sitzringe im Zylinderkopf – sie sollte man bei einer Reparatur nachrüsten lassen.

Doppelte Ventilfedern...

...waren in den Sechzigern bei Kleinwagen nicht so häufig. Der vielteilige Ventiltrieb zeigt den Aufwand, den die Ingenieure in Neckarsulm betrieben – so lange, bis ihnen die Finanzabteilung den Geldhahn zudrehte...

das ungefilterte Öl dann aus der Patronenkammer wieder in den Schmierkreislauf zurück. Nun filtert nur noch das Sieb am Ansaugrohr der Ölpumpe groben Schmutz – was nicht lange gutgeht. Das vorgeschriebene Ölwechselintervall von 7.500 Kilometern gilt es auch bei modernen Schmierstoffen einzuhalten. Und man sollte dem Motor auch nicht unbedingt das billigste Baumarkt-Gebräu antun: Die Öltemperatur des NSU-Aggregats liegt schnell jenseits der 110 Grad – weshalb TT- und TTS-Triebwerke externe Ölkühler besitzen. Deren Schlauchanschlüsse liegen unmittelbar hinter dem Filterpatronen-Gehäuse. Auch die recht voluminöse Ölwanne mit 3,5 Litern Fassungsvermögen ist mit einer angedeuteten Kühlverrippung in den Luftstrom gestellt, um die Hitze erträglich zu gestalten. Das Kurbelgehäuse ist übrigens ab Modelljahr 1971 verstärkt – man erkennt es am schrägen Verlauf der Kante Richtung Ölfiltergehäuse.

Kolben und Zylinder

Die Neckarsulmer ließen unübersehbar ihre Erfahrung aus dem Motorradbau einfließen: Die Zylinderbank des Reihenaggregats ist zweigeteilt. Arbeiten am Motor werden durch diese Trennung erleichtert, zur Verwindungssteifigkeit trägt dies freilich nicht bei. Erst recht nicht, da der NSU-Brummer auch über zwei Zylinderköpfe verfügt. Das einzig durchgängige Teil oberhalb des Kurbelgehäuses ist die kettengetriebene Nockenwelle! Nun ist es freilich nicht so, dass sämtliche TT an einem verzogenen Motorblock gestorben wären – die Festigkeit kann erst im Renneinsatz zum Problem geraten. Die Zylinder sind im Übrigen baugleich mit dem 55 PS starken Motor des NSU 1200, nicht aber die Kolben: Der TT hat Dachkolben, die für die recht hohe Verdichtung von 9,2:1 sorgen, weshalb Sprit mit 98 Oktan notwendig war. Kolbenfresser, verschlissene Ölabstreifringe und auch oval ausgelaufene Zylinder sind nicht selten, wieder liegen die Gründe im hohen Temperatur- und Drehzahlniveau. Die Kolbenringe überstehen selten mehr als 100.000 Kilometer, sind häufig auch für hohen Ölverbrauch verantwortlich.

Ventiltrieb und Zylinderköpfe

Nicht überkomplex aber aufwendig: Inklusive Führung und Schaftdichtung gehören nicht weniger als 16 Bauteile zu einem Ventil: Doppelte Ventilfedern waren im Kleinwagenbereich nicht alltäglich, auch verchromte Auflageflächen der Kipphebel erwartet man in dieser Klasse nicht unbedingt. Jeder Kipphebel lagert auf seiner eigenen Welle, die wiederum mit einer M-6-Schraube und zwei Scheiben im Kopf fixiert ist. Das Ganze ist natürlich auf hochtourigen Betrieb ausgelegt, und in der Tat ist dieser Aufwand einer der Gründe, warum auch bei abenteuerlichen Drehzahlen die Ventile nie schnattern.

Die Zylinderköpfe sind zwar solide, die Ventilteller haben aber ab Werk keine Sitzringe – sie können freilich bei Überholungen nachgerüstet werden. Die Stehbolzen an Ein- und Auslass sind übrigens M-7-Feingewinde – der Schraubenhändler wird herzlich lachen!

Ganz öldicht ist der Motor „obenrum" nie: Die O-Ringe der Kipphebelwellen härten aus, und von den acht Ventildeckeln ist eigentlich immer einer undicht. An Bläuen im Schiebebetrieb können ausgehärtete Ventilschaftdichtungen schuld sein, auch sie fallen den hohen Temperaturen zum Opfer. Aggregate, die lange standen und nicht konserviert wurden, geben fast immer Rauchzeichen von sich. Kaum kleinzukriegen ist die Nockenwelle, auch die Steuerkette hält bisweilen länger als ihre Führungsschienen, deren Kunststoffauflagen alterungsbedingt verspröden. Die Halterungen der Drehstromlima am Steuergehäuse sind oft durch starre Eigenkonstruktionen ersetzt, schlimmstenfalls kann das Material hiervon reißen.

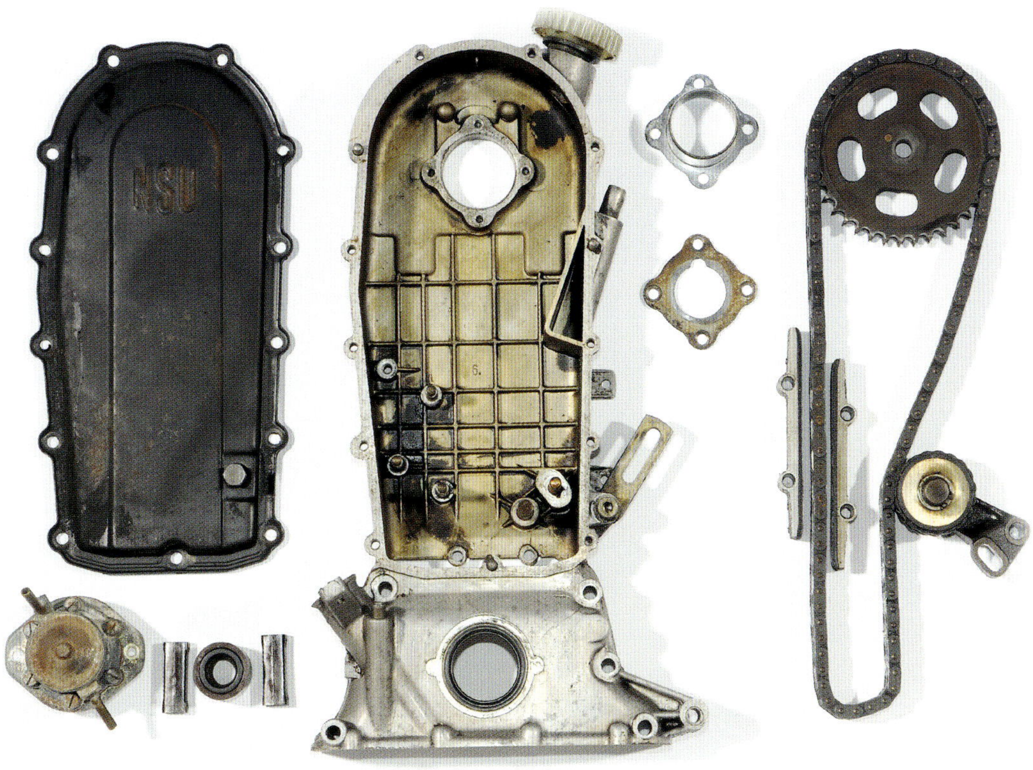

TECHNISCHE DATEN

NSU Vierzylinder

Motorbauart:
Vierzylinder-Viertakt-Reihenmotor, Gebläsegekühlt; obenliegende, kettengetriebene Nockenwelle; fünffach gelagerte Kurbelwelle

Hubraum:
1177ccm (Bohrung x Hub: 75 x 66,6 mm)

Leistung:
65 PS bei 5500 U/min

Max. Drehmoment:
88 Nm bei 4500 U/min

Das Steuergehäuse leidet nicht...

...unter dem hohen Drehzahlniveau. Am Blechdeckel tritt jedoch häufig Öl aus. Heute gibt es verbesserte Dichtungen. Die Kunststoffoberflächen der Steuerketten-Gleitschienen verspröden, dann klappert es irgendwann unweigerlich.

Trau, schau, wem: Welcher Motor ist verbaut?

Genauso, wie es massenhaft umgebaute 1000er-NSU gibt, die als TT oder TTS angeboten werden, gibt es auch Motoren zweifelhafter Herkunft. Zumindest, was unbearbeitete Serienteile angeht, ist die Unterscheidung jedoch nicht schwer. Am schnellsten lassen sich Zylinderköpfe anhand der stets sichtbaren Ersatzteilnummer identifizieren: TT-Exemplare beginnen mit A 83, später A 783. Beim TTS steht dort A 84; 1200c: A 74, A 774; 1000c: A 68, A 768. Die dreistelligen Codes kennzeichnen die jüngeren Modellvarianten. Nockenwellen sind mit Nuten auf der Kettenradseite gekennzeichnet (unten). Ohne Nut: 1000c/40 PS, eine Nut: 1200c/55 PS, zwei Nuten: TT/65 PS, drei Nuten: TTS/70 PS.

TT- und TTS-Motorblöcke haben nahe der Ölfilterpatrone stets Anschlussbohrungen für Ölkühlerschläuche. Dennoch ist alles relativ: Auch aus dem 55-PS-Aggregat des NSU 1200 lässt sich ein Tuningmotor aufbauen...

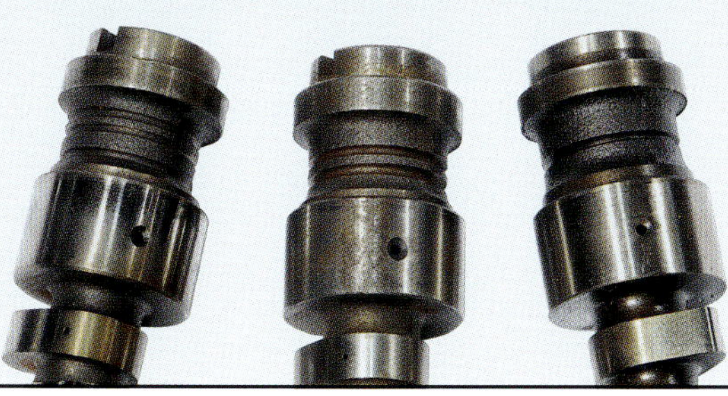

Die Teilenummer verrät's: oben ein TT-Zylinderkopf, unten einer vom 1200 c

Auf der Kreisbahn

Der **NSU Ro 80** markiert Höhepunkt und Ende der kurzen Autokarriere des Wankelmotors in Europa. Das geniale Konzept krankte an Details…

Wie ein Sandwich…

…ist das kompakte Triebwerk aufgebaut. Zwei doppelbogige Mantelscheiben aus Aluminium werden von einem Mittelteil und zwei Seitenteilen aus Grauguss begrenzt und abgedichtet. Die dreieckigen Kolben rollen mit ihrer Innenverzahnung auf den viel kleineren Zahnrädern ab, die an die Seitendeckel geschraubt sind.

Felix Wankel nahm den Mund reichlich voll, als er dem Hubkolbenmotor als „jämmerlichem Schüttelhuber" das baldige Ende vorhersagte. Tatsächlich lachte die Konkurrenz bald über den „Wankelfahrer-Gruß", der mit gestreckten Fingern die Anzahl der Tauschmotoren anzeigte.

Auch für das Kreiskolbenprinzip gilt allerdings, dass Totgesagte mitunter länger leben. Nach dem Ende der Ro-80-Produktion 1977 und dem von Audi verfügten Wankel-Aus entwickelte Lizenznehmer Mazda den Rotarier stetig weiter. Zuletzt reüssierte Wankels Idee noch 30 Jahre später im 231-PS-Sportler RX-8. Wobei eine Achillesferse allerdings immer noch erkennbar bleibt: Der Kreiskolbenmotor ist im Vergleich zum „Schüttelhuber" ein bisschen zu durstig.

Raue Trinksitten und hoher Ölverbrauch waren auch wesentliche zeitgenössische Kritikpunkte an dem NSU-Kreiskolbenmotor, der 1967 im ansonsten unbestritten fortschrittlichen Ro 80 debütierte. Einen solchen Zweischeiben-Wankel legten wir beim Wankel-Spezialisten Michael Fabritius auf die Werkbank.

Die beiden Scheiben aus Aluminium, auch „Mäntel" oder „Trochoiden" genannt, sind die elementaren Teile der Arbeitsräume, analog den Zylindern eines Hubkolbenmotors. Allerdings entspricht eine Scheibe eigentlich nicht nur einem Zylinder, da der darin drehende Kolben ja drei gleiche Flanken besitzt, die nacheinander die vier Takte durchfahren. Pro Kolbenumdrehung absol-

Der Kolben...

...ist analog zum Hubkolbenmotor das Äquivalent von drei Kolben. Er kreiselt in der Trochoidenbahn (Maximaldurchmesser 232,1 mm) und bildet einen sichelförmigen Brennraum. Der Mantel erhält keine zusätzliche Flächendichtung. Öl- und Wasserkanäle sind mit O-Ringen ausgerüstet.

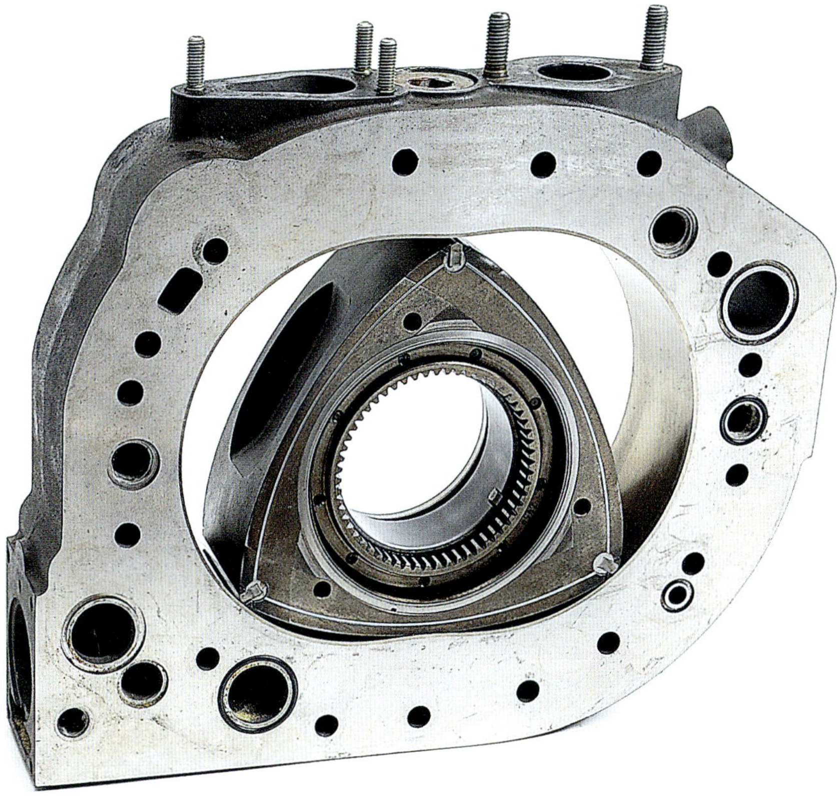

viert der konstruktionsbedingt außerordentlich laufruhige Motor alle vier Takte jeweils drei Mal.

Über eine Verzahnung...

...rollt der Kolben oder Läufer, der die Form eines gleichseitigen Bogendreiecks hat, auf einem feststehenden Ritzel ab. Die Kraft aus der Verbrennung überträgt der Kolben dabei direkt auf die Exzenterwelle, die durch ihn hindurchführt und über ein Gleitlager Kontakt hält. Die Verzahnung hat nur eine Führungsfunktion. Der Läufer beschreibt mit seinen Außenkanten die geometrische Form eine Epitrochoide. Das Äquivalent zu den Kolbenringen beim Hubkolbenmotor sind Dichtleisten an den Ecken, die permanent an der mit Nikasil beschichteten Trochoiden-Lauffläche anliegen. Den Anpressdruck in der Startphase liefert eine Blattfeder, dann übernimmt dies der Gasdruck. Die Dichtleisten sind dreiteilig und stecken mit den Enden in ebenfalls federbelasteten Dichtbolzen. Die Kohle-Radialdichtungen der ersten Serien erwiesen sich als wenig standfest und waren im Verein mit schwächelnden Federn einer der Gründe für frühzeitige Motorschäden.

Hinzu kommt, dass diese Scheitelleisten einer gewissen Schmierung bedürfen, es aber kein Tropföl wie beim Hubkolbenmotor gibt. NSU trug dem mit einer kleinen Pumpe Rechnung, die Öl aus dem allgemeinen Motorvorrat über die Kraftstoffzuführung der Benzinpumpe dem angesaugten Gemisch lastabhängig hinzudosiert. Das Ver-

Besonders kritisch...

...sind die filigranen Dichtelemente des Kolbens. Die Dichtleisten an den Kanten zu Laufbahn und Seitenteilen waren erst nicht sehr standfest. Federblätter drücken sie an die Gegenflächen.

37.398 Exemplare: Der Ro 80 war das erfolgreichste deutsche Wankel-Auto.

„Dieser Motor mit all seinen Kinderkrankheiten ist schlicht und einfach zu früh auf den Markt gekommen.“
>> Michael Fabritius

Spezielle Zündkerzen...

...sind notwendig, um den Rotarier am Laufen zu halten. Sie dürfen nicht in den Brennraum ragen, da sie dort dem Kolben ins Gehege kommen würden. Sie sitzen hinter einem „Schusskanal“ von nur fünf Millimetern Durchmesser, was die Selbstreinigung erschwert. Die Gleitfunken-Kerze mit Platinelektrode hat zur besseren Wärmeabgabe ein größeres Gewinde.

hältnis beziffert Experte Fabritius mit 1:80 bis 1:100. Motorschäden resultierten aus unterlassenen Ölstandskontrollen.

Die Notwendigkeit, den Kolben dreidimensional abzudichten, zählt zum problematischen Teil der Wankel-Technik. Auch gegen die plasmanitrierten Flächen von Mittelteil und Seitenteilen stemmen sich filigrane Metallstreifen, die mit untergelegten Federn in schmalen Schlitzen stecken. Zusätzlich muss verhindert werden, dass das Öl, das zur Kühlung durch die Grauguss-Kolben zirkuliert, in die Brennräume läuft. Auch hier gab es Verdruss, bevor mit dem sogenannten C-Ring eine zuverlässige Lösung gefunden war.

Genial einfach...

...ist der Wankel-Motor hingegen in Sachen Ver- und Entsorgung: Der Gaswechsel erfolgt durch schlichte Öffnungen mit 30 bzw. 25 Millimeter Durchmesser in der Trochoiden-Wand. Die „Steuerung“ übernimmt der Kolben. Nockenwelle und Ventile gibt es nicht. Allerdings ist nicht optimal, dass sich Frisch- und Altgas mischen, wenn die Kolbenkante die Öffnungen überfährt. Durch ungewollt entstehendes zündfähiges Gemisch kommt es zum Ruckeln im Schiebebetrieb. Um diesen Effekt zu dämpfen, rüstete NSU den Ro 80 standardmäßig mit einer Dreigangautomatik mit hydraulischem Drehmomentwandler aus.

Die Zündung...

...steuert in der ersten Variante ein Verteiler mit einem Kontaktpaar je Trochoide. Anfangs hatte jede Scheibe zwei Zündkerzen, die jedoch wegen mangelnder Selbstreinigung häufig ausfielen. Standfestigkeit brachte der Umstieg auf die Bosch Hochspannungs-Kondensator-Zündung (HKZ) mit Einzelkerzen.

Zu Ende ist die Wankel-Geschichte längst nicht: Kreiskolben rotieren heute in Stationärmotoren und treiben Flugzeuge an, Tendenz steigend...

Mit Pumpen...

...ist der Wankelmotor reichlich gesegnet. Oben von links nach rechts: Benzinpumpe, Vakuumpumpe für Bremskraft-Unterstützung und automatische Kupplung, Ölpumpe für Wandler (Bild ganz links) und Motor, Zahnrad mit Pumpen-Antriebspleueln, Öldosierpumpe. Der Ölkühler (rechts unten) sitzt im Ölsumpf zwischen dem vorderen Seitenteil und dem Geräteträger-Gehäuse (hinten).

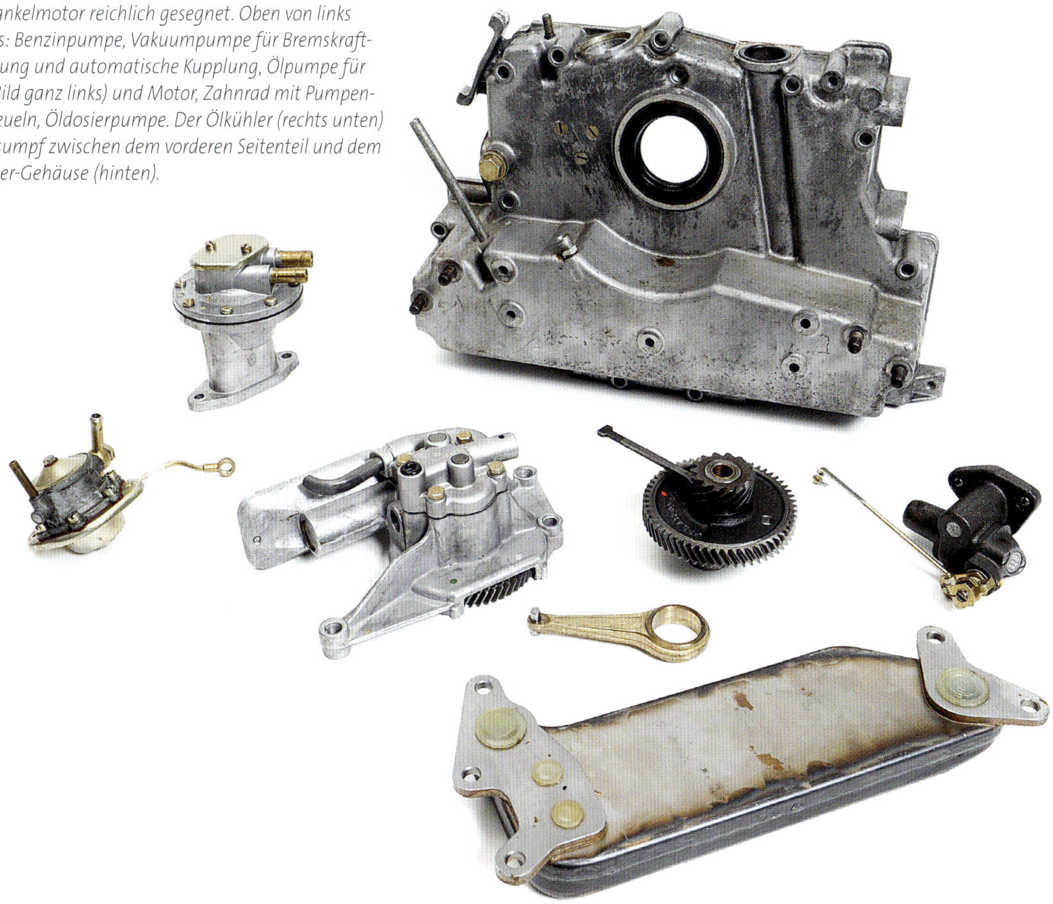

TECHNISCHE DATEN

NSU Ro 80 Wankelmotor

Bauart:
Zweischeiben-Viertakt-NSU-Wankel-Kreiskolbenmotor KKM 612, Exzenterwelle mit zwei um 180 Gad gegeneinander versetzten Exzentern, zwei Kolbenlager, zwei Mehrstoff-Gleitlager, ein Axialrillenkugellager

Kammervolumen:
497,5 ccm pro Kammer

Zündung:
2 Kerzen je Kammer /
bei HKZ-Elektronik 1 Kerze pro Kammer

Leistung:
115 PS bei 5500 U/min

Drehmoment:
162 Nm bei 4500 U/min

Verdichtungsverhältnis:
9,0:1

Gewicht:
Rumpfmotor ca. 100 kg

L x B x H:
475 x 660 x 555 mm

Kraftstoff:
Normalbenzin 90 ROZ

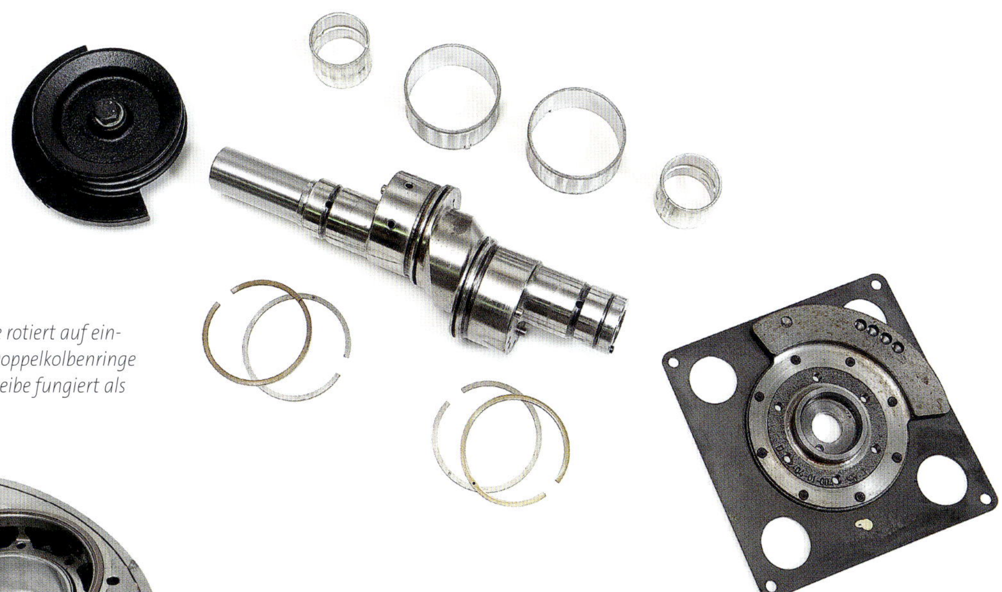

Die Exzenterwelle...

...hat um 180 Grad versetzte Exzenter. Sie rotiert auf einteiligen Gleitlagern, ebenso die Kolben. Doppelkolbenringe dienen zur Ölabdichtung. Die Riemenscheibe fungiert als Ausgleichsmasse.

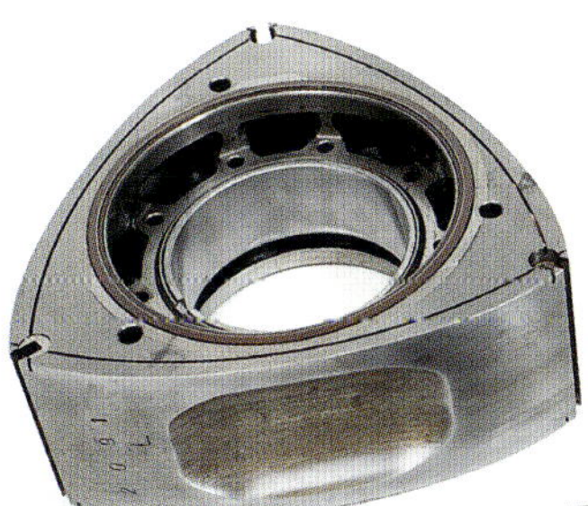

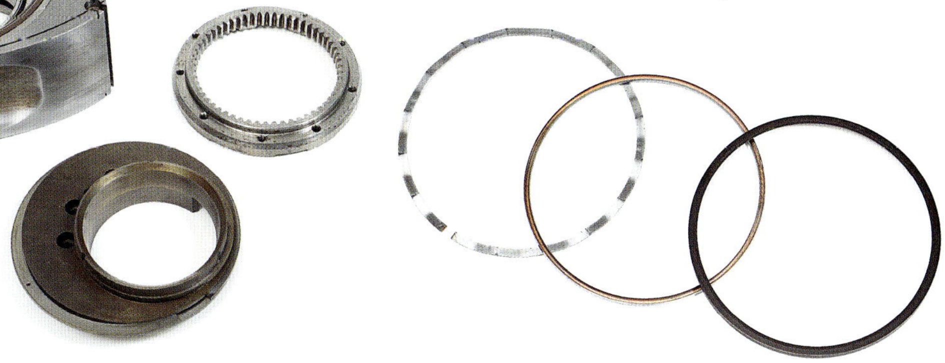

Der Ölkreislauf...

...geht auch durch die 4,2 Kilo schweren Gusskolben, die auf diese Weise gekühlt werden. In der ersten Version sollte ein O-Ring verhindern, dass Öl bei stehendem Motor in die Brennräume sickert. Im Betrieb dient dazu die am Exzenter verschraubte Schleuderscheibe mit der außermittigen Öffnung. Sie sitzt über dem gezahnten Hohlrad, das in den Kolben geschraubt ist.

BOXER-Stop

Zu den legendären Motoren der Automobilgeschichte zählt zweifellos der luftgekühlte Sechszylinder-Boxer des **Porsche 911**. In diversen Ausbau- und Leistungsstufen wurde das Triebwerk über 30 Jahre gebaut. Wir nehmen ein frühes Exemplar unter die Lupe…

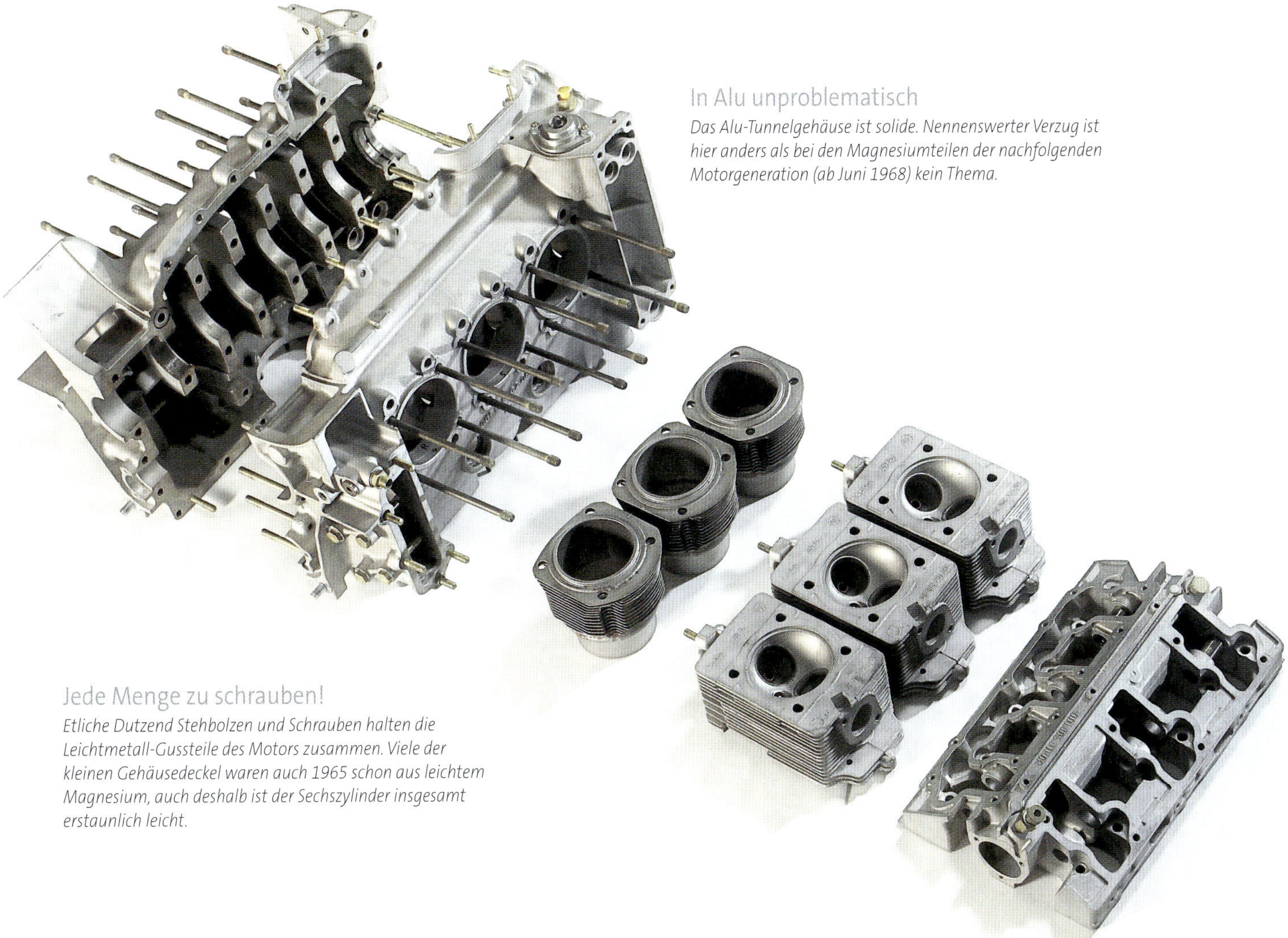

In Alu unproblematisch

Das Alu-Tunnelgehäuse ist solide. Nennenswerter Verzug ist hier anders als bei den Magnesiumteilen der nachfolgenden Motorgeneration (ab Juni 1968) kein Thema.

Jede Menge zu schrauben!

Etliche Dutzend Stehbolzen und Schrauben halten die Leichtmetall-Gussteile des Motors zusammen. Viele der kleinen Gehäusedeckel waren auch 1965 schon aus leichtem Magnesium, auch deshalb ist der Sechszylinder insgesamt erstaunlich leicht.

Der alles bestimmende Eindruck: Qualität und Logik. Nichts an dem 911er Motor vermittelt das Gefühl, nicht zu Ende gedacht oder billig gelöst zu sein. Von 1964 bis 1998 währte die Erfolgsgeschichte der luftgekühlten Porsche-Sechszylinder mit ihrem fantastischen Sound. Bis zu 160 PS quetschte Porsche ab Werk schon aus den ersten Zweiliter-Aggregaten, die den Grundstein des Mythos Porsche 911 legten. Wir wollten wissen, was die Konstruktion auszeichnet, hievten ein 1965er Triebwerk auf die Werkbank und griffen zum Schraubenschlüssel.

Ein zweiteiliges Gehäuse...

...birgt das Herz des Sechszylinders, den Kurbeltrieb. Doch bevor wir auf den zu sprechen kommen, verdient das Tunnelgehäuse der frühen Motoren selbst ein wenig Beachtung, genauer gesagt dessen Material: Die Blöcke der frühen 911er Triebwerke waren von 1964 bis Juni 1968 aus einer Alulegierung gegossen. Danach kam Magnesium zum Einsatz, das heute Motorinstandsetzer oft vor große Probleme stellt. „Die Alugehäuse sind dagegen wirklich problemlos" stellt der Hamburger Porsche-Profi Matthias Höing klar. „Verzogene Lagergassen, die durchgespindelt werden müssen, womöglich gar nach dem Schleifen der Gehäusedichtflächen – das ist hier nur in Ausnahmen ein Thema."

Die Kurbelwelle...

...ist in dem verschraubten Gehäuse achtfach (!) gleitgelagert. Die Kurbelwangen zwischen Lager- und Hubzapfen sind auffallend filigran. Der einfache Hintergrund: Der schon bauartbedingt sehr gut ausgewuchtete Kurbeltrieb des Boxermotors bedarf keiner Gegengewichte für optimalen Lauf. Am hinteren Ende der Kurbelwelle sitzen zwei Zahnräder, ein großes schräg verzahntes Rad zum Antrieb der Nebenwelle sowie ein Schneckenrad zum Antrieb des Zündverteilers. Ganz am Ende der Welle finden wir außerhalb des Blocks die Riemenscheibe, die per Keilriemen das große Kühlgebläse zur Mitarbeit bewegt, dessen Gehäuse mit einem Spannband auf dem Block befestigt ist und das gleichzeitig die Drehstromlima beherbergt.

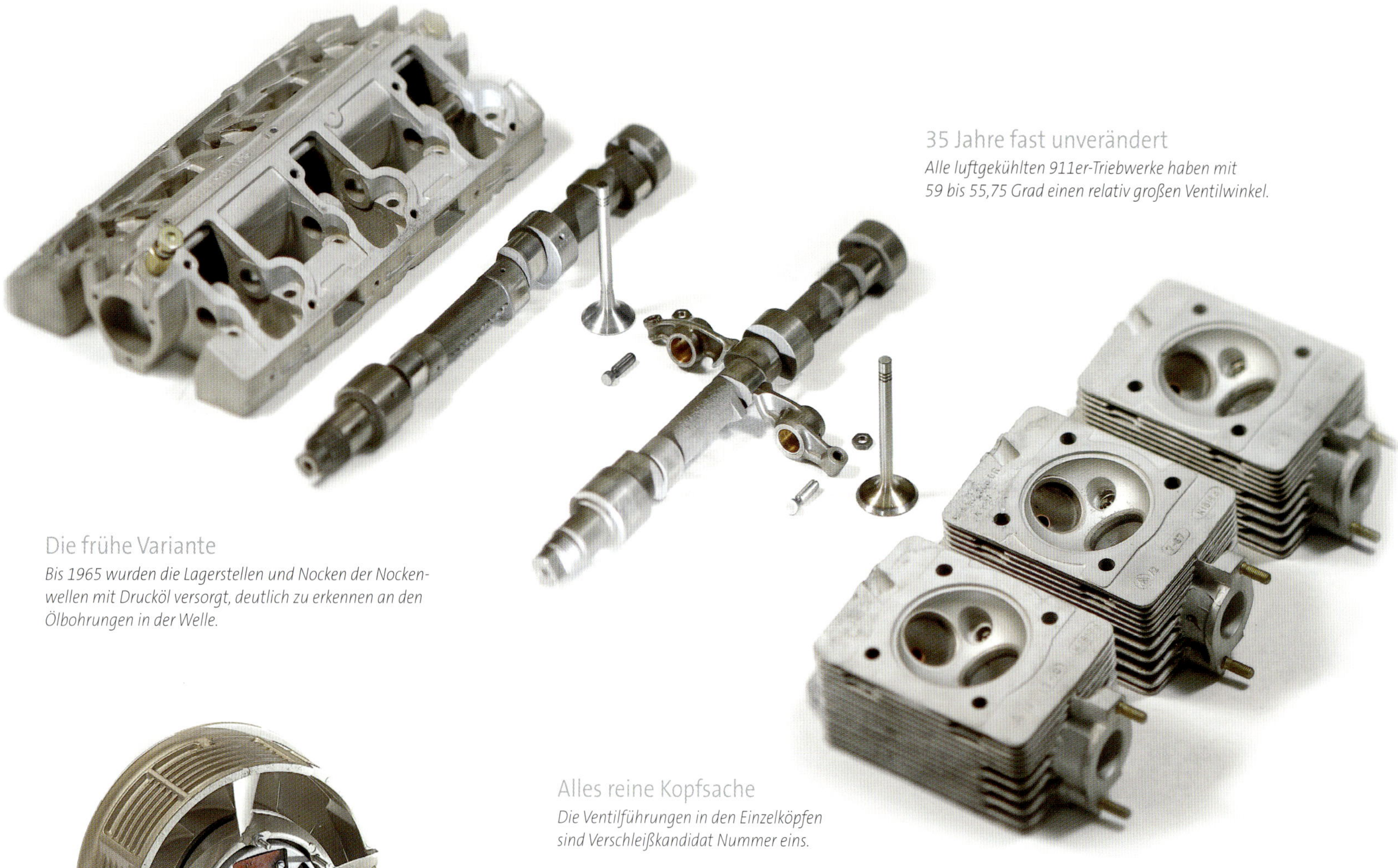

35 Jahre fast unverändert

Alle luftgekühlten 911er-Triebwerke haben mit 59 bis 55,75 Grad einen relativ großen Ventilwinkel.

Die frühe Variante

Bis 1965 wurden die Lagerstellen und Nocken der Nockenwellen mit Drucköl versorgt, deutlich zu erkennen an den Ölbohrungen in der Welle.

Alles reine Kopfsache

Die Ventilführungen in den Einzelköpfen sind Verschleißkandidat Nummer eins.

Stromversorgung

Zwei in eins: Die Drehstromlichtmaschine ist im Gebläsekasten integriert.

Doch noch einmal zwei Schritte zurück zur Nebenwelle, die sich ohne Lagerschalen direkt im Gehäuse dreht: Auf ihr finden sich die Duplex-Steuerkettenräder für die beiden Nockenwellen. Außerdem hat sie an ihrem Ende eine Keilverzahnung, die die zweistufige Ölpumpe mit Saug- und Druckteil (Trockensumpfschmierung) antreibt. „Die Lösung mit der Nebenwelle erscheint auf den ersten Blick kompliziert, ist aber völlig logisch“, kommentiert unser zweiter Experte, der Motoren- und Tuning-Profi Torsten Hanenkamp aus Rellingen, den Kurbeltrieb. „Wären auch Nockenwellen- und Ölpumpenantrieb auf der Kurbelwelle angeordnet, wäre die deutlich länger ausgefallen und somit auch der Motor. Insgesamt kann man festhalten, dass Kurbeltrieb und Motorgehäuse sehr kompakt und stabil geraten sind. Sie waren das Fundament für sehr beachtliche Leistungssteigerungen. Sogar für die leistungsstärkeren Modelle der wassergekühlten 911er Baureihen nach 1998 kehrte Porsche prinzipiell zu dieser Konstruktion zurück, nachdem sich vereinfach gesagt eine Lösung mit einem separaten mittleren Gehäuseteil zur Unterbringung der Kurbel- und Nebenwelle als nicht belastbar herausgestellt hat.“

Beim Ventiltrieb gab's früh...

...eine recht gravierende Änderung: Die ersten Motoren hatten bis 1965 noch die sogenannte Zentralschmierung, bei der Drucköl durch Bohrungen in den Nockenwellen an die Lagerstellen und die Nocken gepresst wurde. Schon 1966 war das Vergangenheit und die beiden Nockenwellen (je eine pro Zylinder-Reihe) mussten mit Spritzöl Vorlieb nehmen – rein aus Kostengründen. Dasselbe

Für immer jung: Nie war ein früher Porsche 911 populärer und teurer als heute. 1964er und 1965er Exemplare erreichen inzwischen sechsstellige Bereiche!

Der Kurbeltrieb: kompakt und stabil

Die geschmiedete Kurbelwelle ist achtfach gelagert und muss nur selten auf Untermaß geschliffen werden, vorausgesetzt, eine Instandsetzung wird rechtzeitig angegangen. Für Extremfälle sind Lagerschalen mit Übermaß außen und Untermaß innen lieferbar.

TECHNISCHE DATEN

Porsche 911 2.0

Motorbauart:
Gebläsegekühlter Sechszylinder-Boxermotor, ohc-Ventilsteuerung mit kettengetriebenen Nockenwellen und Kipphebeln, Trockensumpfschmierung, Verdichtung 9:1

Hubraum:
1991 ccm (Bohrung x Hub: 80 x 66 mm)

Leistung:
130 PS bei 6100 U/min (spätere Zweiliter-911-Versionen leisteten je nach Ausführung zwischen 110 und 170 PS bei Nenndrehzahlen bis zu 6800 Touren

Bekannt problematisch: die 40er Solex-Vergaser. Selbst viele Puristen raten zum Umbau auf eine im Umgang deutlich angenehmere Weber-Anlage.

dürfte für die geänderten Kipphebel gelten: Bis 1965 waren sie geschmiedet, danach gegossen. Insbesondere wer einen Motor tunen will, sucht händeringend nach den stabileren Schmiedeteilen.

Die Zylinderköpfe sind wie auch die Zylinder als einzelne austauschbare Bauteile gegossen, die Nockenwellen drehen sich deshalb in eigenen Gehäusen, die über Stehbolzen mit den Köpfen verschraubt sind. Die Kipphebeldeckel an diesen Gehäusen veränderten über die Jahre mehrfach ihre Gestalt und auch die Zahl ihrer Befestigungsschrauben wuchs. Der einfache Hintergrund: Die frühen Versionen verformten sich schnell und wurden undicht.

Die Duplex-Steuerketten früher Motoren waren lange mit simplen Spannern mit Ölfüllung ausgerüstet, die bekannt dafür waren, Probleme zu machen. Porsche hatte erst 1983 ein Einsehen und spendierte dann neue Spanner, die direkt in den Ölkreislauf des Triebwerks integriert waren.

Auffällig am Kopf ist, wieviel Material zwischen den Ventilsitzen beziehungsweise zwischen den Sitzen und den Kerzengewinden vorhanden ist. Risse sind hier dann auch kein Thema, wohl aber Verschleiß an den Ventilführungen, der auch durch den recht flachen Ventilwinkel bedingt ist, der sich bei den luftgekühlten Zweiventilern übrigens nie änderte. Hintergrund: Die Betätigung der Ventile über Kipphebel sorgt (anders als bei Tassenstößeln, die direkt von oben wirken) für hohe Seitenkräfte, die die Führungen hoch belasten. Höing: „Die Ventilführungen sind normalerweise als erstes an diesen Motoren verschlissen. Ich hatte schon Fälle, bei denen vor Erreichen der 50.000 Kilometer eine Kopfüberholung anstand. In diesen Extremfällen dürfte aber auch die Fahrweise eine Rolle gespielt haben, insbesondere hohe Drehzahlen bei kaltem Motor."

Die Gemischaufbereitung...

...übernahmen an unserem 1965er Motor ab Werk sechs 40er Solex Vergaser, zusammengefasst zu zwei Dreier-Batterien mit jeweils nur einer gemeinsamen Schwimmerkammer. Die schlechte Einstellbarkeit dieser Gasfabriken ist legendär, deshalb wurde häufig früh auf 40er Weber umgebaut. Für Originalitätsfans ist das heute ebenso wenig eine Option wie für Motorsportler, die ihre Autos nach FIA-Anhang-K aufbauen. Für sie gilt: Wer schön sein will, muss leiden – und sich mit einem erstaunlichen Benzinpumpen-Konglomerat auseinandersetzen. Eine elektrische Pumpe drückt den Sprit in die beiden Schwimmerkammern. Ab hier übernehmen zwei mechanische Pumpen die Arbeit und bringen das Benzin zu den einzelnen Vergasern. Was zuviel ist, geht am Ende in einen Rücklauf. Einfach ist anders.

Die Laufleistung...

...früher Motoren reicht trotz der auch seinerzeit schon hohen Qualitätsansprüche des Herstellers bei weitem nicht an die legendären Werte heran, die insbesondere die Sechszylinder-Boxer ab 1977 (jetzt wieder mit Alu-Motorgehäuse) auszeichnen. Nach 100.000 bis 150.000 Kilometern müssen Besitzer eines Zweiliter-911 bei normaler Pflege und Behandlung damit rechnen, dass ein „großer Kundendienst" fällig wird. Ausnahmen bestätigen die Regel, aber Arbeiten am Kopf stehen wie erwähnt mitunter auch schon deutlich früher an. Kostenpunkt einer vernünftigen Motorüberholung ohne Kompromisse: rund 10.000 Euro.

Hexer-Werk

Der **R8 Gordini** war das französische Gegenstück zum heißen Abarth-Fiat, NSU TT und Mini Cooper. Wo der Renault-Tuner seine Mehr-PS fand, die auch die Alpine A110 so schnell machten? Wir haben nachgeschaut.

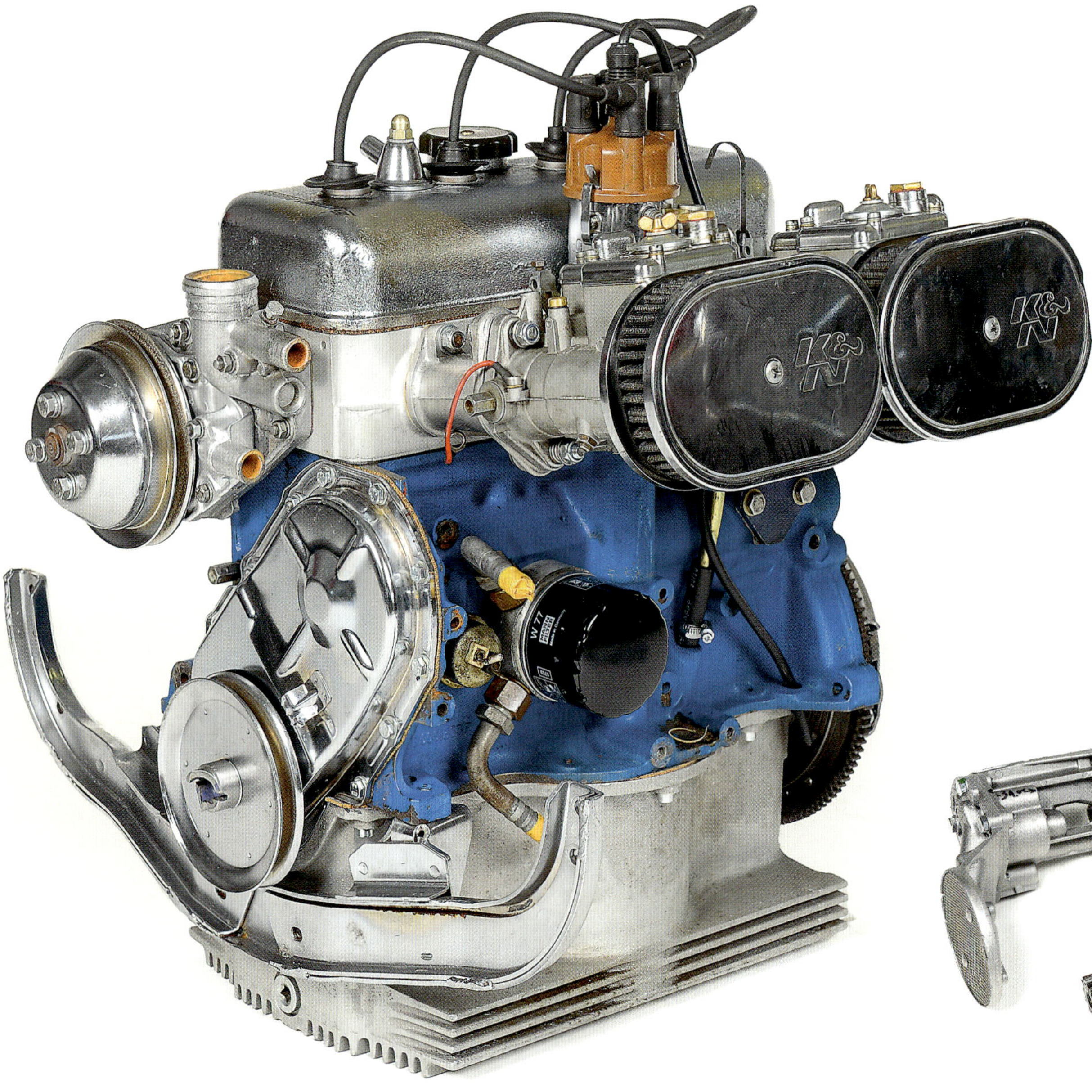

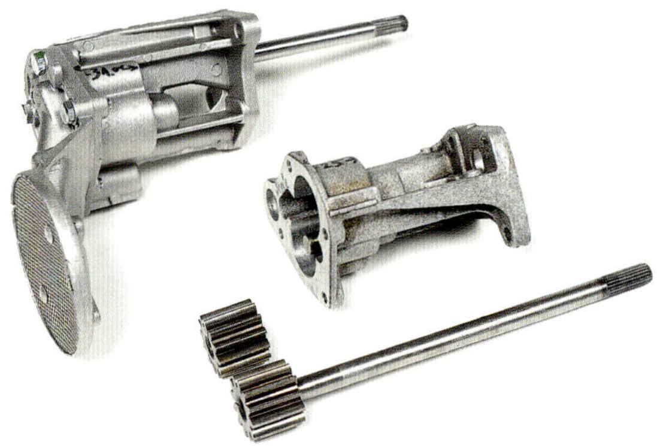

In zwei Versionen

Die Zahnräder früher Ölpumpen waren 25 Millimeter breit, in (nachrüstbaren) späteren Pumpen saßen 31-Millimeter-Räder.

Sie nannten ihn den Hexer. Amédée Gordini tunte schon in den Dreißigern Fiat und Simca, stand in regelmäßigem Kontakt mit Enzo Ferrari und Carlo Abarth, konstruierte eigene Rennwagen für die Formel 1 der frühen fünfziger Jahre und begründete schließlich – zunächst als unabhängiger Dienstleister – die Motorsport-Abteilung von Renault. Er machte schon in den Fünfzigern der braven Dauphine Beine und versorgte die Alpine-A110-Flundern mit scharfen Heckmotoren, die auf den 1000-Kubik-Motor des R8 zurückgingen und auch dessen Rallye-und Rundstrecken-Versionen befeuerten. Trotz aller anderen großartigen Kreationen des „Hexers“ ist es tatsächlich dieser Vierzylinder, der heute den meisten Autofans in den Sinn kommt, wenn das Stichwort Gordini fällt. Und deshalb liegt er heute auf unserem Seziertisch.

Die Basis: der eigentlich biedere ohv-Stößelstangen-Vierzylinder des Renault 8, leicht langhubig ausgelegt, mit 40 PS aus 956 Kubik. Die Änderungen am ursprünglichen R8-Motorblock mit seinen nassen Laufbuchsen (der in abgeänderter Form auch 40 Jahre nach seiner Premiere noch in Renault-Kleinwagen zum Zug kam)?

Knapp dimensioniert

Der Durchmesser der Haupt- und Pleuellagerzapfen ist auffallend klein. Auch die Kurbelwelle selbst mit den fast zierlichen Gegengewichten wirkt eher filigran.

Absolut überschaubar. Die Nockenwelle, die beim Großserien-Triebwerk direkt im Guss des Gehäuses rotiert, dreht sich beim Gordini-Motor in vier recht dickwandigen Bronzebuchsen, für die die Lagergasse entsprechend aufgebohrt werden musste. Außerdem haben die Stößelbecher einen deutlich größeren Durchmesser als beim normalen Renault-8-Triebwerk. Der verständliche Hintergrund: Die gewünschte deutlich steilere Nockenkurve und der größere Ventilhub hätten sonst dafür gesorgt, dass die Nocke den Stößel direkt an dessen Kante trifft, was der Oberfläche beider Teile zeitnah den Garaus gemacht hätte.

Und natürlich hat Gordini den Hubraum vergrößert. Zunächst bescherte er dem Motor Laufbuchsen mit 70, dann gar mit 74,5 Millimeter Bohrung, anstelle von 65 Millimetern, was den Hubraum auf 1108 beziehungsweise 1254 Kubik brachte.

Was am Kurbeltrieb auffällt: Sowohl die Lagerstellen der Haupt- als auch die der Pleuellager haben einen auffallend geringen Durchmesser, die Gegengewichte der Kurbelwangen wirken tatsächlich beinahe schon filigran. „Stimmt“, bestätigt Werner Schäfer, Renault-Vertragshändler und die deutsche Gordini- und Alpine-Instanz aus Nohn in der Eifel, der für unseren Fototermin in seine

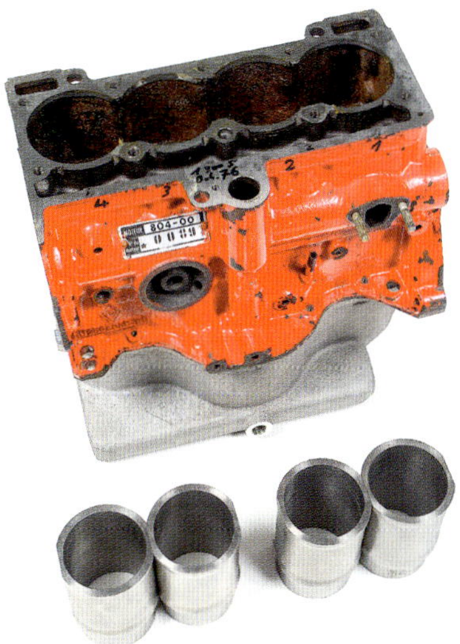

Nix geht über Hubraum

In seinen 1300er-Motoren setzte Gordini Laufbuchsen mit 74,5 Millimeter Bohrung ein. R8-Serie: 65 Millimeter.

Moderne Zeiten

Wer heute einen Gordini-Motor neu aufbaut, hat diverse Möglichkeiten, ihn weiter zu optimieren – etwa mit Titan-Ventilfedertellern und -Stößelstangen, Stahl-Nockenwellen, Schmiedekolben und vielem mehr!

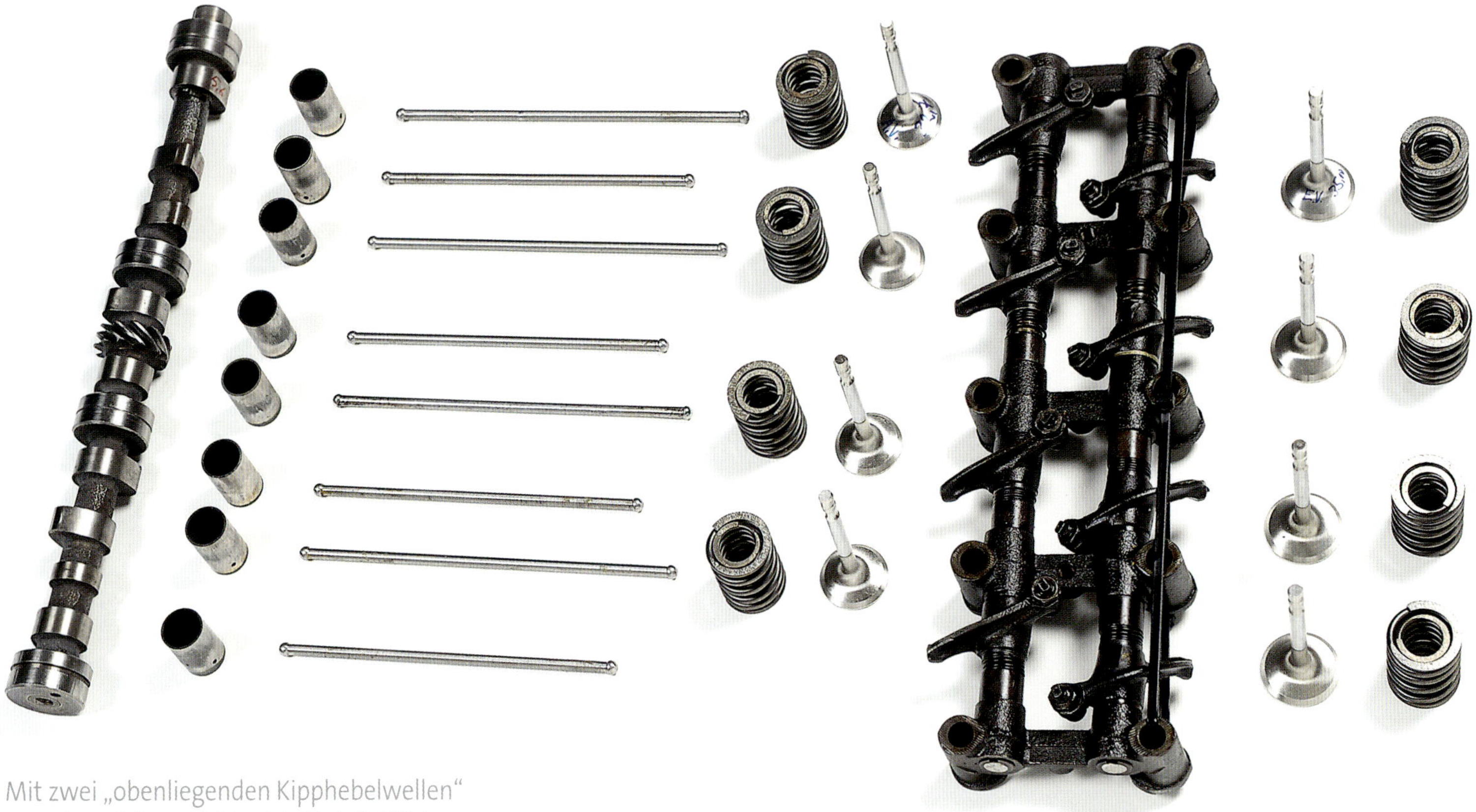

Mit zwei „obenliegenden Kipphebelwellen“

Die Nockenwelle liegt seitlich im Motorblock, die Stößelstangenkanäle verlaufen deshalb leicht schräg. Ein- und Auslass-Stoßstangen sind unterschiedlich lang, und es gibt zwei Kipphebelwellen.

Spannende Sache

Eine schmale Simplex-Steuerkette, ein einfacher Spanner – Ärger macht beides nicht.

Regale gegriffen hat. „Die Welle und ihre Lagerstellen sind eher knapp dimensioniert. Im Serienauto hat das problemlos gehalten, aber bei hart gefahrenen, hochdrehenden Gordini-Motoren sind die Kurbelwellen schon gerne mal gebrochen. Renault hat in 0,25er-Schritten zwei Untermaßlager für die Überholung der Welle vorgesehen, aber in Gordini-Versionen wurde zumindest das zweite Untermaß wegen dieser Problematik praktisch nie ausgenutzt.“ Das Ganze hat freilich auch einen Vorteil: Obwohl fünffach gelagert, ist die innere Reibung der Motoren gering, was seinen Teil dazu beiträgt, dass die Vierzylinder so ausgesprochen agil und drehfreudig sind.

Mit dem Thema Nockenwelle haben wir das, um was es bei der Arbeit Gordinis an diesem Motor eigentlich geht, bereits kurz gestreift: Ventiltrieb und Zylinderkopf. Alles beginnt ganz brav, mit einer kurzen Simplex-Steuerkette, die besagte untenliegende Nockenwelle antreibt, deren scharfe Steuerzeiten und großer Ventilhub im Vergleich zur Seriennocke sofort auffallen. Bevor wir uns ein Stockwerk höher umschauen, kurz drei Randnotizen zu den Nebenjobs des Teils: Sie hat einen zusätzlichen Nocken, der die mechanische Benzinpumpe (so die nicht gegen eine elektrische ausgetauscht wurde) antreibt. Außerdem sitzt in der Mitte der Nockenwelle eine Schrägverzahnung, in die

Das Zeichen des Hexers: Das Gordini-G prangt gut sichtbar auf dem Alu-Ventildeckel.

Achtung Gefahr!

Die Nockenwelle treibt auch den Zündverteiler und die Ölpumpe über eine Schrägverzahnung an – die kollabieren kann. Was keine gute Nachricht für den Rest des Motors ist…

Die Zündkerzen verstecken sich in langen Rohren und sind durch Öffnungen im Ventildeckel zugänglich. So waren sie zentral im…

…Brennraum unterzubringen – oder besser gesagt in einer Brennkammer, die mit Zündkanälen mit dem Brennraum verbunden ist. Risse sind häufig!

ein Gegenstück eingreift, in dem die Antriebe der Ölpumpe und des Zündverteilers stecken. Womit wir bei Schwachstelle Nummer zwei des Motors angekommen wären. Werner Schäfer: „Defekte an der Verzahnung kamen schon beim normalen R8 immer mal wieder vor, am Gordini drehzahlbedingt sogar eher noch häufiger. Und was passiert, wenn die Ölpumpe stehen bleibt, ist recht einfach auszumalen“, erklärt er – und schiebt hinterher, dass moderne Stahlnockenwellen samt Stahlgegenstück das Problem heute aus der Welt geschafft haben.

Die Stößelbecher sind erstaunlich leicht. Gleiches gilt für die Stößelstangen, deren Kanäle leicht schräg im Kopf nach oben verlaufen. Auf der Auslassseite sind die Stoßstangen etwas länger als auf der Einlassseite. Grund ist der wichtigste leistungsfördernde Kunstgriff des Amédée Gordini: Auf dem Vierzylinder thront ein Querstromkopf mit sich im idealen Winkel gegenüberliegenden Ventilen und halbkugelförmigen Brennräumen. Und bei dieser Anordnung sind die Auslass-Kipphebel einfach etwas weiter von der seitlich im Block liegenden Nockenwelle entfernt. Die Ventilgrößen fallen mit 35 (Einlass) und 32,7 Millimeter (Auslass) noch relativ moderat aus. Geschlossen werden sie von doppelten Ventilfedern, die Gordini einst relativ hart wählte, der hohen Drehzahlen wegen. Werner Schäfer: „Heute haben wir dank moderner Werkstoffe wie Titan die Möglichkeit, den Ventiltrieb leichter zu gestalten, etwa mit leichteren Stößelstangen oder Ventiltellern. In der Folge können wir weniger ‚stramme‘ Federn einsetzen, was die Belastung von Nockenwelle, Kipphebeln und Co. reduziert.“

Wer sich mit dem Thema Gordini noch nicht weiter beschäftigt hat, stutzt erstmal ziemlich, wenn er die Brennräume betrachtet, denn von einer Zündkerze beziehungsweise einem Kerzengewinde ist weit und breit nichts zu sehen. Stattdessen finden sich zwei schräge Bohrungen zwischen den Ventilen. Sie führen zu der unsichtbar aber zentral positionierten Zündkerze und agieren als Zündkanäle. Auf diese Weise sollte es zu einer schnellen, gleichmäßigen Durchflammung des Gemischs kommen. Die Höchstleistung von knapp 90 PS lässt vermuten, dass Amédée Gordinis Zylinderkopf-Ideen (natürlich im Zusammenspiel mit zwei 40er Weber-Doppelvergasern und Fächerkrümmer) ziemlich gut waren… Die Köpfe sind aber zugleich die größte Schwachstelle dieser Motoren. Fast alle von ihnen entwickeln mit den Jahren starke Risse zwischen den Zündkanälen und den Ventilsitzringen, die dann sehr aufwendig geschweißt werden müssen. Schäfer: „Insbesondere bei Motoren, die oft nicht vernünftig warmgefahren wurden, kann diese Rissbildung extrem sein.“

Und heute? Mit modernen Materialien, feinen Schmiedekolben, höherer Verdichtung und viel Feinarbeit werden inzwischen Literleistungen von fast 100 PS erreicht – ein ziemlich aussagekräftiger Beweis dafür, dass Amédée Gordini da ein paar gute Ideen hatte!

Immerhin rund 12.000 Exemplare…

…des Renault 8 Gordini 1300 entstanden zwischen 1967 und 1970. 88 PS verwandelten die brave Familienlimousine der unteren Mittelklasse in einen Alltagssportler, der mit einer Spitze von 175 km/h auf der Straße in seiner Hubraumklasse absolut keinen Konkurrenten fürchten musste. Und für den Motorsport ging noch einiges mehr! Auch die 1100- und 1300-Kubik-Alpine-A110 bedienten sich der von Gordini überarbeiteten und für den Renneinsatz noch weiter „nachgeschärften“ R8-Motoren. Die ab 1966 gebaute 1300er Version der A 110 leistete dank nunmehr 1296 ccm (Bohrung x Hub: 75,7 x 72 mm) und auf 12:1 erhöhter Verdichtung bis zu 115 PS bei 7200 U/min und war dank ihres geringen Gewichts und ihrer kleinen Stirnfläche 215 km/h schnell!.

Geschickt gelöst

Das Foto lässt den idealen Ventilwinkel ebenso erahnen wie die schön zentral im ohv-Querstromkopf angeordneten Zündkerzen.

TECHNISCHE DATEN

Renault 8 Gordini (1300)

Motorbauart:
Vierzylinder-ReihenViertaktmotor, längs im Heck eingebaut, wassergekühlt, fünffach gelagert, ohv-Ventilsteuerung, Alu-Querstromzylinderkopf mit zwei Kipphebelwellen, zwei 40er-Weber-Doppelvergaser, Verdichtung 10,5:1 (Rennversionen: bis zu 12,5:1)

Hubraum:
1255 ccm (Bohrung x Hub: 74,5 x 72 mm)

Leistung:
88 PS bei 6700 U/min

Ausnahme-Fall

Jetzt aber mal ganz was anderes: Der Motor des **Tatra 87** ist ein bis ins Detail außergewöhnliches Stück Ingenieurskunst. Wir werfen einen Blick ins Innenleben des Dreiliter-V8-Aggregats…

Alles ganz leicht!

Trotz seiner beeindruckenden Dimensionen wiegt der tschechische V8 komplett nur rund 150 Kilo – reichlich Leichtmetall sei Dank.

Die wichtigsten Fakten vorweg: Wir haben es beim Triebwerk des Tatra 87 mit einem im Fahrzeugheck montierten V8 zu tun, mit zwei obenliegenden Nockenwellen bestückt, fast komplett aus Leichtmetall gegossen (teils aus Elektron, teils aus Alu) und durch zwei Gebläse gekühlt. Spektakulär ist das Ganze insbesondere auch angesichts des Erscheinungsjahrs vom Typ 87: 1936! Und wer dann noch versucht, das Tunnelgehäuse des mächtigen Motors anzuhieven, wird aufs Angenehmste überrascht: Kaum 20 Kilo wiegt das unten von der flachen Ölwanne geschlossene Teil! „Der komplette Motor mit allen Anbauteilen wiegt gerade mal rund 150 Kilo, der Tatra 87 insgesamt nur 1390 Kilo", erklärt Vitezslav Hinner, Inhaber des Restaurierungsbetriebs Ecorra in der Tatra-Heimatstadt Koprivnice. Dutzende der großen Stromlinien-Limousinen wurden hier schon neu aufgebaut, durch die Hände des auf dem gleichen Gelände arbeitenden Motorenbauers Ivan Hradil gingen bereits rund 100 (!) Exemplare des Alu-V8. Gleich eine Handvoll der Motoren steht bei unserem Besuch auf den Werkbänken – beste Voraussetzungen also, um das so außergewöhnliche Triebwerk en detail zu inspizieren.

Saubere Arbeitsteilung

Tatra verbaute unterschiedliche Doppelfallstromvergaser, meist aber den Solex 30 FFIK. Für jede Zylinderreihe war ein eigener „Vergaser-Trakt" verantwortlich.

Was als erstes ins Auge fällt...

...ist die große Zahl der Einzelteile, die gemeinsam das Gehäuse des Motors bilden: Neben dem zentralen Tunnel plus Ölwanne sind dies acht Einzelzylinder und acht Zylinderköpfe, dazu das mit dem Block verschraubte Steuerkettengehäuse sowie die beiden Nockenwellengehäuse – um nur die größeren Teile zu nennen. Alle Zylinder und Köpfe sind baugleich, was natürlich in der Produktion von Vorteil war. Dennoch war und ist der Montageaufwand groß. Zylinder, Köpfe und Nockenwellengehäuse sind durch 32 Dehnschrauben mit dem Tunnelgehäuse verspannt, wobei die Gewinde in ins Gehäuse eingeschraubte Stahl-Zuganker „verlegt" sind – das Leichtmetall wäre den Kräften nicht dauerhaft gewachsen.

Die Kurbelwelle...

...ist ein Schmiedeteil und dreht sich in fünf gegossenen Weißmetall-Gleitlagern. Die Pleuelfüße sind wie die Hauptlager und Lagerböcke geteilt, und auch sie sind gleitgelagert. Ebenfalls verschraubt: die Ausgleichsgewichte an den Kurbelwangen. Hinten ist eine kleine Hilfswelle mit der Kurbelwelle verbunden, auf der zum einen das Antriebsrad der Duplexsteuerkette montiert ist, die zum anderen aber auch die Zahnradölpumpe antreibt. „Ab Werk war die Förderleistung der Pumpe knapp ausgelegt, deshalb baue ich heute größere Zahnräder ein", erklärt Ivan Hradil. Serienmäßig hat der Tatra 87 einen sehr breiten Ölkühler oberhalb der vorderen Stoßstange. In dessen Rücklauf integrieren die Ecorra-Experten heute einen modernen Ölfilter – ab Werk gab's nur ein grobes Netz zwischen Ölwanne und Gehäusetunnel.

„Der Kurbeltrieb ist insgesamt stabil. Ich habe schon Wellen gesehen, deren Lagerstellen um drei oder vier Millimeter heruntergeschliffen waren und dennoch mit entsprechend gegossenen Lagerschalen anstandslos liefen. Solche Wellen werden heute durch Auftragschweißen und anschließendes Abdrehen wieder auf Maß gebracht, schon weil zu dicke Lagermetallschichten problematisch sind." Eine Modifikation in vielen von Hradil aufgebauten Motoren: Kolben aus moderner Produktion, die die Verdichtung leicht anheben und so auch für etwas mehr Leistung sorgen.

Die Duplex-Steuerkette...

...in dem schönen, v-förmigen Kettenkasten ist rund zwei Meter lang und verfügt über eine manuelle Spannvorrichtung. Sie treibt die beiden recht langen Nockenwellen an, die in ihren Gehäusen jeweils vierfach gleitgelagert sind – je zweimal in der Mitte sowie in eingeschraubten Lagerschildern an ihren Enden. Die Welle der rechten Zylinderbank treibt an ihrem vorderen Ende über eine in sie eingesteckte Verlängerung mit einer Verzahnung den Verteiler an. Auf dem vorderen Ende der linken ist die Riemenscheibe des Antriebs der Zwölfvolt-Lima platziert. Kipphebel öffnen die Ventile, jeder einzelne der Hebel dreht sich auf einer eigenen kleinen Achse, die in das Nockenwellengehäuse eingesteckt wird. Wer genau hinsieht, erkennt, dass diese Achsen mit Ölkanälen versehen und druckölgeschmiert sind, außerdem hat jeder Kipphebel einen Ölkanal, der Schmierstoff direkt auf den entsprechenden Nocken fördert!

Die Gebläsekühlung

Die Kühlgebläse sind beiderseits unterm V der Zylinder hinter relativ einfach geformten Luftleitblechen platziert. Die Riemenscheibe

Montageaufwand: beträchtlich

Zylinder und Zylinderköpfe sind als Einzelteile gefertigt, oberhalb der Köpfe sitzen noch die Nockenwellengehäuse. Die zahllosen Dichtflächen wollen sorgfältig bearbeitet sein.

Ohne Thermostat

Zwei riemengetriebene Doppelgebläse kühlen den Tatra-V8. In Extremsituationen kann es dem Motor dennoch zu warm werden.

Dauerhaft Druck machen

Die Ölpumpe ist über eine kleine Zwischenwelle mit der Kurbelwelle verbunden. Unser Experte baut die Pumpe grundsätzlich auf größere Zahnräder um.

Schon 1936 zwölf Volt

Zunächst lieferte Bosch die Elektrik-Komponenten, nach dem Krieg PAL.

Ausdauernd: der Kurbeltrieb

Pleuel- und Kurbelwelle drehen sich in Lagerschalen mit gegossener Weißmetall-Lagerschicht. Die gezeigten Domkolben sind moderne Teile und erhöhen die Verdichtung.

Ein Meilensten aus Tschechien

Es ist nicht nur der Motor, der den 1936 präsentierten Tatra 87 so besonders macht. Die Kombination aus Stromlinienform, selbsttragender Karosserie sowie Einzelradaufhängung und hydraulischen Trommelbremsen machte ihn zu einem herausragend modernen Automobil, das fast 160 km/h schnell war! Knapp über 3000 Exemplare wurden bis 1950 gebaut, gut 300 sollen überlebt haben.

des linken Gebläses sitzt direkt auf dem hinteren Ende der Kurbelwelle, die des rechten wird von der Steuerkette gegenläufig angetrieben. Eine thermostatische Regelung gibt es nicht. Große Hutzen links und rechts an der C-Säule des Tatra 87 sammeln die Kühlluft ein, die die Gebläse im Bereich der Innenkotflügel „beruhigt" ansaugen und an Zylindern und Köpfen vorbei nach oben drücken, zum zweiten Teil der Luftleitverblechung. Von hier aus gelangt die erhitzte Luft durch große Schlitze in der Motorhaube ins Freie. Das System arbeitet selbstredend dann am besten, wenn das Auto in Fahrt ist – zum einen weil der Fahrtwind natürlich für mehr Luft sorgt, vor allem aber weil die „verbrauchte" Kühlluft dann schneller abzieht. „Im Normalfall gibt es mit der Kühlung keine Probleme", stellt Ivan Hradil klar, ergänzt aber, dass der Typ 87 seinerzeit als großes Reiseauto für ganz andere Verkehrsverhältnisse konzipiert worden ist. „Dauervollgas war seinerzeit ebenso wenig ein Thema wie Staus, dessen sollten sich Tatra-87-Besitzer heute bewusst sein. Wer dem Motor auf der Autobahn über längere Zeit alles abverlangt – Tempo 160 ist drin –, wohlwissend, dass vor ihm Stop-and-go-Verkehr wartet, riskiert Schäden."

Wartungsfreundlich

16 kleine Deckel bieten Zugang zu den Ventilspiel-Einstellschrauben. Jeder Kipphebel dreht sich auf einer eigenen kurzen Achse, ab Werk gab's doppelte Ventilfedern.

Artgerecht behandelt...

...ist der V8 gemessen an den Maßstäben seiner Zeit sehr langlebig und zuverlässig, auch weil sowohl das Drehzahlniveau als auch die Verdichtung relativ niedrig liegen. „Aus alten Fahrtenbüchern wissen wir, dass Kilometerleistungen von etwa 50.000 ohne größere Eingriffe nicht ungewöhnlich waren. Seinerzeit ein sehr guter Wert. Mit modernen Ölen, Ölfilterung und teilweise besseren Materialien – etwa von Kolben, Kolbenringen oder Ventilen – dürften die Motoren heute länger halten", erklärt Vitezslav Hinner, und Ivan Hradil ergänzt, dass von neu aufgebauten Motoren inzwischen erste aussagekräftige Erfahrungswerte vorliegen: „Ich weiß von einigen Exemplaren, die etwa 30.000 Kilometer ohne jede Reparatur hinter sich haben."

Was die Arbeit an dem V8 im Ernstfall erschwert, ist sein Material und dessen Alter, gerade auch in Zusammenhang mit den vielen Gehäuseteilen. Nach Ivan Hradils Erfahrung muss das Leichtmetall-Tunnelgehäuse aufgrund von Verzug heute praktisch immer ausgespindelt werden, außerdem bedarf es einer besonders sorgfältigen Bearbeitung der zahllosen Dichtflächen, die (insbesondere bei Motoren aus Elektron-Legierung) oft beschädigt sind – durch Korrosion oder Grobschlosserei in der Vergangenheit. „Vollkommen öldicht ist langfristig praktisch kein 87er Aggregat, was nicht verwundert, bedenkt man, dass allein 16 druckölgeschmierte Kipphebelachsen abgedichtet sein wollen", erklärt der Experte.

TECHNISCHE DATEN

Der V8 des Tatra 87

Motorbauart:
Gebläsegekühlter, längs im Heck eingebauter V8-Viertaktmotor, weitgehend aus Aluminium oder Elektron (Alu-Magnesium-Legierung) gegossen. Ventiltrieb über zwei obenliegende Nockenwellen und Kipphebel, Verdichtung ca. 5,7:1, ein Doppelfallstromvergaser. Druckumlaufschmierung mit 9,5 Liter Ölinhalt und großem Ölkühler an der Front

Hubraum:
2968 ccm (Bohrung x Hub: 75 x 84 mm)

Leistung:
75 PS bei 3500 U/min

Elektrik:
Zwölf-Volt-Elektrik, Batteriespulenzündung

Bauzeit:
1936 bis 1950

Die Ersatzteilsituation

Komplettmotoren sind selten und teuer, auch weil in den Sechzigern und Siebzigern viele überlebende Tatra 87 mit den ohv-Motoren des Nachfolgers 603 bestückt wurden. Kolben und Zylinderköpfe gibt es aus Nachfertigungsaktionen, alles andere muss im Ernstfall instandgesetzt, einzeln angefertigt oder durch gute Gebrauchtteile ersetzt werden. „Insbesondere Kurbelwellen und Gehäuseteile sind neu nicht zu bekommen", stellt Hradil klar. „Aber bislang konnten wir trotzdem jeden 87er Motor retten, den wir auf den Tisch bekamen."

Pappenheimer

Die blaue Abgasfahne der „Rennpappe“ aus Zwickau prägte über 30 Jahre lang das Straßenbild im sozialistischen Deutschland. Der luftgekühlte **Trabant Zweizylinder-Zweitakter** hat sich in aller Schlichtheit millionenfach bewährt.

Reiz des Einfachen

Mit seiner sehr überschaubaren Zahl beweglicher Teile ist der Trabant-Zweitakter ein dankbares Objekt für Hobbyschrauber.

Die Ära des zweitaktenden Antriebs unter der Plaste-Haube des Volkswagens-Ost währte von 1957 bis 1989. Der knatternde Twin startete als Halbliter mit 18 PS und erstarkte im Laufe der Jahre auf 600 Kubik und 26 PS in der Serienversion. Das Grundkonzept des Drehschiebermotors blieb dabei unangetastet. Änderungen gab es lediglich im Detail.

Kostengünstig, zweckmäßig, robust und so einfach aufgebaut, dass auch jeder durchschnittlich begabte Heimwerker Hand anlegen kann: Das waren und sind die Vorzüge des Kleinwagens aus den ehemals volkseigenen Automobilwerken Sachsenring und seines gut 54 Kilo leichten Motörchens.

Als die kleine Knatterbüchse kurz vor der Wende durch den lang ersehnten 1,1-Liter-Viertakt-Vierzylinder von VW ersetzt wurde, war sie zwar wie die ganze „Rennpappe“ längst zum skurrilen Anachronismus geworden, einem Sinnbild für Unbeweglichkeit und Ressourcenmangel der Planwirtschaft im Arbeiter- und Bauernstaat. Aber es gehört auch zur Wahrheit, dass der DDR-Mini mit DKW-Genen in jungen Jahren der westlichen Konkurrenz in seiner Klasse durchaus auf Augenhöhe begegnete. Der quer eingebaute Motor mit Frontantrieb in der leichten Kunststoffkarosserie war zukunftsweisend,

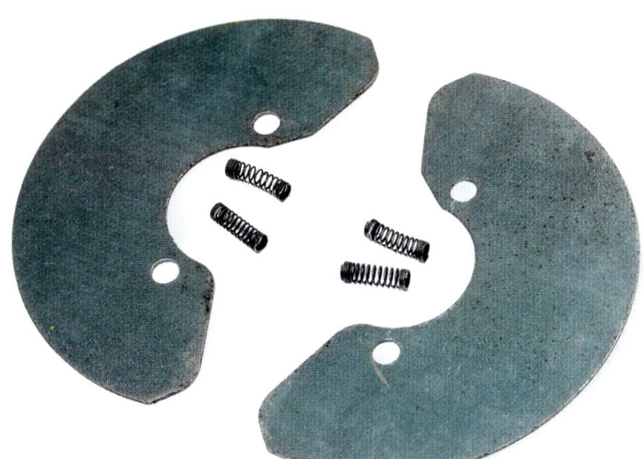

Drehschieber steuern die Gemischzufuhr

Federbelastete Halbmondscheiben rotieren mit der Kurbelwelle. Sie öffnen und schließen die Einlasskanäle ins Kurbelgehäuse. Die Bohrungen für die Haltestifte schlagen mit der Zeit aus (l.).

und auch Goggo, Lloyd und Co. verbrannten noch emissionsfreudig Benzin-Öl-Gemisch in ihren Zylindern.

Die letzte und mit großem Abstand häufigste Ausbaustufe stellt der Trabant 601 dar. 1964 eingeführt, brachte er es auf gut 2,8 Millionen Exemplare. Mit dem 600er Zweizylinder-Zweitakter, zuletzt mit 26 PS (Drehmoment 54 Nm bei 3000 U/min) bei einer Verdichtung von 7,8:1, knackt er die 100 km/h-Marke, die nach etwa 20 Sekunden erreicht wird. An einem solchen Triebwerk wollen wir die inneren Werte ergründen. Gelegenheit dazu erhalten wir in der Museumswerkstatt des Trabi Teams Thüringen in Hottelstedt bei Weimar. Der Vorsitzende und Technik-Experte Dieter Pemsel legt für uns ein seziertes Aggregat auf die Werkbank, das bauarttypisch sehr überschaubar ist.

Kurbelgehäuse und Zylinder

Im Untergeschoss des Trabant-Motors geht es konstruktionsbedingt eng zu: Das horizontal geteilte Kurbelgehäuse, das als Vorverdichtungsraum dient, besteht aus zwei miteinander verschraubten Aluminium-Halbschalen. Die obere Hälfte trägt rückwärtig den angegossenen Vergaserflansch. Beide haben jeweils drei bearbeitete halbrunde Flächen, die die Kurbelwellenlager fixieren, und zwei größere Aussparungen, in denen die Kurbelwangen mit Ausgleichsgewichten und Pleuellagern rotieren. Da es keine Druckumlaufschmierung gibt, sondern das Öl zur Schmierung der beweglichen Teile dem Kraftstoff extern hinzugemischt wird, finden sich weder Ölpumpe noch -wanne.

Auf der oberen Schale werden die beiden Zylinder einzeln an jeweils vier Stehbolzen befestigt. Die Laufbuchsen sind im „Alfer“-Verbundgussverfahren zusammen mit der Alu-Kühlrippenummantelung hergestellt. Obenauf thronen die beiden Zylinderköpfe aus Aluminium mit ihren tiefen halbkugeligen Brennräumen und zentralen Zündkerzen. Die Alu-Kolben haben leicht gewölbte Böden und drei Grauguss-Kolbenringe. Kühlluft fächelt ein neunflügeliger Axiallüfter, der auf einer Auskragung des Kurbelgehäuses sitzt und von der Riemenscheibe auf der Kurbelwelle über einen Keilriemen permanent angetrieben wird. In eingebautem Zustand wird der Motor durch die Luftleitbleche weitgehend verdeckt.

Cleverer Dreh: Die Steuerung

Der Gaswechsel erfolgt in der üblichen Umkehrspülung. Jede Zylinderwand verfügt über eine Öffnung für den Abgasauslass und zwei auf der selben Seite daneben angeordnete Frischgaseinlässe (Überströmschlitze), die über Kanäle zwischen Zylinder und verrippter Außenhaut mit dem Kurbelgehäuse verbunden sind. Während der Aufwärtsbewegung des Kolbens wird Frischgas aus dem Vergaser ins Kurbelgehäuse gesaugt. Die Einlasszeit steuert in diesem Fall ein Flachdrehschieber pro Zylinder. Diese halbmondförmige Stahlblechplatte rotiert mit der Kurbelwelle und ist dort von zwei Passstiften fixiert. Dabei bleibt sie axial beweglich und wird von zwei Schraubenfedern gegen die Gehäusewand gedrückt, wo sie die Öffnung zum Einlasskanal freigibt und wieder verschließt. Die Konstruktion ist simpel aber wirkungsvoll, gleichzeitig jedoch verschleißfreudig. Auf die andere Seite gedreht, sind die Platten austausch- aber auch vertauschbar.

Bei der Abwärtsbewegung des Kolbens wird das Frischgas im Kurbelgehäuse vorverdichtet, bis die Kolbenoberkante die Überströmschlitze freigibt und das Kraftstoff-Luft-Gemisch einströmen kann.

Der 600er des Trabant 601 mit Kühlgebläse, Vergaser und dem erst 1976 eingeführten Wärmetauscher-Krümmer, der die Heizleistung spürbar verbesserte.

Der Kurbeltrieb

Die Kurbelwelle besteht aus drei miteinander verpressten Zapfen, die mit Pleueln und Lagern eine Einheit bilden. Das Zerlegen zum Austausch von Lagern und anschließende Zusammenfügen verlangt hohe Kräfte ebenso wie Präzision und besondere Kenntnisse. Die Überholung von Kurbelwellen bleibt demzufolge wenigen Spezialisten überlassen. Schmierungsbedingt rotiert die Welle nicht in Gleitlagern, sondern es sind Rollen- und Kugellager verbaut, ein Duo für das Mittellager und jeweils eines am hinteren und vorderen Wellenende. Hinten ist es stets ein Kugellager, vorne ein Rollenlager. Beim Mittelzapfen gibt es zwei Varianten, wie Experte Pemsel erklärt. „Zuerst verwendete man zwei Rollenlager, wobei die Rollen in einer Nut des Mittelzapfens laufen. Tritt an dieser Verschleiß auf, sind Reparaturen aufwendig. Abgesehen von den nötigen Übermaßrollen zerstört ein Nacharbeiten der Gleitflächen die Härteschicht des Zapfens. Wartungsfreundlicher ist die 1985 eingeführte Variante mit zwei aufgepressten Kugellagern."

Die Pleuel laufen auf der Kurbelwelle in Nadellagern. An dieser Stelle sind die frühen Wellen dauerhafter, „da die Lagerkäfige zunächst aus Rotbronze gefertigt wurden, einem Material mit guten Notlaufeigenschaften", sagt Dieter Pemsel. „Später verwendete man Aluminium, das sich bei großer Hitze bald deformierte." In den oberen Pleuelaugen

Evolution

Die Aluminiumkolben sind mit drei einfachen Kolbenringen bestückt. Von 1974 an drehten sich die Kolbenbolzen in den Pleueln in Nadellagern statt der herkömmlichen Bronze-Gleitlager.

TECHNISCHE DATEN

Trabant Motor

Motorbauart:
Zweizylinderzweitakt-Ottomotor mit Einlass-Drehschieber, Gemischschmierung; Leichtmetall-Zylinderkopf und -Zylinderblock, trockene Zylinderbuchsen; dreifach gelagerte Kurbelwelle; ein Horizontalvergaser; Gebläsekühlung

Hubraum:
494 bzw. 594,5 ccm (Bohrung x Hub: 66 / 72 x 73 mm)

Leistung:
18 PS bei 3750 U/min bis 26 PS bei 4200 U/min

Gewicht:
54 kg

Bauzeit:
1957 bis 1989

Aus Mangel gut

Weil die Simmerringe im Betrieb mit 1:50-Gemisch nicht allzu lange standhielten, kamen an den Gehäusedurchführungen der Kurbelwelle aufwendige Kolbenringabdichtungen zum Einsatz.

Zuerst rotierte die Kurbelwelle mittig in Rollenlagern, später in Kugellagern.

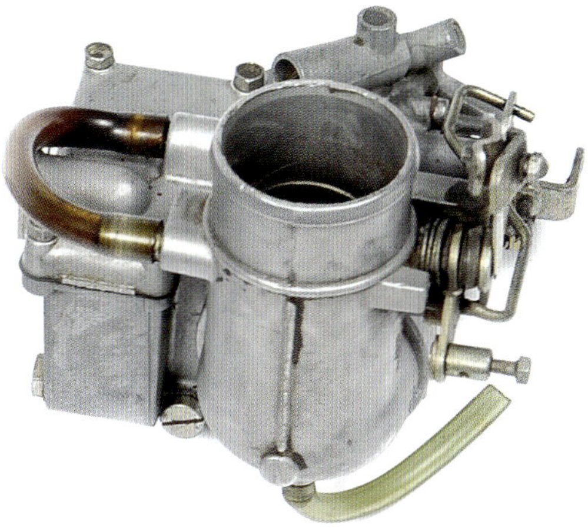

Stetig modifiziert...

...wurde der BVF-Horizontalvergaser, um die Abgaswerte zu verbessern, was zu kritischer Abmagerung führen kann.

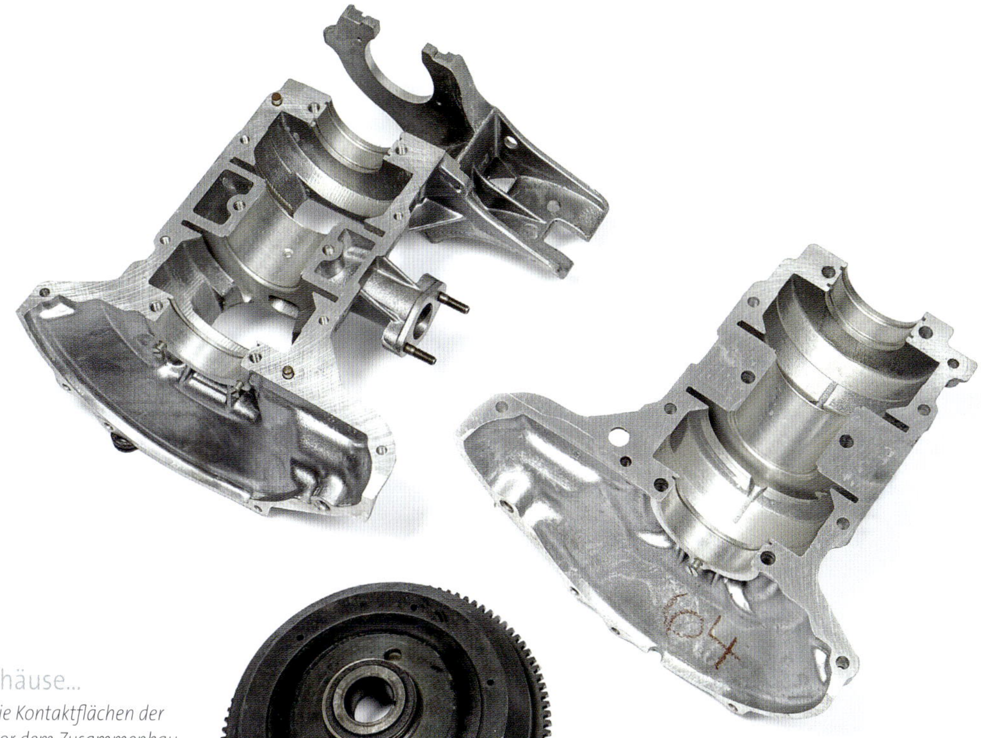

Das Alu-Kurbelgehäuse...

...ist horizontal geteilt. Die Kontaktflächen der beiden Hälften werden vor dem Zusammenbau mit farblosem Nitrolack als kraftstoff-resistentes Dichtmittel bestrichen. Das Schwungrad (r.) ist mit einer Kolbenringabdichtung ausgestattet.

wurden für die Kolbenbolzen zunächst Rotbronze-Gleitlager verwendet. Bereits 1974 ersetzten die Zwickauer Konstrukteure sie durch Nadellager. Dadurch konnte der Ölanteil im Kraftstoff von 33:1 auf 50:1 reduziert werden. Dies war notwendig, um die zusehends reduzierten internationalen Abgasgrenzwerte einzuhalten und somit den Trabant weiterhin exportieren zu können.

Die Magerschmierung bekam allerdings den Simmerringen auf den Kurbelwellenenden nicht gut. „Sie drehten sich im Gehäuse mit, was ein pfeifendes Geräusch erzeugte und zu zahlreichen Reklamationen führte“, erinnert sich Kfz-Meister Pemsel. Abhilfe schufen Kolbenringabdichtungen die auch nachgerüstet werden konnten. Generell gilt die ältere Motorengeneration als langlebiger. „Frühe Wellen halten bis zu 100.000 Kilometer, späte sind bei 60.000 überholungsreif“, sagt unser Experte. Die gute Nachricht: Ersatzteile sind zwar nicht mehr so spottbillig wie einst, aber immer noch vergleichsweise erschwinglich. „Austauschkurbelwellen sind ab 250 Euro zu haben, regenerierte Motoren kosten um die 1400 Euro.“ Und wenn es etwas mehr sein darf: Die Tuningmöglichkeiten reichen von alltagstauglichen zehn Extra-Pferdestärken bis zum 80-PS-Rennmotor

Not macht erfinderisch

Mit Blick auf den aktuellen Trend, immer mehr Karosserieteile aus Kunststoff zu fertigen, war der Trabant mit seinem Duroplast-Gehäuse (auf einem Plattformrahmen mit Stahlgerippe) seiner Zeit weit voraus. Die Verwendung von Pressformteilen aus Kunstharz und Textilfasern geschah allerdings aus purer Not: Tiefziehblech hätte man teuer importieren müssen. Die Entwicklung beginnt im Audi-Werk Zwickau 1954 unter dem Kürzel P50 (Personenwagen 500 ccm). Eine Vorserie erscheint 1957, die reguläre Trabant-Serienfertigung startet 1958: Der 600-Kilo-Fronttriebler bietet Platz für vier Erwachsene und Gepäck, sein komplett neu konstruierter 500er Drehschieber-Zweitakter mit 18 PS und Vierganggetriebe reicht für Tempo 90. Ein Freilauf kuppelt im Schiebebetrieb aus und unterbindet so die Gefahr von Kolbenklemmern durch Magerbetrieb. Besseres Material, geänderte Drehschieberzeiten und Ansaugkanäle erlauben bald höhere Leistung. Ab 1960 sind es zwei PS mehr. Nach 131.450 P50 debütiert 1962 der Trabant P60 mit 600 Kubik und 23 PS (107.000 Exemplare). Zwei Jahre darauf erscheint der P601 mit neuer Karosserie (ab 1969: 26 PS), der es auf 2,8 Millionen bringt. 1990 bis 1991 entstehen rund 40.000 Trabant 1.1 mit 40-PS-VW-Viertakter.

Funkenspender ohne Verteiler

Vor der Riemenscheibe sitzt die Zündung in einem Blechgehäuse: Bei der frühen, kontaktgesteuerten Variante betätigt eine Nockenwelle zwei Unterbrecher (unten). Zuverlässiger arbeitet die Elektronik-Ausführung.

Heavy Metal

Ein langhubiger ohv-Vierzylinder trieb fast anderthalb Jahrzehnte lang die Triumph-TR-Sportwagen an – und das erstaunlich energisch. Wir werfen einen Blick ins Innere des Motors von **TR2, TR3 und TR4**.

Ein kerniger Dauerläufer

Die langhubige Auslegung und die gewichtigen Innereien des Triumph-Vierzylinders lassen keine Drehzahlwunder erwarten. Dafür bietet das Zweiliter-Triebwerk reichlich Drehmoment – und auch 25 PS mehr als ein zeitgenössischer 1600er Porsche 356!

Üppig und stabil: der Kurbeltrieb

Die Kurbelwelle wirkt fast filigran – aber nur auf unserem Foto, denn die groß dimensionierten Pleuel und die massiven Lagerdeckel verfälschen das Bild gründlich. Auffällig: die Lagerschalen der drei Hauptlager fallen sehr breit aus.

Wohl nicht ganz dicht: Die Kurbelwelle wird heute hinten meist auf einen Dichtring anstelle der Ölschnecke umgebaut.

Der erste Eindruck: Schwermetall. Der nackte Grauguss-Motorblock allein wiegt geschätzte 50 Kilo, der Kopf gefühlt noch mal fast dasselbe, und bestückt mit allen Innereien ist der Vierzylinder auch von zwei kräftigen Schraubern kaum zu stemmen. Ob man ein Pleuel in die Hand nimmt, einen der Hauptlagerdeckel oder auch nur eine Stößelstange – alles wiegt schwer, alles ist massiv. Womit die Vorlage für alle Spötter auch schon geliefert wäre: Was soll man anderes von einem Triebwerk mit Traktor-Genen erwarten? Traktor-Gene? Im Prinzip ja, aber... Hintergrund: Der Mitte der Vierziger ursprünglich für die neue Standard-Vanguard-Limousine konstruierte Vierzylinder trieb, entsprechend modifiziert, hunderttausendfach Ferguson-TE-Traktoren an. Aber mal ehrlich: Wen interessiert groß, dass der Porsche-356-Motor in direkter Linie vom 25-PS-Käfer abstammt und abgewandelt auch als Stationärmotor gebaut wurde?

Peter Dwinger von TR-Nord in Hemdingen nahe Hamburg, bei dem die auf diesen Seiten gezeigten Fotos entstanden, gefällt der Porsche-Vergleich – und er setzt noch einen drauf: „Serienmäßig leistete das Triumph-Aggregat ab 1953 echte 90 PS, später dann bis zu 105 PS. Ein 1953er Porsche 356 hatte zwischen 40 und maximal 70 PS – und wer einen 356er mit dreistelliger PS-Leistung ab Werk will, muss schon einen späteren Carrera mit Fuhrmann-Königswellen-Motor kaufen. So gesehen ziemlich beachtlich, was der biedere TR-Stoßstangenmotor vor allem dank seines Hubraums bietet!" Aber genug der Vorrede kommen wir zum...

...Kurbeltrieb:

Die gegossene Kurbelwelle ist dreifach wälzgelagert. Augenfällig sind hier die Dimensionen der Lagerschalen, die bei der Konstruktion des Motors eine recht neue Erscheinung in England waren. Die Schalen des TR-Motors sind vergleichsweise dünnwandig ausgeführt, haben aber eine überdurchschnittlich große Lagerfläche. Das Axialspiel der Welle wird am Mittellager beiderseits über Anlaufscheiben eingestellt und sollte zwischen 0,10 und 0,15 Millimeter betragen. Auf der Kupplungsseite ist die Kurbelwelle

Zylinder ausschleifen? Danke, nicht nötig!

Die nassen Laufbuchsen (englisch: wet liner) lassen sich einfach austauschen, erleichtern im Ernstfall eine Motorüberholung und bescheren dem Block selbst so ewiges Leben – theoretisch. Und außerdem gibt es da auch noch Teile mit 86er und 87er Bohrung, die dem ohv-Reihenvierer zu fast 2,2 Liter Hubraum verhelfen!

Alles auf Lager

Die Nockenwelle ist vierfach gleitgelagert – in drei Gleitlagerbuchsen und einem eingeschraubten Lagerschild. Mit Ausnahme der Stößelbecher bewegt sich kein einziges Teil direkt im Material des Motorblocks.

Echter Dickkopf

Der Zylinderkopf ist ein massives Stück Gusseisen, dennoch mehrt sich nach rund 60 Jahren die Zahl der Exemplare mit Rissen. Viele Köpfe wurden zudem auch schon zu häufig geplant.

Kein Leichtbau

Auch beim klassischen ohv-Ventiltrieb kam es auf ein paar Gramm mehr oder weniger nicht an. Die Stößelstangen sind buchstäblich massiv, die Stößelbecher fünf Zentimeter hoch.

ab Werk nur mit einem Rückfördergewinde abgedichtet – ein netter Versuch, mehr nicht, heute ist fast jeder serienmäßige Motor an dieser Stelle mehr oder weniger undicht, weshalb inzwischen bei einer Motorüberholung fast immer auf einen geschlitzten Wellendichtring in einem nachgerüsteten zweiteiligen Träger umgebaut wird. Zu diesem Zweck muss allerdings das Rückfördergewinde abgedreht werden, um eine Lauffläche für den Dichtring zu schaffen. Apropos Dimensionen: Dass die Kurbelwelle auf dem auf der voherigen Seite gezeigten Foto beinahe filigran anmutet, liegt einzig daran, dass alle Teile in ihrer näheren Umgebung erstaunlich üppig gestaltet sind. Sowohl Haupt- als auch Pleuellagerschalen sind in sechs Untermaßen lieferbar, und tatsächlich stößt man heute häufig auf Kurbelwellen, die schon mehrfach geschliffen wurden – ein klares Indiz außerordentlich hoher Gesamtlaufleistungen, denn das Kellergeschoss des Vierzylinders ist üblicherweise für Laufleistungen klar jenseits der 100.000 Kilometer gut.

Der Motorblock...

...ist unbegrenzt haltbar – zumindest theoretisch – denn die Kolben laufen in nassen Laufbuchsen, die in den Block eingesteckt sind und sich einfach tauschen lassen. Diese prinzipiell ausgesprochen reparaturfreundliche Lösung birgt heute leichte Tücken, denn die Laufbuchsen sind unten jeweils als Paar mit den sogenannten „Brillen" gegen das Gehäuse abgedichtet. Dieser Dichtsitz muss natürlich plan und sauber sein. Zu sehr nachgearbeitet werden darf er aber nicht, da die Buchsen gegenüber der Oberkante des Blocks einen Überstand von wiederum 0,08 bis 0,13 Millimeter haben müssen, ehe sie durch das Anziehen des Kopfs verspannt

Einfach aufgebaut und ausgesprochen effizient: die SU-H6-Doppelvergaseranlage passt bestens zum TR-Motor.

Beliebter Umbau: Die Lucas-Gleichstrom-Lima wird oft durch Wechselstrom-Teile ersetzt, beispielsweise aus dem TR6.

Der Highport-Kopf (o.) fällt durch den größeren Versatz zwischen Ein- und Aulasskanälen auf.

Ein Federblättchen spannt die Steuerkette und stützt sich dazu einfach am Gehäusedeckel ab.

und oben von der Kopfdichtung abgedichtet werden. Weil die Qualität der „Brillen“ und Kopfdichtungen sich in der jüngeren Vergangenheit verändert hat – und das nicht zum Besseren – kommt es mittlerweile nach Motorüberholungen mitunter zu Undichtigkeiten. Dafür bietet die Bauweise des Motors reizvolle Optionen: Laufbuchsen mit 86er oder 87er Bohrung bringen das ursprünglich 1991 Kubik große Triebwerk problemlos auf 2138 bzw. 2188 Kubik!

Bleibt ein Nachtrag zum Thema Unzerstörbarkeit des Blocks: Auch die Nockenwelle läuft nicht direkt im Grauguss, sondern in vier austauschbaren Gleitlagern (Ausnahme: sehr frühe TR2-Motoren). Die hinteren drei Lager werden durch die abgesetzten Spitzen von seitlich in den Block eingedrehten

TECHNISCHE DATEN

Triumph TR2/3/4

Motorbauart:
Vierzylinder-Viertaktreihenmotor, wassergekühlt, dreifach gelagert, ohv-Ventilsteuerung, Grauguss-Block und -Kopf, nasse Laufbuchsen, Verdichtung 8,5:1 (TR2) bzw 9:1 (TR3/TR4), zwei SU-H6-Vergaser (44,45 mm Durchmesser)

Hubraum:
1991 ccm (TR2/TR3), 2138 ccm (TR3B/TR4)
(Bohrung x Hub: 83 x 92 bzw. 86 x 92mm)

Leistung:
90 bzw. 95 PS bei 4800 U/min (TR2/TR3 „low port“)
100 PS bei 5000 U/min (TR3 „high port“/TR3A/TR 3B/TR4)
105 PS bei 4700 U/min (TR4A)

Bauzeit:
1953 bis 1955 (TR2)
1955 bis 1962 (TR3-TR3B)
1961 bis 1967 (TR4/TR4A)

Schrauben fixiert, das vordere ist als Lagerschild ausgeführt. Womit wir aber auch schon beim dritten Kapitel wären, bei...

...Ventiltrieb und Zylinderkopf:

Auf der Stirnseite trägt die Kurbelwelle das mit einem Halbmondkeil gesicherte Antriebsrad der recht kurzen Duplex-Steuerkette, die denkbar einfach gespannt wird – mit einem dünnen Federblatt, das sich gegen die Seitenwand des aus Blech gepressten Steuerkettendeckels abstützt. Die

Traktor-Triebwerk und Roadster-Motor

Es stimmt: Die Antriebe des Ferguson-TE-Traktors, der Standard-Vanguard-Limousinen und der Triumph-Vierzylinder-TR basieren auf einer gemeinsamen Grundkonstruktion. Hintergrund: Standard hatte während des Kriegs ein riesiges Fabrikgelände übernommen und Flugmotoren in großer Stückzahl hergestellt. Nach dem Krieg war man heilfroh, die Gebäude durch die Lohnfertigung von Ferguson-Traktoren auslasten zu können und konstruierte auch gleich den neuen 23-PS-Motor für die Traktoren-Generation ab 1947 – und zwar so, dass der Vierzylinder entsprechend abgewandelt auch für die ebenfalls 1947 neu präsentierten Standard Saloons einsetzbar war. Von dort bis zum 100-PS-Sportwagenaggregat war es dann nur ein kleiner Schritt in Form klassischen Viertakt-Tunings.

Nockenwelle öffnet die Ventile über sehr lange Stößelbecher, massive Stößelstangen und Kipphebel gegen den Druck von doppelten Ventilfedern, auf der Auslassseite teils auch von dreifachen (!) Ventilfedern. Eine Schrägverzahnung auf der Nockenwelle betätigt zudem Zündverteiler und Ölpumpe. Bis zur Motornummer TS 13051 war der sogenannte Lowport-Kopf verbaut, danach kam die Highport-Variante mit optimierter Kanalführung, die zehn Mehr-PS brachte. Für beide Zylinderköpfe gilt gleichermaßen, dass sie noch am ehesten Verschleiß zeigen, konstruktionsbedingt insbesondere an den Ventilführungen. Vor allem aber leiden die Köpfe heute an ihrem Alter: Bei zurückliegenden Überholungen wurden viele von ihnen bis über jedes vertretbare Maß hinaus geplant, auch Risse nahe den Ventilsitzen oder den Zündkerzenlöchern sind heute häufig zu finden.

Unterm Strich...

...bleibt das Bild eines konservativ aber erzsolide konstruierten ohv-Vierzylinders, der, einmal neu aufgebaut, langfristig kaum Sorgen bereitet und aufgrund seines simplen Aufbaus auch von Hobbyschraubern gewartet werden kann. Was nicht heißen soll, dass wir es mit einem Langweiler zu tun hätten, im Gegenteil: Im Vergleich zur zeitgenössischen Konkurrenz verhilft der üppige Hubraum dem Aggregat zu reichlich Drehmoment. Und 100 PS Spitzenleistung sorgen in einem 1000-Kilo-Roadster auch heute noch für richtig viel Landstraßenspaß!

Der eiserne Gustaf

Die „Redblocks“ aus Schweden haben den Ruf der Unzerstörbarkeit. Das ist zwar übertrieben, doch der Vierzylinder vom Typ **Volvo B20** läuft auch mit kleinen Altersgebrechen noch unbeirrbar weiter.

Aus dem Vollen geschnitzt...

...ist der OHV-Reihenvierzylinder aus Göteborg. Hier dominiert Gusseisen!

Es gibt Motoren, die meint man zu kennen, obwohl man sich noch nie wirklich näher mit ihnen befasst hat. Aber Triebwerke wie Opel cih, BMW M10, VW Boxer oder Ford V4 sind in Oldtimerkreisen einfach derart populär, dass man fast alles über sie erfahren hat – zumindest gefühlt.

Schwedens Beitrag unter den ultrapopulären Aggregaten heißt Volvo B20 – ein 1968 erschienener gusseiserner ohv-Reihenvierzylinder mit 1990 Kubik und 82 bis 124 PS. Bleischwer, unzerstörbar, rot von Kopf bis Fuß und unter kundigen Händen zu beachtlichen Leistungen im Motorsport fähig – so lauten die gängigen Klischees. Wir besuchten Volvo-Profi Jochen Ruopp in Drakenburg, um einen der schwedischen Eisenmotoren unter die Lupe zu nehmen. „Die Redblock-Klischees sind nicht ganz aus der Luft gegriffen“, sagt der Volvo-Kenner. „Aber natürlich kriegt man auch einen B20 klein. Mangels Sachverstand wurden schon viele Aggregate kaputtrepariert oder verschlimmbessert. Auch ein Misch-

Stirnräder...

...aus Novotex sind wieder lieferbar, es gibt auch Repros aus Stahl oder Aluminium. Die Anlaufscheibe der Nockenwelle (r.) kann mit der Zeit Einlaufspuren bekommen.

Wasser marsch

Die angeflanschte Alu-Wasserpumpe leckt gelegentlich an den Dichtringen. Ersatz für Dichtungen wie auch ganze Pumpen sind problemlos lieferbar.

Der ursprüngliche Filzring an der Kurbelwelle kann mittels Adapter problemlos durch einen Simmerring ersetzt werden.

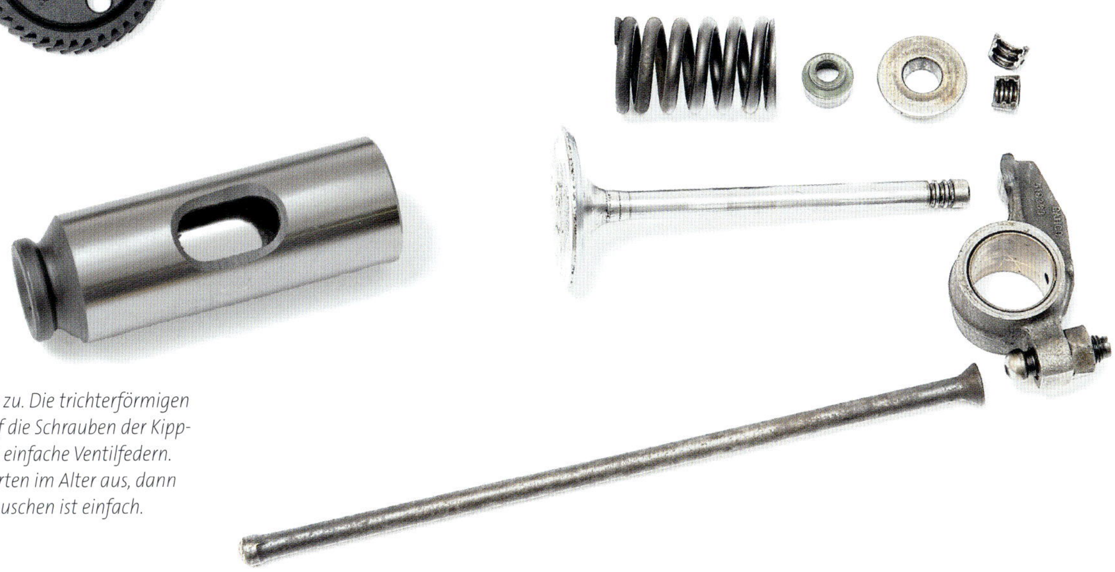

Verschleißarm...

...geht es beim Ventiltrieb zu. Die trichterförmigen Stößelstangen wirken auf die Schrauben der Kipphebel. Dem B20 genügen einfache Ventilfedern. Die Schaftdichtungen härten im Alter aus, dann bläut der Motor. Sie zu tauschen ist einfach.

Solide Konstruktion

Die fünffach gelagerte Kurbelwelle lebt ewig. Ebenfalls sehr robust sind die Kolben. Nur die oberen Kolbenringe brechen gelegentlich.

masch aus Teilen des Vorgängers B18 und dem B20 ist häufig anzutreffen.“ Selbst Schwedenstahl verzeiht nicht allen Dilettantismus...

Der Kurbeltrieb

Kenner haben es wohl schon gesehen: Unser Beispielmotor ist von 1974. Im letzten Jahr der Verwendung in Volvo-Pkw stellten die Göteborger das Aggregat von zöllischen auf metrische Schrauben um. Man erkennt es an den acht Schwungrad-Schraublöchern in der Kurbelwelle – vorher waren es sechs. Die Welle selbst ist fünffach gelagert und jederzeit mit wohlgereinigtem Öl versorgt. Am Block sitzt eine Filterpatrone, die Ölpumpe hat ein zusätzliches Sieb. Jochen Ruopp: „Probleme am Kurbelgehäuse sind selten, hier hat man in erster Linie mit Öl- oder Wasserverlust zu tun. Ab Werk sitzt hinter der Schwungscheibe der älteren B20-Varianten ein mäßig hilfreicher Filz-Dichtring. Den kann man aber leicht durch einen Simmerring späterer Baujahre ersetzen: Die Aufnahme des Rings ist ein angeschraubtes Aluteil. Auch Steuergehäusedeckel und Wasserpumpe können lecken.“ Die Nockenwelle wird über ein Stirnrad angetrieben. Wie üblich war jenes Rad aus Novotex. Und wie üblich ist es in dieser Ausführung nicht mehr ohne Weiteres zu bekommen: „Heute gibt es Nachfertigungen in Stahl und Alu. Die Stahlräder des Sechszylinders B30 passen zwar auch, sind aber im Betrieb sehr laut.“ Beim Stirnradtausch nie vergessen werden darf die Ölspritzdüse, die im Motorblock eingeschraubt ist. Fehlt sie, werden die Räder nicht geschmiert und der Öldruck geht in die Knie! „Auch beim Reinigen gilt es aufzupassen. Die kleine Ölbohrung darf nicht aufgeweitet werden, selbst das sorgt für sinkenden Öldruck.“ Haltbarer als das Stirn-

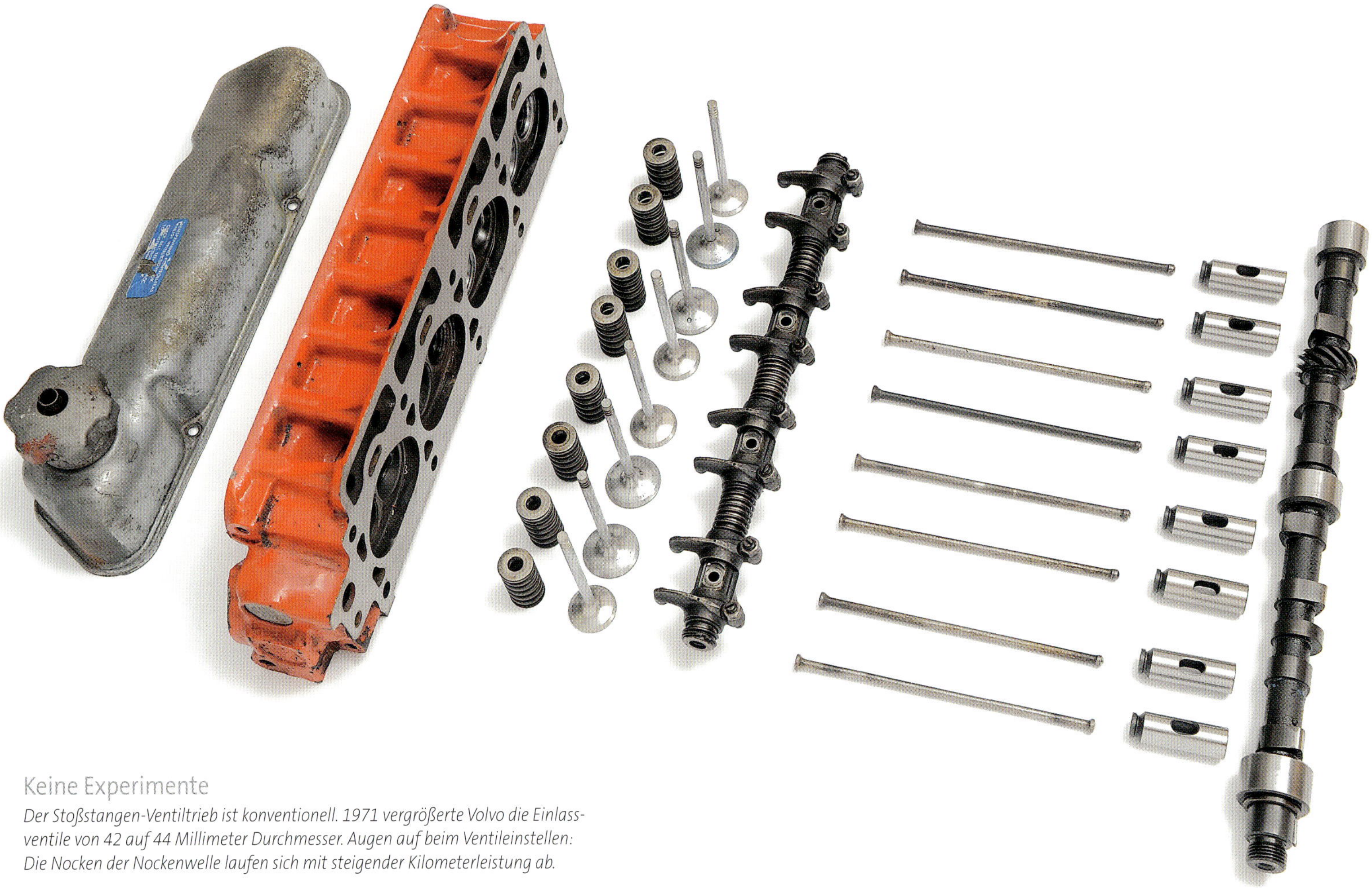

Keine Experimente

Der Stoßstangen-Ventiltrieb ist konventionell. 1971 vergrößerte Volvo die Einlassventile von 42 auf 44 Millimeter Durchmesser. Augen auf beim Ventileinstellen: Die Nocken der Nockenwelle laufen sich mit steigender Kilometerleistung ab.

rad sind die Kolben. Nur der verchromte oberste Kolbenring neigt zum Brechen. „Man kann hier auch Neuteile ruinieren", mahnt der Kenner. „Wer neue Ringe verbaut, sollte prüfen, ob die Zylinder oben nicht schon einen Absatz haben. Dann müssen sie gehont werden, sonst zerbrechen die Kolbenringe ganz schnell an eben diesem Absatz."

Zylinderkopf und Ventiltrieb

„Solider geht's eigentlich nicht", sagt Jochen Ruopp. „Die Kipphebelwelle ist fast so ein Prügel wie die Nockenwelle, und Verschleiß am Ventiltrieb kann man durch regelmäßige Ölwechsel und Kontrolle des Ventilspiels lange herauszögern. Aber die Zylinderköpfe sind nicht ohne Weiteres bleifreitauglich: Die Ventilteller sitzen direkt im Grauguss. Hier müssen Sitzringe nachgerüstet werden." Übrigens: Eingestellt wird das Ventilspiel alle 10.000 Kilometer bei bestriebswarmem Motor. Die dreifach gelagerte Nockenwelle unterscheidet sich je nach Motorvariante. An der Stirnseite ist ein Buchstabe zur Identifizierung eingeschlagen. „Bei Montage eines neuen Stirnrads darf man nicht auf die Nockenwelle schlagen. Sie kann sonst den

Ordentlich befüllt

Die Blech-Ölwanne fasst 3,75 Liter Schmierstoff. Die üppige Ölpumpe liegt im Reservoir der Wanne und hat auf ihrer Ansaugseite ein Sieb. Das Öl wird also stets gut gefiltert!

Nicht vergessen: Diese Spritzdüse schmiert die Stirnräder. Fehlt sie, droht hier Karies!

Klare Ansage: Linksseitig an der Fuge zum Kopf steht drauf, was drin ist.

Die Gemischfabrik...

...des B20 gab es in etlichen Varianten. Ursprünglich wurden ein Stromberg- (B20 A, Bild) oder zwei SU-Vergaser (B20 B) verbaut. 1970 kam die Bosch D-Jetronik (B20 E/F) dazu, 1974 wurde sie durch die K-Jetronic abgelöst.

Verschlussdeckel ihrer Bohrung auf der Schwungradseite herausdrücken. Um ihn wieder reinzuklopfen, muss der Motor ausgebaut werden."

Allgemeines

„Die Motoren sind echte Dauerläufer und das Schrauben an ihnen ist eigentlich nicht kompliziert. Doch genau deshalb gehen viele Fans unbedacht ans Werk und versuchen, einen Standardmotor mit Zweivergaseranlage oder Sportnocke zu frisieren. Das funktioniert aber nur dann richtig, wenn die Tuningteile zueinander passen. Im Internet gibt es eine Menge zum Thema B18/B20, der Volvo-Club Deutschland hat einen Typreferenten und es sind auch noch einige Tuner aktiv. Es gibt also genug Möglichkeiten, sich zum Thema B20-Motor zu informieren."

Der geeignete Antrieb für Amazonen...

...und die Nachfolgegeneration 140 war der B20-Motor allemal. Er erschien im August 1968 als aufgebohrte Version des 1961 vorgestellten 1,8-Liter-Aggregats B18. Die wesentlichen Konstruktionsmerkmale von B18 und B20 sind gleich, lediglich die Zylinderbohrung wurde vergrößert.

TECHNISCHE DATEN

Volvo B20

Motorbauart:
Wassergekühlter Reihenvierzylinder-Viertaktmotor; stirnradgetriebene untenliegende Nockenwelle. Fünffach gelagerte Kurbelwelle; Block und Zylinderkopf aus Grauguss

Hubraum:
1990 ccm (Bohrung x Hub: 88,9 x 80 mm)

Leistung:
B20 A: 82 PS bei 4700 U/min; B20 B: 100 PS bei 5500 U/min; B20 D: 90 PS bei 5300 U/min; B20 E: 124 PS bei 6000 U/min; B20 F: 115 PS bei 6000 U/min

Bauzeit:
1968 bis 1976*

*= Der letzte Pkw war 1976 der Volvo 240 in US-Version. Als Bootsmotor (Penta) und im Lkw C 202 war der B20 bis in die Achtziger lieferbar.

Am Riemen gerissen

1974 wurden bei Volvo die Stoßstangen-Triebwerke in Rente geschickt. Mit dem neuen Modell 240 präsentierte man eine Motorengeneration mit obenliegender Nockenwelle und Zahnriemen: Der bis weit in die neunziger Jahre produzierte **Volvo B230F**-Vierzylinder war ihr Schlusspunkt.

Die Stößelbecher und die Nocken laufen im Ölbad, sodass Verschleiß erst bei hohen Laufleistungen oder mangelnder Wartung einsetzt

Den Ruf des Luxus-Traktors trug der 1974 erschienene Volvo 240 auch Dank seines Motors: Ein stoischer Raubauz, der in der Vergaserversion eher durstig ist. Ende der Siebziger hatten die Schweden das ohc-Triebwerk dann noch derart gedrosselt, dass die Autos aus Göteborg das Temperament einer schwedischen Blockhütte entwickelten. Dabei steckt in dem Vierzylinder durchaus Temperament: 1980 kam in Gestalt des 155 PS starken 240 Turbo die Erlösung, und 1985 wurde Per Stureson auf Volvo 240 Deutscher Tourenwagenmeister. Grund genug, dem klotzigen Triebwerk einmal genauer unter den Ventildeckel zu sehen. Als Anschauungsobjekt dient uns ein 1989er B230F-Motor, der schon mit Bosch LH-Jetronic und geregeltem Katalysator (hierfür steht das F) ausgestattet ist. Laufleistung beim Zerlegen: 400.000 Kilometer. Verschleiß: minimal. Schäden: keine. Je nach Wartung und Fahrweise sind bei den 2,3-Liter-Motoren 600.000 Kilometer drin. Die älteren 2,1-Liter-Aggregate sind nicht ganz so langlebig, doch auch sie erreichen oft 300.000 Kilometer und mehr.

Kurbeltrieb und Kolben

Der gusseiserne Block ist nach Tradition des Hauses rot lackiert. Die fünffach gelagerte Kurbelwelle sitzt in massiven Lagerböcken, die (Mulden-) Kolben laufen direkt in der Bohrung. Detailverliebtheit kann man den Volvo-Ingenieuren nicht unterstellen: Es gibt keine filigranen Nebenaggregate, Umlenkungen oder Ölbohrungen. Alle Kanäle sind so üppig, dass sie sich kaum je zusetzen, zudem wird das Öl im Schraubfilter gründlich gereinigt. Das Kolbenlaufspiel ist mit 0,05 bis 0,07 mm recht groß – bei höheren

Heavy Metal

Der massiv gusseiserne Block ist wie üblich bei Volvo rot lackiert. Er beherbergt die fünffach gelagerte Kurbelwelle sowie die Nebenwelle – im Bild ist sie montiert, auf ihr steckt das zugehörige Antriebsrad für den Zahnriemen.

Sportlich angehaucht...

...ist zumindest der Ventiltrieb im Aluminium-Kopf: Die hängenden Ventile werden über Tassenstößel betätigt. Das Nachstellintervall beträgt satte 100.000 Kilometer!

Laufleistungen macht sich dies akustisch zumindest in der Warmlaufphase bemerkbar.

Seitlich über der Kurbelwelle läuft die Nebenwelle, die mittels Verzahnungen den Verteiler und die Zwischenwelle zur Ölpumpe antreibt. Bei älteren Versionen betätigt die Nebenwelle auch die mechanische Benzinpumpe, ihr Anschluss ist beim B230-Triebwerk mit einer Platte verschlossen. Auf der Kupplungsseite sitzt ab Ende 1989 die Aufnahme für einen Kurbelwellensensor (OT-Geber). Die sehr massive Schwungscheibe ist für ihn mit Bohrungen als Bezugsmarke ausgestattet. Vorsicht: Sie darf, anders als frühere Versionen, nicht versetzt montiert werden. Es gibt aber leider keine Passstifte oder Einbaumarkierungen. Beim Ausbau also Position anzeichnen!

Alle Simmerringe sitzen in Aludeckeln, die Wasserpumpe ist stirnseitig auf den Block geschraubt. Um sie zu demontieren, muss der Zahnriemen nicht abgenommen werden. Auf der Einlassseite befindet sich hinter dem Verteiler eine aufgesetzte Ölfalle aus Kunststoff. Ist sie verstopft, drückt der Motor Öl aus allen Poren! Wer das Ölwechselintervall von 15.000 Kilometern einhält, sichert dem B230 ein langes Leben. 3,5 Liter Schmierstoff sind indes gar nicht mal so viel für ein Aggregat dieser Größe, messbarer Ölverbrauch kommt jedoch gerade bei den späten Varianten kaum vor. Kleiner Trick der Konstrukteure: Selbst wenn am Peilstab kein Tropfen mehr ist, können noch bis zu 1,5 Liter Öl in der massiven Blechwanne sein...

Zylinderkopf

Der Aluminiumkopf ist so üppig dimensioniert wie der Rest des Triebwerks: Die Nockenwelle rotiert mittig über den parallel hän-

Nicht verdrehen...

...beim Einbau sollte man die Schwungscheibe der späten Varianten: Die unterbrochene Lochung wird vom OT-Geber abgetastet. Ist sie versetzt, ist die Zündeinstellung nicht mehr möglich.

Gut gedämmt...

...ist die vordere Riemenscheibe: Hier ist ein Gummiring einvulkanisiert. Drei Riemen laufen auf der Scheibe: zwei für die Lima, einer für die Servopumpe.

TECHNISCHE DATEN

Volvo B230F*

Motorbauart:
Wassergekühlter ohc-Vierzylinder-Reihenmotor mit zahnriemengetriebener Nockenwelle. Gusseiserner Motorblock, Alu-Zylinderkopf, fünffach gelagerte Kurbelwelle

Hubraum:
2316 ccm (Bohrung x Hub: 96 x 80 mm)

Leistung:
115 PS bei 5400 U/min

Bauzeit:
1974 (B21) bis 1998 (B230F)

* Leistungsangabe für Modelljahre ab 1989, Hubraum für B23 und B230. B19: 1990 ccm, 90–117 PS; B21: 2127 ccm, 97–155 PS; B23: 112–140 PS; B200: 1986 ccm, 98–111 PS; B230: 110–136 PS

Verschleißarm...

...sind Zahnriemen und Spannrolle. Alle 60.000 Kilometer oder nach fünf Jahren steht der Wechsel an. Leider reißt der Kunststoffkasten um den Riemen mit der Zeit, was allerdings nur ein kosmetisches Übel ist. Die B230-Motoren sind anders als B21 und B200 Freiläufer, selbst ein Zahnriemenriss kann ihnen nichts anhaben.

Endgültig in den Siebzigern angekommen...

...war Volvo mit der Premiere des ohc-Aggregats B19 bis B230. Der unverwüstliche Volvo 240, der 19 Jahre (!) gebaut wurde, war der erste Wagen mit diesem Motor. Später folgten die Typen 740 und 940, und auch in einigen Versionen des 340 waren die „Redblocks" verbaut. Selbst als Bootsmotor (Volvo Penta) konnte man den Dauerläufer, dessen Zylinderköpfe übrigens bei Kolbenschmidt produziert wurden, ordern. Die letzten ohc-Vierzylinder lieferte Volvo Mitte der Neunziger im 940 aus. Keine Probleme bereitet die Ersatzteilversorgung, insbesondere für die B230-Reihe. Bei B19, 21 und 23 ist zwar manches nicht mehr lieferbar, doch gebrauchte Komplettmotoren sind, sofern es sich nicht um die begehrten PS-starken Turbo- oder GLT-Varianten handelt, zu kriegen. Die Qualität mancher Teile wie Zahnriemen-Spannrollen oder Motordichtungen lässt nach – auch bei Volvo selbst, wo immer häufiger auf Zubehörteile zurückgegriffen wird.

genden Ventilen. Die Betätigung via Tassenstößel geschieht im Ölbad. Schäden am Kopf sind selten, am ehesten treten sie bei Motoren auf, die lange mit Autogas betrieben wurden. Hier können die Ventile allmählich durchbrennen. Das Ventilspiel übrigens, einstellbar mit Shims, soll alle 100.000 Kilometer gecheckt werden. Oft wurde es nur ein einziges mal korrigiert: Viele Motoren laufen seit Jahren problemlos, ohne dass das Ventilspiel jenseits der 100.000 nochmals nachgestellt wurde. Dennoch ist ein regelmäßiger Check natürlich empfehlenswert. Bei Ölverlust nahe der Stirnwand dürfte beim Volvo 240 der Verschlussdeckel hinter der Nockenwelle undicht sein. Hier sitzt bei den Typen 740 und 940 der Verteiler. Ölverlust auf der Auslassseite kann von einer angegriffenen Kopfdichtung herrühren; ist das Gehäuse der Wasserpumpe feucht, kann der Dichtring am oberen Wasserkanal aus dem Kopf undicht sein.

Der Zahnriemen war bei diesem Motortyp eine echte Neuerung. Der Rest ist nach Volvo-Tradition konstruiert: Was nicht da ist, kann auch nicht kaputtgehen...

Die Nebenwelle...

...betätigt Verteiler, Ölpumpe und – falls vorhanden – Benzinpumpe. Die Zwischenwelle zur Ölpumpe ist so ziemlich das einzige Kleinteil im Inneren des Kurbelgehäuses.

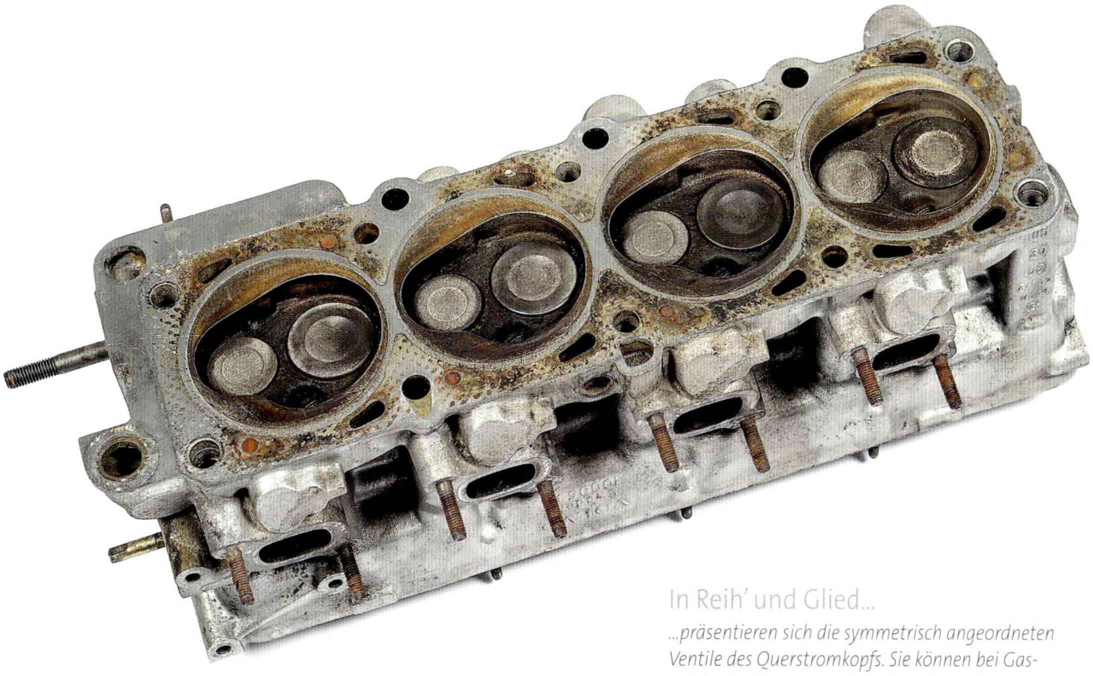

In Reih' und Glied...

...präsentieren sich die symmetrisch angeordneten Ventile des Querstromkopfs. Sie können bei Gasbetrieb leiden, sonst halten sie meist so lange wie der Motor.

Zahnriemen

Mit einem Wechselintervall von 60.000 Kilometern gibt sich der Nockenwellenantrieb anspruchslos. Die Spannrolle wird beim Wechsel mit einem simplen Handgriff in den entpannten Riemen blockiert. Wer nicht weiß wie's geht, wird fluchen... Nicht so schön ist das Kunststoffgehäuse der Steuerung, das sich verzieht und reißen kann. Bei den B21- und B23-Motoren ist das Teil noch aus Metall und entsprechend unempfindlich.

Fazit

Beste Materialqualität bei einer eher unterkomplexen Konstruktion: Das ist der Stoff, aus dem die Kilometermillionäre gemacht sind. Und so ist der größte Feind der gusseisernen ohc-Motorgeneration mangelnde Wartung.

Die Wasserpumpe...

...wird gemeinsam mit der Lima von einem doppelten Riemen angetrieben. Sie leckt gelegentlich durch Montagefehler am Übergang zum Zylinderkopf.

Die Nockenwelle rotiert ohne Lagerschalen im Alu des Zylinderkopfs. Dank üppiger Ölbohrungen nahezu verschleißfrei!

Unklarer Ölverlust nahe der Stirnwand dürfte an diesem Deckel hinter der Nockenwelle liegen.

Identitätsnachweis: Die Motornummer steht in Fahrtrichtung links vorne an der Trennfuge zwischen Block und Zylinderkopf.

So war's am Anfang

Der luftgekühlte **VW Boxer** ist ultrapopulär. Doch die Versionen aus den Fünfzigern unterscheiden sich noch deutlich von den bekannten Käfer- und Busmotoren, die fast jeder kennt. Wir zeigen die Details…

Genau so – nur anders!

Der 1100er-Ur-Boxer ist im Prinzip gleich aufgebaut wie seine jüngeren Brüder. Dennoch wurde schon 1960 mit Erscheinen des 34-PS-Motors alles komplett überarbeitet.

Dass der Käfer-Motor eine Vorkriegskonzeption ist, ist hinlänglich bekannt. Doch nie wieder war das so offensichtlich wie bei den ersten Versionen mit dem angegossenen Lima-Sockel.

Es sieht alles gleich aus und doch ist alles total anders" – ein Satz, der wahrscheinlich jedem VW-Fan schon einmal über die Lippen gekommen ist, wenn er sich über die Unbilden seiner Lieblingsmarke ausgelassen hat. In der Tat war es zumindest in der luftgekühlten Ära so, dass an Grundkonzepten festgehalten wurde, während man unablässig an den Details feilte. Ein Musterbeispiel für die fortlaufende Veränderung im Hause Volkswagen ist der Boxermotor, der 1960 bei weitgehend gleichgebliebener Konstruktion einmal komplett neu gebaut wurde. Nun aber liegt Ferdinand Porsches Urkonstruktion auf unserer Werkbank. Sie wurde zunächst als 1100er mit 24,5 PS geliefert, ab 1954 betrug der Hubraum 1192 Kubik, die Leistung stieg auf 30 PS. Und angesichts der filigranen Motorteile fällt uns ziemlich schnell auf: „Es sieht alles gleich aus und doch ist alles total anders." War doch klar...

Der Ölregelkolben...

...verschließt bei kaltem Motor den Weg zum Ölkühler. Mit steigender Temperatur gibt er einen Kanal im Blockinneren frei.

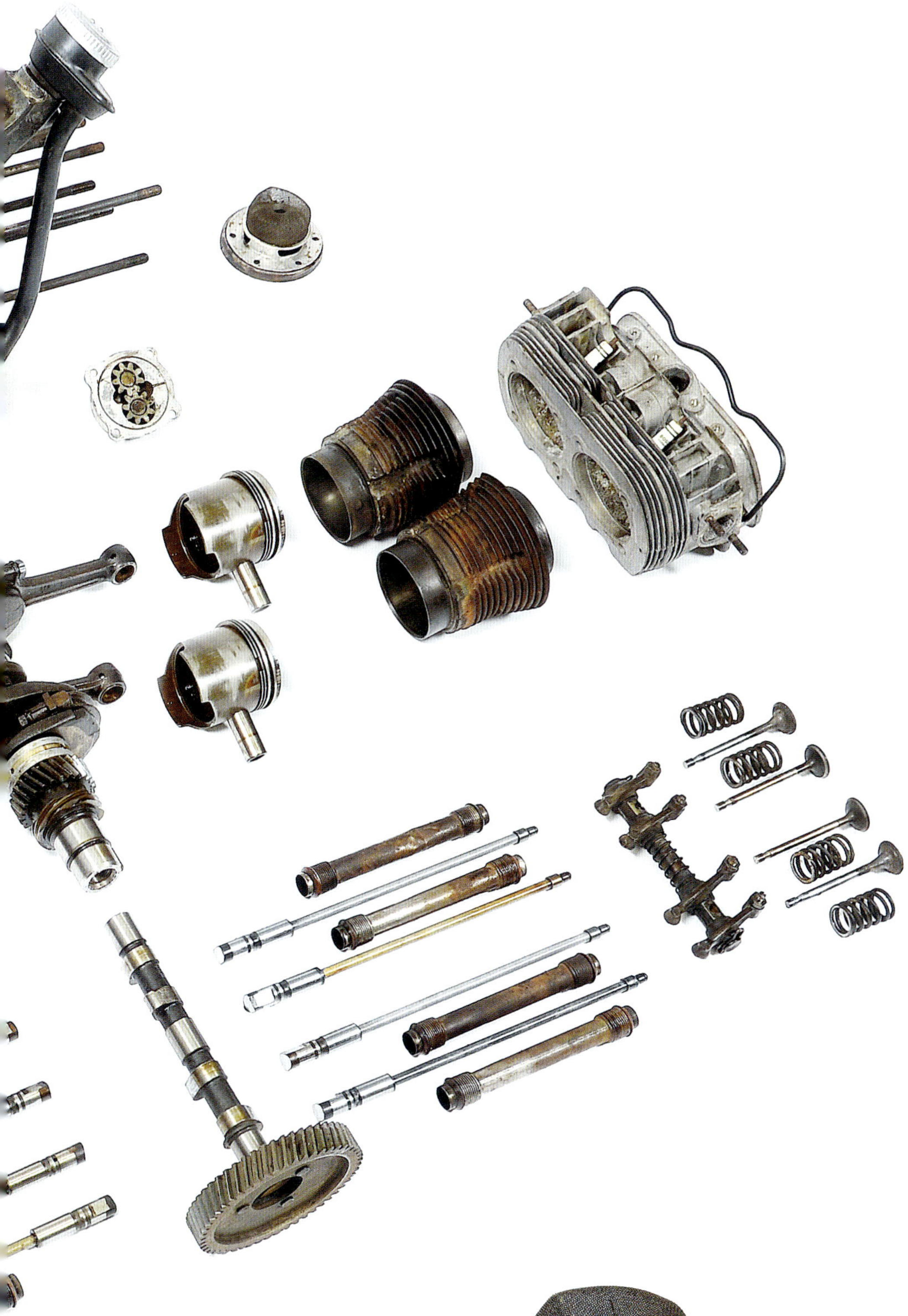

Der Kurbeltrieb

Am Motorblock ist auf den ersten Blick zu erkennen, dass es sich um ein frühes Triebwerk handelt, denn der Sockel der Lichtmaschine ist hier noch fest angegossen. Ein weiteres untrügliches Merkmal: Die Benzinpumpe sitzt seitlich links neben dem Verteiler. Die Motornummer steht auf dem Lima-Sockel, Kennbuchstaben gibt es hier noch nicht – sie wurden erst Mitte der Sechziger eingeführt. Der 30-PS-Motor beginnt grundsätzlich mit Nummer 695282 und reicht bis Nummer 4050000 – so besagt eine VW-Auflistung. Doch sollte man sich hierauf nicht verlassen, da werksseitige Überholungen und Umbauten einst teils mit individuellen Markierungen auf dem Gehäuse vermerkt wurden. Ein einheitliches System kam erst um 1965, dann erhielten auch frühe Austauschmotoren ein eingeschlagenes „A" auf dem Block.

Die vierfach gelagerte Kurbelwelle rotiert im Block über der zahnradgetriebenen, ungelagerten (!) Nockenwelle. In diese greift auch das Antriebsrad der Ölpumpe ein. Die Schwungscheibe ist mit einer Zentralmutter und vier Stiften in der Kurbelwelle fixiert. Auf der linken Hälfte des vertikal geteilten Kurbelgehäuses sitzt der Ölkühler, der von der Gebläseluft durchströmt wird. Anfangs war das „Dach" des Kühlers noch rund, diese Version ist weichgelötet; die verbesserte Ausführung ab etwa 1951 (die bis Ende der Sechziger beibehalten wurde) ist hartgelötet und hat einen flachen oberen Abschluss. Ein senkrecht sitzender Regelkolben im Motorgehäuse gibt bei steigender Temperatur den Kanal zum Ölkühler frei. Vorm Ansaugrohr der Ölpumpe sitzt ein Sieb, das den Schmierstoff filtert. Die meisten dieser Merkmale weist auch noch ein 1985er Mexiko-Käfer auf, doch in der Fünfziger-Jahre-Version sind all diese Konstruktionen noch deutlich filigraner und in der Tat kleiner: Das gilt sowohl für den Durchmesser der Ölkanäle als

Ungefiltert...

...zirkuliert das Öl. Sogar beim Importende 1985 hatte der Käfer-Motor noch keinen Filter, sondern nur das Sieb unterm Deckel.

Kupfer-Vorkommen

Ein Kupferring dichtet die Zylinder zu den Köpfen ab – aber nur als Staub- und Funkenschutz.

TECHNISCHE DATEN

VW Boxer 24,5 PS

Motorbauart:
Luftgekühlter Vierzylinder-OHV-Boxermotor, vierfach gelagert

Hubraum:
1131 ccm (Bohrung x Hub: 75 x 64 mm)

Leistung:
24,5 PS bei 3300 U/min

Gemischaufbereitung:
ein zentraler Fallstrom-Vergaser Solex 26 VFI

Bauzeit:
1946 bis 1953

Änderungen 30 PS

Hubraum:
1192 ccm (Bohrung x Hub: 77 x 64 mm)

Leistung:
30 PS bei 3400 U/min

Gemischaufbereitung:
ein zentraler Fallstrom-Vergaser Solex 28 PCI

Bauzeit:
1954 bis 1965

Vergaserevolution
Käfer mit Choke? Doch, so war das in den Fünfzigern. Der Solex 28 PCI saß auf dem 30-PS-Motor, bei der 24,5-PS-Version war's zunächst ein 26 VFIS.

Die Ersatzteilversorgung für die Ur-Motoren ist noch (!) gut – jahrelang waren sie nicht gefragt, entsprechend viele Altteile blieben bis jetzt übrig...

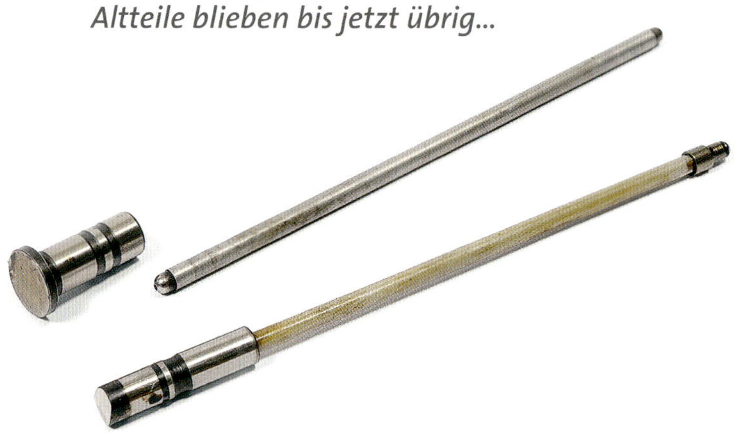

Die Stößel...
...des Urmodells (u.) sitzen fest auf den Stangen, ab dem 34-PS-Motor wurden Sie von ihrer Betätigung getrennt.

Die Motornummern waren fortlaufend. Einen Kennbuchstaben erhielten die Motoren erst nachträglich („A").

auch für jenen des Ölsiebs. Die Kurbelgehäuseentlüftung führt noch ins Freie. Übrigens: Überholte Tauschmotoren erhielten später auch teilweise Nockenwellenlager.

Kolben und Zylinder

Alles bekannt: Jeder Kolben hat einen eigenen Zylinder. Der Durchmesser wuchs mit Erscheinen des 30-PS-Motors von 75 auf 76,95 Millimeter (auch die Bohrung im Gehäuse wurde vergrößert). Für die 24,5-PS-Version sind keine Teile mehr lieferbar. 30-PS-Teile gibt es wieder als Nachfertigung. Viele 1100er-Motoren wurden ohnehin schon in den Sechzigern auf 30 PS „frisiert". Eine Besonderheit ist der Kupferring oben auf dem Zylinder. Dies ist keine Zylinderkopfdichtung, sondern eine zusätzliche Flammabdichtung Aufgrund der Abluft-Heizungskonstruktion des Ur-Käfers. Mit Umrüstung auf die Frischluftheizung Anfang der Sechziger entfiel das Teil folgerichtig.

Zylinderköpfe und Ventiltrieb

Bei den Köpfen ist alles wie bei späteren Versionen – mit dem Unterschied, dass alles kleiner ist. Angefangen von den kleinen Ventilen über die zierlichen Kipphebelwellen bis zu den Ventildeckeln. Die Stößel laufen im Bereich zwischen Block und Köpfen in Schutzrohren, die liegenden Kipphebelwellen sind jeweils mit zwei Muttern im Kopf fixiert. Das richtige Ventilspiel ist zur Wärmeableitung gerade beim VW-Boxer lebenswichtig. Hier beträgt es nach Vorschrift eigentlich noch 0,1 Millimeter. Etwa 1967

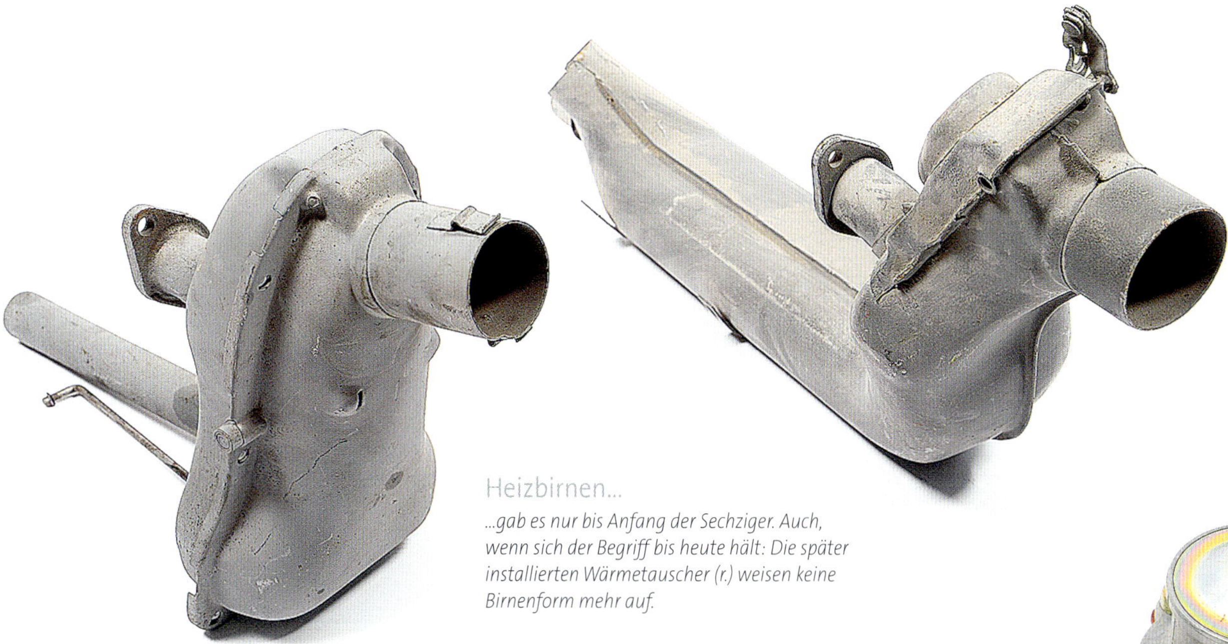

Heizbirnen...

...gab es nur bis Anfang der Sechziger. Auch, wenn sich der Begriff bis heute hält: Die später installierten Wärmetauscher (r.) weisen keine Birnenform mehr auf.

Fördern und Heben

Beim frühen Motor saß die Benzinpumpe seitlich (l.). 1960 versetzte man sie nach oben. Der Antrieb geschieht bei beiden mittels Stößel über die Verteilerwelle.

änderte VW dies auf 0,15 Millimeter, worauf auch die älteren Motoren sicherheitshalber eingestellt werden können.

Der größte Unterschied zu den jüngeren Motoren liegt in der Konstruktion der Stößel. Beim Urtyp sind sie noch fest mit den Stangen verpresst, diese haben zudem an der Kontaktfläche zum Kipphebel noch eine größer dimensionierte Stahlkuppe. Anders als die späteren Versionen können (und sollen) sich die Stößel auch nicht drehen, sondern sind mit im Motorblock verschraubten Blechen in ihrer horizontalen Position fixiert.

Schäden an den Zylinderköpfen treten am ehesten in den Auslasskanälen auf, diese können reißen. Risse zwischen den Ventilen oder zwischen Kerzenbohrung und Ventil sind nicht so häufig wie bei späteren Modellen. Beim Durchmesser von 25 (Einlass, 30 PS) und 24 Millimetern (Auslass, 30 PS) bleibt genug solides Material um die Ventilteller...

Und sonst noch so?

Die Unterscheidung von 24,5- und 30-PS-Motoren ist nicht (mehr) ganz so einfach. Der Solex-PCI-Vergaser – es gab auch einen baugleichen Vergaser von HUF – war etwa auch schon auf den letzten 24,5-PS-Triebwerken verbaut. Auch die weiteren Anbauteile wie Lichtmaschine mit rundem bzw. später eckigem Regler sind untereinander tauschbar. Und die fortlaufende Motornummer auf dem Lima-Sockel, die eigentlich Aufschluss geben sollte, besagt heute eher, welches Gehäuse man vor sich hat...

Der Begriff „Luftheuler" kam nicht von ungefähr

Das merkt man, wenn man dem Klang eines frühen VW-Boxers lauscht. Der Gebläsekasten hat noch eine andere Form, und die thermostatgesteuerte Kühlluftreduzierung im Kaltlauf erfolgt über einen Drosselring vorm Lüfterrad der Lichtmaschine. Beides gibt dem typischen Boxer-Klang einen leicht heulenden Unterton. In VW-Fahrzeugen wurde der Motor mit dem angegossenen Lima-Sockel bis 1965 angeboten, als Industriemotor 122/1 für Pumpen oder Notstromaggregate gab es ihn bis 1960. Ersatzteile liefern die VW-Oldiehändler – einige Teile wie Schwungscheiben und originale Nockenwellen werden knapp, für die Benzinpumpen gibt es nur noch Überholsätze.

Der Multimillionär

Der Aufbruch in eine neue Zeit war beim VW-Konzern Anfang der Siebziger auch mit einem neuen Motor verbunden. Eigentlich ist der Vierzylinder von VW Golf, Passat und Scirocco eine Audi-Entwicklung: der **EA 827**.

Der meistgebaute Motor von VW ist schon längst kein luftgekühlter mehr. Der aus dem Entwicklungsauftrag 827 entstandene, kompakte und fast unverwüstliche Vierzylinder ist der Meister aller Klassen.

Es war Zeit für eine Wachablösung in Wolfsburg. Die in die Jahre gekommenen luftgekühlten Boxer hatten um 1970 keine große Zukunft mehr. Die VW-Konzerntochter Audi wies bereits den Weg: Wassergekühlte Frontmotoren und Frontantrieb waren auf dem Vormarsch. Für den neuen Audi 80 entwickelten die Ingolstädter einen zahnriemengetriebenen ohc-Reihenvierzylinder, der auch für Volkswagen wie gerufen kam. 1972 erschien zunächst der Audi 80, 1973 der VW Passat und 1974 schließlich der Golf. Dessen heutiger Werbeslogan: „das Auto". Zu seinem Triebwerk darf man mit Fug und Recht sagen: „der EA 827 – der Motor".

Fast Vibrationsfrei…

…rotiert die fünffach gelagerte und mit acht Gegengewichten versehene Kurbelwelle. Sie sieht auch nach hohen Laufleistungen meist noch aus wie neu – dieses Exemplar hat 260.000 Kilometer hinter sich.

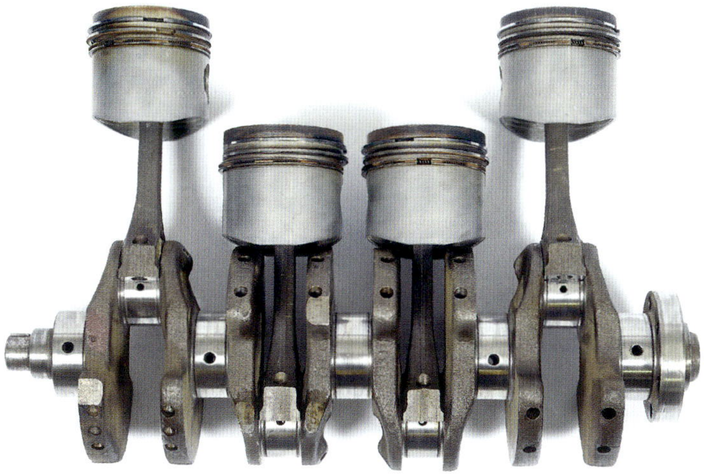

Keine Mätzchen…

…erlaubten sich die Konstrukteure beim gusseisernen Kurbelgehäuse. Lediglich Kurbelwelle und Nebenwelle (hier montiert) durften einziehen. Dadurch konnte das Grauguss-Gehäuse sehr kompakt gehalten werden.

Bis heute ist zumindest der Block des langlebigen Aggregats die Basis für die meisten Wolfsburger Triebwerke. Der EA 827 ist in schier unzählbaren Leistungs- und Hubraumvarianten geliefert worden.

In unserem Fotostudio haben wir ein Exemplar aus den Anfangsjahren ausgebreitet: einen 1500er mit 85 PS, der in einem Audi 80 GL montiert war, 1974/75 mit minimalen Änderungen auch in VW Golf, Passat und Scirocco angeboten wurde.

Zwischen den Brüdern Audi 80 und Passat 1 sind die Unterschiede kaum auszumachen; bei Golf und Scirocco ist der Motor hingegen quer statt längs eingebaut, was unter anderem eine andere Ölwanne und eine andere Schwungscheibe bedingt: Bei den „Quer-Treibern" ist der Kupplungsautomat auf der Kurbelwelle verschraubt, die Schwungscheibe hingegen am Automaten. Eine ungewöhnliche Konstruktion, die sich millionenfach bewährt hat.

Der Kurbeltrieb

Der EA 827 ist auffällig kompakt. Kein Wunder, denn der Grauguss-Motorblock muss nur Kurbelwelle, Nebenwelle, Ölpumpe, Kolben und Pleuel aufnehmen. Alles andere ist ohne komplexe Aufnahmen angeflanscht. Die Kurbelwelle ist fünffach gelagert, die Nebenwelle sitzt in zwei Lagerstellen. Diese wird wie die obenliegende Nockenwelle durch den Zahnriemen angetrieben. Regelmäßige Ölwechsel vorausgesetzt, hält der Kurbeltrieb fast unbegrenzt. Laufleistungen jenseits der 250.000 Kilometer sind normal. Die recht dünne Antriebswelle der Ölpumpe, die durch eine Lagerbuchse im Block bis in den Verteiler reicht, kann im Verteileranschluss ausschlagen: Verzögert aufbauender Öldruck bei hohen Laufleistungen muss also nicht unbedingt mit Lagerverschleiß zu tun haben. Gleichwohl kommt dies fast nur bei frühen Varianten vor.

Der Ölfilter-Anschluss ist ebenso ans Kurbelgehäuse geflanscht wie das Gehäuse für Wasserpumpe und Thermostat. Direkt neben dem Ölfilter ist bei den Vergaser-Versionen die mechanische Benzinpumpe befestigt, deren Antrieb die Nebenwelle übernimmt. Die kupplungs- und steuerseitigen Simmerringe der Kurbelwelle sitzen in eigenen Deckeln. Die Motornummer samt Kennbuchstaben steht am Block auf einer Abflachung nahe des Zylinderkopfs. Oft sind die Buchstaben mit zarter Hand eingeschlagen, so dass sie kaum lesbar sind.

Der erste wassergekühlte Motor bei VW (lässt man den von NSU entwickelten K 70 außen vor) kommt noch mit einer weiteren Neuerung daher: dem Zahnriemen.

Zahnausfall…

…ist mit diesem Motor nicht zu befürchten: Der recht lange Zahnriemen treibt nur die obenliegende Nockenwelle an sowie die Nebenwelle, die für den Betrieb von Benzinpumpe plus Verteiler samt Ölpumpe zuständig ist.

TECHNISCHE DATEN

VW/Audi EA 827*

Motorbauart:
Wassergekühlter Vierzylinderreihenmotor mit obenliegender Nockenwelle und Tassenstößeln; Zahnriemenantrieb; Bosch K-Jetronic oder Vergaser Solex (diverse)

Hubraum:
1471 ccm (Bohrung x Hub: 76,5 x 80 mm)

Leistung:
85 PS bei 5800 U/min

*= Daten für den abgebildeten Motor, Kennbuchstabe ZB (1972 bis 1976). Der EA 827 wurde 1993 vom EA 113 abgelöst.

Gelegentlicher Öldurst...

...gehört zu den Problemen der frühen Versionen des EA 827. Der Gegenstrom-Alukopf neigt zu Verschleiß, und auch die Ventilschaftdichtungen härten aus – dann bläut der Motor im Schiebebetrieb gerne mal. Kurioserweise ist der Ölverbrauch dann oft nicht gleichbleibend hoch, sondern schwankt zwischen 0,5 und 1,5 Litern.

Tassenstößel...

... und doppelte Ventilfedern geben dem Vierzylinder einen sportlichen Touch – zumindest für eine Konstruktion, deren Ursprünge um 1970 liegen, ist dies durchaus aufwendig.

Der Riemen treibt Nocken- und Nebenwelle an, ein „richtiges“ Steuergehäuse gibt es beim EA 827 nicht, lediglich eine Verkleidung.

Zylinderkopf und Ventiltrieb

Einlass und Auslass befinden sich auf der gleichen Seite. Dank dieses platzsparenden Gegenstrom-Prinzips eignet sich der Motor besonders für den Quereinbau in Golf und Scirocco. Die Spannrolle des Zahnriemens sitzt steuerseitig am Alu-Zylinderkopf. Die fünffach gelagerte Nockenwelle rotiert über den Ventilen, die durch Tassenstößel betätigt werden. Zur Zeit seiner Konstruktion reihte sich der VW/Audi-Vierzylinder hiermit in die Liga der Sportler ein: Drehzahlfeste Tassenstößel boten unter anderem Alfa Romeo und Fiat in ihren rasanten dohc-Triebwerken.

Die Ventile verfügen über doppelte Federn, die Einstellung des Spiels geschieht mittels Shims (ab den Achtzigern gab es auch Hydrostößel). Diese sitzen auf den Tassen, zum Wechseln muss die Nockenwelle nicht de-

Vergaser oder Einspritzanlage?

Beides wurde in vielen Varianten verwendet. Dieser Solex-Vergaser mit kühlwassergeregelter Startautomatik stammt vom 1974er Audi 80 GL. Beim frühen Golf kamen meist Solex 34 PICT oder Solex 2B2 zum Einsatz, alternativ eine Bosch K-Jetronic.

Ein dickes Ding...

...ist das Wasserpumpengehäuse, das nicht nur die Pumpe, sondern auch das Thermostat fasst. Die Alu-Einheit ist seitlich am Block befestigt.Ungewöhnlich: In eingebautem Zustand weist der Thermostatdeckel nach unten.

Das Herz...

...des Motors ist die Zahnrad-Ölpumpe, die vom Verteiler mitangetrieben wird. Die lange Welle läuft durch eine Lagerbuchse im Motorblock.

montiert werden, allerdings benötigt man Spezialwerkzeug. Verschleiß an den Motoren findet in erster Linie am Zylinderkopf statt: Unter anderem können die Ventilschaftdichtungen aushärten, was zum berühmt-berüchtigten Ölbläuen führt. Gerade die frühen Baujahre von Audi 80, VW Passat und Co. hatten hierunter zu leiden. Auch leicht abgelaufene Nocken können vorkommen. An der Nockenauflage verschlissene Shims hingegen lassen sich leicht ersetzen. Doch zugegeben: Die meisten Schäden am EA 827 sind auf mangelnde Wartung zurückzuführen. Ist der Tausch der Zylinderkopfdichtung fällig, sollte man neue Kopfschrauben verwenden. Die frühen Versionen wurden mit Inbusschrauben ausgeliefert, mittlerweile kommen Innenvielzahn zum Einsatz.

Ein harmloser aber ärgerlicher Schwachpunkt ist die stets leckende Ventildeckeldichtung. Hierfür gibt es mittlerweile Umbausätze auf Gummidichtungen.

Wer gut pflegt, der gut fährt!

Regelmäßige Ölwechsel alle 10.000 Kilometer sowie die Kontrolle des Ventilspiels alle 30.000 Kilometer verlängern die Freude am Motor um ein Vielfaches. Wenig Sorge bereitet der Zahnriemen, er hat hat ein Wechselintervall von 100.000 Kilometern. Allerdings sollte die Spannrolle grundsätzlich mitgetauscht werden, und es schadet auch nichts, die Zahnräder der Wellen auf einwandfreien Zustand zu kontrollieren. Zahnriemenrisse beim EA 827 resultieren fast immer aus Defekten am Spanner oder den Rädern, auch mangelhafte Qualität neuer Riemen oder Montagefehler kommen häufiger vor als ein verschleißbedingter Riss.

Der EA 827 ist ein Musterbeispiel des modernen Motorenbaus – so robust und noch immer derart weit verbreitet, dass die Überholung eines verschlissenen Exemplars (noch) kaum lohnt. Etwas Besseres lässt sich über einen Automotor nicht sagen...

Meister aller Klassen

Der erfolgreichste VW-Motor aller Zeiten kommt von Audi: Mit dem „Entwicklungsauftrag 827" waren die Ingolstädter Ingenieure beauftragt, ein ursprünglich auf 1,2 Liter Hubraum ausgelegtes Aggregat als Nachfolger der Mitteldruck-Motoren zu konstruieren. Dem Team um Motorenbau-Chef Franz Hauk gelang ein Tausendsassa, der anfangs mit 1,3 und 1,5 Liter Hubraum ausgeliefert wurde. Doch schon bald wurden etliche Hubraum- und PS-Varianten angeboten, ab 1976 sogar als Diesel. Die Liste der Fahrzeuge mit Motoren dieses Typs ist ellenlang: VW Golf, Passat, Scirocco, Santana, Vento, Bora, Polo, Beetle. Audi 80, 100, A3, A4. Seat Ibiza, Cordoba, Toledo. Und sogar der Dodge Omni – ein US-Abkömmling des Talbot Horizon – hatte einen 1,7-Liter-VW-Motor unter der Haube. Wohlgemerkt wurde der EA 827 in all diesen Fahrzeugen umfassend modifiziert, teilweise wurde nur noch der Block verwendet, teils auch der Nachfolgemotor EA 113, der allerdings sehr ähnliche Konstruktionsmerkmale aufweist. Eine Liste aller VW-Audi-Motorencodes zur Typ-Identifizierung (nicht nur des EA 827) gibt's hier: www.car-bock.de/Motorkennbuchstaben-AUDI-VW. Hier ist auch der 1,1-Liter-Motor des „kleinen" Ur-Golfs und VW Polo/Audi 50 aufgeführt, der sich in diversen Details unterscheidet. So besitzt er einen Querstromkopf und Schlepphebel statt Tassenstößel. Der Verteiler sitzt hier zudem direkt an der Nockenwelle.

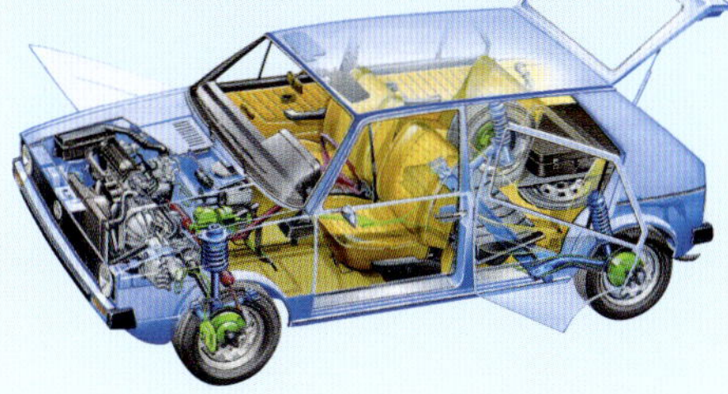

Im Dreiklang

Seziert: der Dreizylinder-Zweitakter des **Wartburg 353** im Detail

Kaum größer als ein Bierkasten...

...präsentiert sich der Dreizylinder – was nicht heißt, das er allzu leicht wäre! Der Kopf ist aus Alu, das zweigeteilte Gehäuse aus Grauguss.

Den Wartburg-Dreizylinder – im Ursprung eine DKW-Vorkriegs-Konstruktion – auf seine Einfachheit zu reduzieren, hieße, ihm Unrecht tun. Wer die Viertakt-Brille und andere ideologisch eingefärbte Sehhilfen absetzt, und den Motor nach zeitgenössischen Maßstäben betrachtet, erkennt einen kompetenten Einliter-Motor. Wir schauen bei dessen letzter Ausbaustufe ganz genau hin.

Als erstes fallen die kompakten Dimensionen des Motors auf: Viel größer als eine Mineralwasser-Kiste ist er nicht. Als zweites sein erstaunlich üppiges Gewicht: Gut 70 Kilo wiegt das Triebwerk, was im Wesentlichen dem dickwandigen, horizontal geteilten Graugussgehäuse und der massiven Vollwangenkurbelwelle, aber auch dem üppigen Schwungrad an ihrem hinteren Ende und dem Schwingungsdämpfer vorn geschuldet ist. Zwischen den Gehäusehälften des Motors aus Eisenach ist keine Feststoffdichtung vorgesehen, sondern lediglich eine dünne Schicht dauerelastischer Flüssigdichtung. Hintergrund: Es gibt keine Sicherungsstifte oder ähnliches, die vermeiden, dass sich die Hauptlager in ihren Sitzen mitdrehen, stattdessen werden sie von den nach Drehmomentvorgabe miteinander verschraubten Gehäuseteilen geklemmt.

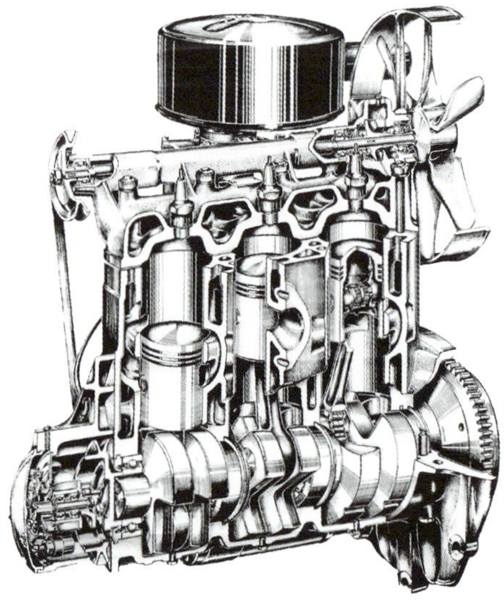

Die Dreizylinder aus Eisenach beruhen auf einer DKW-Vorkriegskonstruktion – und waren weiterentwickelt noch 1970 recht vorzeigbar.

Zündende Funken

Vorn auf der Kurbelwelle sitzt ein Schwingungsdämpfer, davor das Zündungsgehäuse mit drei Unterbrecherkontakt-Paaren. Der Unterbrechernocken...

...wird über einen Mitnehmer-Zapfen im Schwingungsdämpfer angetrieben, der dem Laufverhalten des Motor tatsächlich gut tut.

Vier dieser üppig dimensionierten Hauptlager gibt es. Es sind allesamt Kugellager, und auch die Pleuellager und die Lager der Kolbenbolzen sind Wälzlager, genauer gesagt Rollenlager. Während diese „Lagerkonfiguration" bei allen Wartburg-Kurbeltrieben gleich blieb, änderten sich die Welle und die Kurbelgehäuseabdichtung mehrfach. Am Anfang standen Teile mit Halbwangen, Wellendichtringen vorn und hinten und einer Kolbenring- beziehungsweise Labyrinthabdichtung zwischen dem mittleren Zylinder und seinen Arbeitskollegen. Unser Motor, ein 50-PS-Aggregat der letzten Ausbaustufe, stammt vermutlich aus der Zeit um 1980 und hat volle Hubscheiben. Die Kurbelgehäuseabdichtung wird hier überall durch Kolbenringe übernommen und vorn auf der Welle ist der schon am Rande erwähnte Drehschwingungsdämpfer montiert. Vor dem wiederum sitzt das Zündungsgehäuse, in dem drei Unterbrecherkontakte arbeiten. Das Gehäuse ist fest verschraubt, eine Mitnehmernase im Dämpfer besorgt den Antrieb des Unterbrechernockens.

Ein Stockwerk höher gehen die drei Leichtmetallkolben, jeweils mit drei Ringen bestückt, ihrer Arbeit nach. Ein 40er BVF-Vergaser (Berliner Vergaser Fabrik) versorgt den Motor mit zündfähigem Gemisch, der Verbrauch liegt bei neun bis zehn Litern Benzin-Ölgemisch (1:50). Der Zweitakter aus Eisenach arbeitet in bester DKW-Tradition

Gewichtige Angelegenheit

Der komplette Kurbeltrieb ist wälzgelagert, die Welle mit ihren vollen Hubscheiben auffällig üppig dimensioniert. Für eine Überholung muss sie auseinandergepresst und mit neuen Lagern, gegebenenfalls auch mit neuen Hub- und Lagerzapfen bestückt werden. Eine regenerierte Welle kostet derzeit im Austausch gut 500 Euro, mit einer Lebensdauer von rund 100.000 Kilometern kann man rechnen.

In den Gehäusehälften finden sich Nuten für die Sicherungsringe der Hauptlager und für die Abdichtung...

...des Kurbelgehäuses durch Kolbenringe – eine an dieser Stelle irreführende Bezeichnung. Frühe 353-Motoren hatten außen noch Wellendichtringe – ein echter Nachteil.

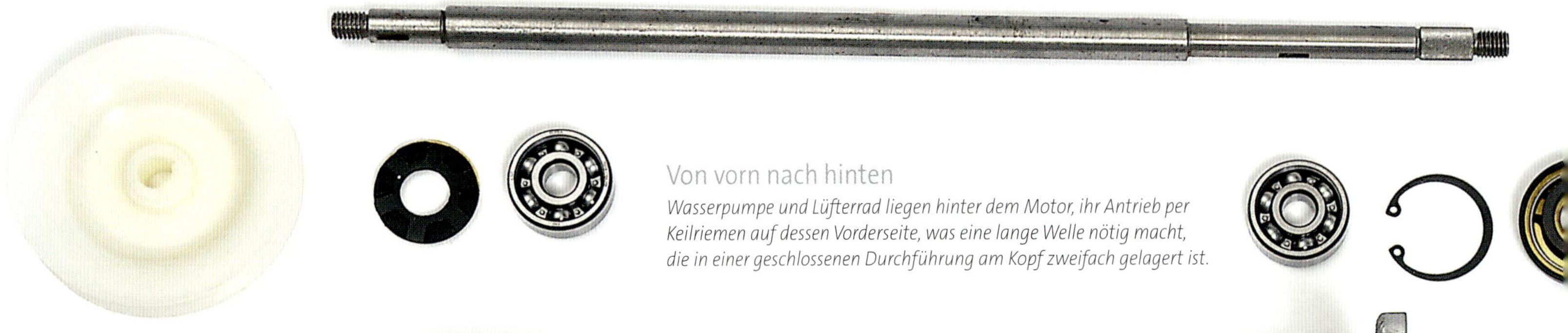

Von vorn nach hinten

Wasserpumpe und Lüfterrad liegen hinter dem Motor, ihr Antrieb per Keilriemen auf dessen Vorderseite, was eine lange Welle nötig macht, die in einer geschlossenen Durchführung am Kopf zweifach gelagert ist.

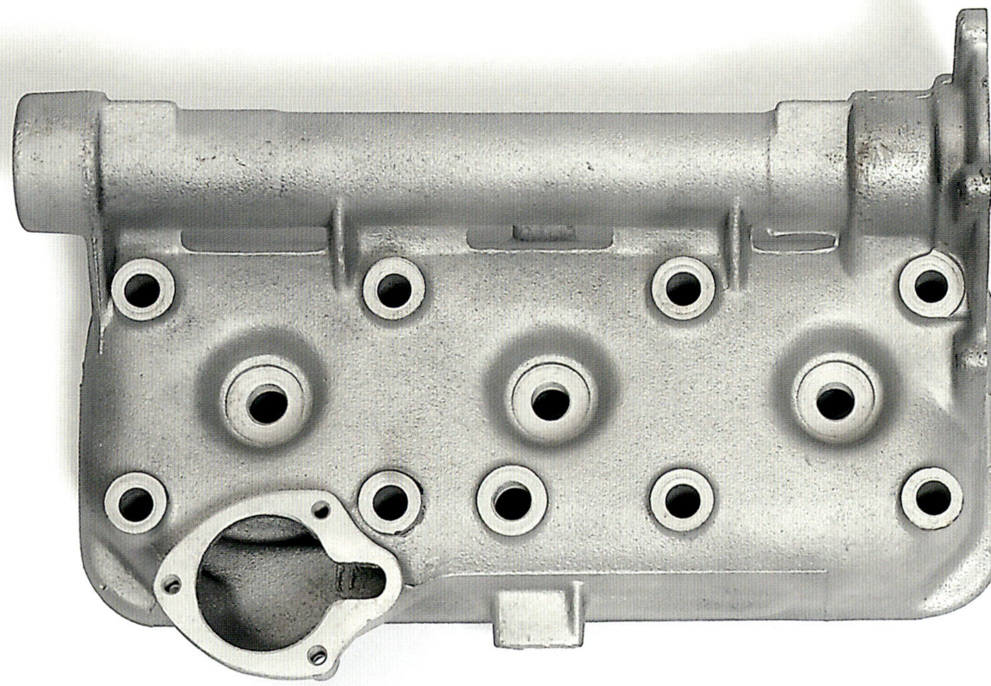

TECHNISCHE DATEN

Wartburg 353

Motorbauart:
Dreizylinder-Zweitakter, wassergekühlt, Umkehrspülung, ein 40er BVF-Vergaser (bis 1982, danach ein 32er Jirkov-Registervergaser), Verdichtung 7,5:1

Hubraum:
992 ccm (Bohrung x Hub: 73,5 x 78 mm)

Leistung:
50 PS bei 4250 U/min (bis 5/69: 45 PS bei 4500 U/min)

Max. Drehmoment:
100 Nm bei 3000

Bauzeit:
1966 bis 1988

nach dem Prinzip der Schnürle-Umkehrspülung. Im Vergleich zu den Vorgängern (311/312/frühe 353) nochmal stark modifizierte Überströmkanäle und Kolben mit entsprechenden Fenstern steigern die Leistung des 353-Aggegats auf 50 PS und machen es zum leistungsstärksten Serien-Dreizylinder aus Eisenach. Zum Vergleich: Im IFA F9 leistete der Motor in seiner Urform 28 PS. Die Mehr-PS standen allerdings nicht auf Position eins im Lastenheft der Ingenieure, viel mehr ging es üblicherweise darum, den Motor effizienter zu machen und den Kraftstoffverbrauch zu senken. Die größte „Leistungsbremse“, die Gestaltung der Einlasskanäle auf der rechten Seite des Motors, ging das Werk dann auch nie an, weshalb seinerzeit von Spezialisten für den Rennsport eigens optimierte Blöcke gegossen wurden, zunächst von dem Leipziger Siegfried Leutert, später auch von Heinz Melkus in Dresden. Diese Blöcke machten Literleistungen von 100 PS und mehr möglich – bei entsprechender Feinarbeit, anderen Vergasern etc.

Die Karriere des Wartburg 353...

...währte lang: Er debütierte am 1. Juni 1966 und war mit 45 PS Leistung, seiner durchaus modernen Pontonkarosserie, Einzelradaufhängung, rundum ordentlichem Platzangebot und einem 500-Liter-Kofferraum zunächst viel mehr als die Planwirtschafts-Notlösung, als die er jenseits der Republikgrenzen gerne gesehen wurde. In den folgenden 22 Jahren bis zur Produktionseinstellung 1988 wurde der 353 allerdings nicht entscheidend weiterentwickelt. Noch die nennenswertesten Modifikationen waren die Einführung des 50-PS-Motors im Mai 1969, ab März 1975 kamen dann vordere Scheibenbremsen, fortan hieß der Eisenacher 353 W. Ansonsten blieb es bei Retusche, wesentliche Designänderungen und insbesondere auch ein interessantes Viertaktmotor-Projekt wurden von der Politik abgesägt.

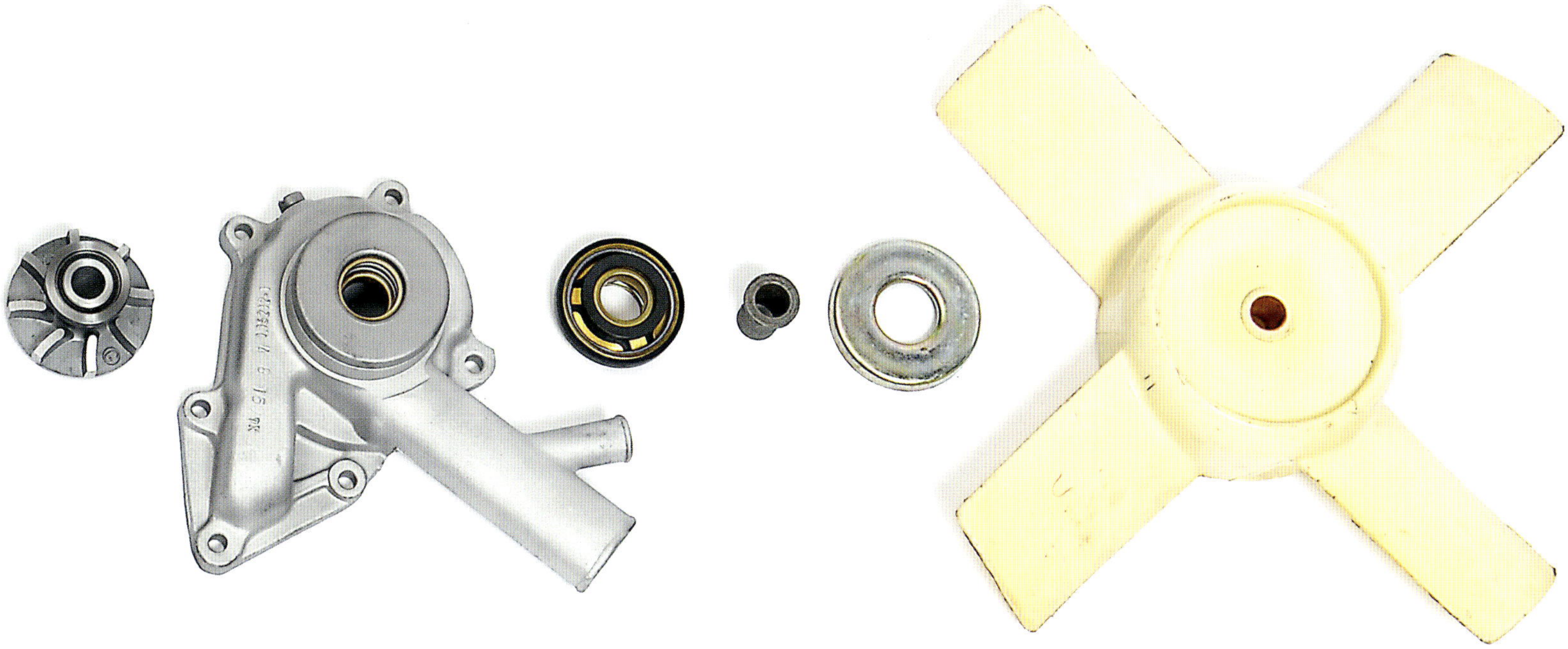

Cool bleiben

Das Kühlsystem hat nicht allzu viel Reserven, und die Wasserpumpe kann undicht werden und Folgeschäden verursachen. Die von etlichen Kühlwasserkanälen durchzogenen Alu-Köpfe können heftig korrodieren.

Immer in Bewegung

Die Kolben sind aus einer Alulegierung gefertigt. Die Größe der Überströmfenster änderte sich im Lauf der Produktionszeit. Fünf Übermaße sind lieferbar, Repro-Teile mit Vorsicht zu genießen.

Kühler, Wasserpumpe und Lüfterrad des 353 liegen in Fahrtrichtung hinter dem Motor. Den Antrieb von Pumpe und Lüfter übernimmt der Keilriemen auf der Vorderseite des Motors. Die Wasserpumpenwelle ist entsprechend lang und in einem Tunnel außen am Alu-Zylinderkopf in zwei Kugellagern geführt. Das Kühlsystem arbeitet im Normalbetrieb an seinen Leistungsgrenzen, bei langem Stop-and-Go-Betrieb und hochsommerlichen Temperaturen kann der Motor dementsprechend überhitzen, in den Händen von Vollgas-Artisten ebenfalls. Hinzu kommt, dass die Gleitlagerdichtringe des Pumpengehäuses schon einmal den Geist aufgeben (gerade nach längeren Standzeiten) und austretendes Wasser dann die Lager der Welle zerstört.

Die Lebensdauer des Wartburg-Dreizylinders wurde seinerzeit in den Informationsblättern des Herstellers mit 80.000 bis 100.000 Kilometer angegeben – bei Produktionsbeginn 1965 ein üblicher Wert, bei Einstellung der Zweitakter-Produktion 1988 dagegen kein Ruhmesblatt mehr. Die konstruktive Einfachheit der Motoren machte ihre Regenerierung aber von jeher erschwinglich – heute kostet eine Komplettüberholung üblicherweise nicht mehr als 1500 Euro.

Unterm Strich bietet sich das Bild eines Motors, dessen Eckdaten wie Leistung und Verbrauch bis Anfang der Siebziger konkurrenzfähig waren – ein 1500er VW Typ 3, ein 1500er Ford 15 M oder ein 1100er Kadett B bewegten sich bei viel höherem konstruktivem und herstellungstechnischem Aufwand auf vergleichbarem Niveau. Dann waren jedoch die Möglichkeiten der Weiterentwicklung der vorhandenen Zweitakt-Konstruktion ausgereizt und der Wartburg 353 samt seinem Motor wurde im Vergleich zur internationlen Automobilentwicklung mehr und mehr zu einem Anachronismus. Was ihm heute umso treuere Anhänger beschert.

Unter Druck

Einst versprach der **Turbolader** vor allem enorme Leistungssteigerungen bei überschaubarem Aufwand. Heute wird er vielfach gezielt eingesetzt, um wirtschaftliche und spritsparende Motorisierungen zu ermöglichen.

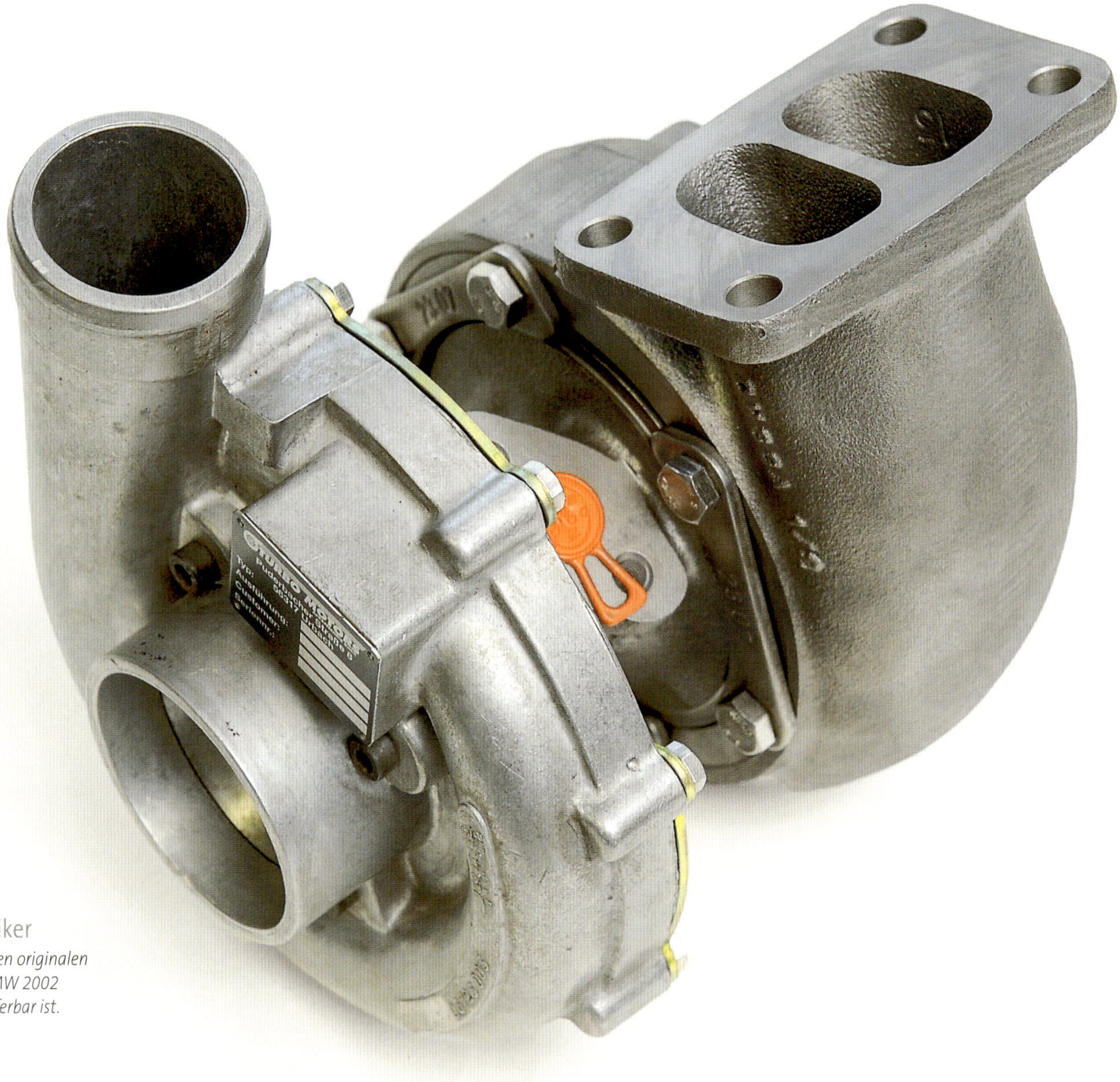

Rettung für den Klassiker

Dieser Lader ist als Ersatz für den originalen KKK/Borg Warner-Turbo des BMW 2002 vorgesehen, der nicht mehr lieferbar ist.

Gefühlt ist das Ding keine zehn Kilo schwer und nicht viel größer als eine Lichtmaschine. Doch in dem kompakten Gussgehäuse eines Turboladers steckt Leistungspotenzial fast ohne Ende. Im Serienautomobilbau blieb es zwar zunächst bei Mehrleistungen von maximal rund 50 Prozent – so zu besichtigen in Chevy Corvair, BMW 02, Porsche 911 oder Saab 99. Doch die Formel 1 der frühen Achtziger trat dann den Beweis an, dass der Lader beinahe Unvorstellbares möglich macht. 1000 PS aus 1,5 Liter Hubraum? Doch, doch, das ist hinzubekommen. Und das, obwohl sich eigentlich erstaunlich wenig in dem Gussteil bewegt!

Das Prinzip

Saugmotoren sind auf den Unterdruck im Ansaugtrakt angewiesen, den die Kolben auf ihrem Abwärtsweg in den Zylindern erzeugen, um das Frischgas in die Brennräume gelangen zu lassen.

Bei steigenden Drehzahlen reicht dieser Unterdruck nicht mehr aus, um die theore-

Aller Anfang
Die Turbinengehäuse früher Lader wie die des BMW 2002 Turbo rissen häufig.

Wenn der Druck dann doch zu groß wird...
...greift das Wastegate genannte Überdruckventil ein – im Bild ist ein Teil, das als separate Einheit in den Krümmer geschraubt wird.

tisch optimale Menge von Kraftstoff-Luft-Gemisch in den Verbrennungsraum zu saugen, was der Motorleistung natürlich Grenzen setzt. An diesem Punkt kommt der Turbo zur Hilfe: Er pumpt Frischluft mit Überdruck in den Ansaugtrakt, was die Möglichkeit bietet, mehr Kraftstoff zu verbrennen und deutlich mehr Leistung zu erzielen.

Der Lader-Aufbau

In dem mehrteiligen Gehäuse des Turboladers findet sich vereinfacht gesagt eine Turbinenkammer und eine Verdichterkammer. Das Motorabgas strömt durch den Turbinenraum und treibt das Turbinenrad. Dieses sitzt auf einem Ende einer Welle, auf deren anderer Seite das Verdichterrad in der Verdichterkammer platziert ist. Dieses zweite Rad verdichtet die einströmende Luft und drückt sie Richtung Einlasstrakt. Zwischen den beiden Kammern findet sich ein Gehäuseteil, in dem die Welle gelagert ist – im Fall des auf diesen Seiten gezeigten Laders (ein Austauschteil für den BMW 02 turbo beziehungsweise den Porsche 911 turbo), sind das zwei Gleitlager, die sich im Gehäuse drehen können. Diese „Wellenkammer" und damit die Lagerung der Welle wird durch Motoröl geschmiert. Zur Abdichtung der drei Gehäuseteile gegeneinander sind deshalb auf beiden Seiten der Welle zwei Kolbenringdichtungen vorgesehen, an den Deckeln der Kammern O-Ringe. Unterm Strich: Eine Welle auf der zwei „Schaufelräder" sitzen – mehr dreht sich normalerweise tatsächlich nicht in einem Turbolader!

Die Schwachstellen

„Bei frühen Ladergehäusen kam es häufig zu Rissen im thermisch hoch belasteten Turbinenteil, beim BMW 02 war das ein regelmäßig auftretender, irreparabler Schaden. Verbesserte Materialien haben diese Probleme praktisch abgestellt, und vom Grundsatz her arbeiten Abgasturbolader verschleißfrei, obwohl Turbinen- und Verdichterrad in normalen PKW-Ladern in der Regel Drehzahlen um die 100.000 erreichen", sagt Tom Frischkorn von der Firma Turbo-Motors in Urbach. Was in einem gewissem Gegensatz dazu steht, dass in seiner Firma seit rund 30 Jahren Turbos überholt werden...

„Das Hauptproblem sind die hohen Temperaturen – das Abgas wird bei Vollast über 1000 Grad heiß – in Zusammenhang mit der Ölversorgung und Fehlern des Fahrers. Wenn ein Turbomotor nach Vollgasfahrt abgestellt wird, ohne dem Lader die Gelegenheit zu geben, abzukühlen, verraucht das stehen bleibende Öl angesichts der Hitze sofort. Seine verkokten Rückstände beeinträchtigen dann wiederum künftig die Ölzufuhr bis irgendwann der Schmierstoffnachschub zu knapp wird und sich Riefen auf der Welle bilden. Auch mechanische Schäden an Turbinen- und Verdichterrad kommen immer mal wieder vor und sind meistens die Folge von eingedrungenen Fremdkörpern. Bei der Überholung eines

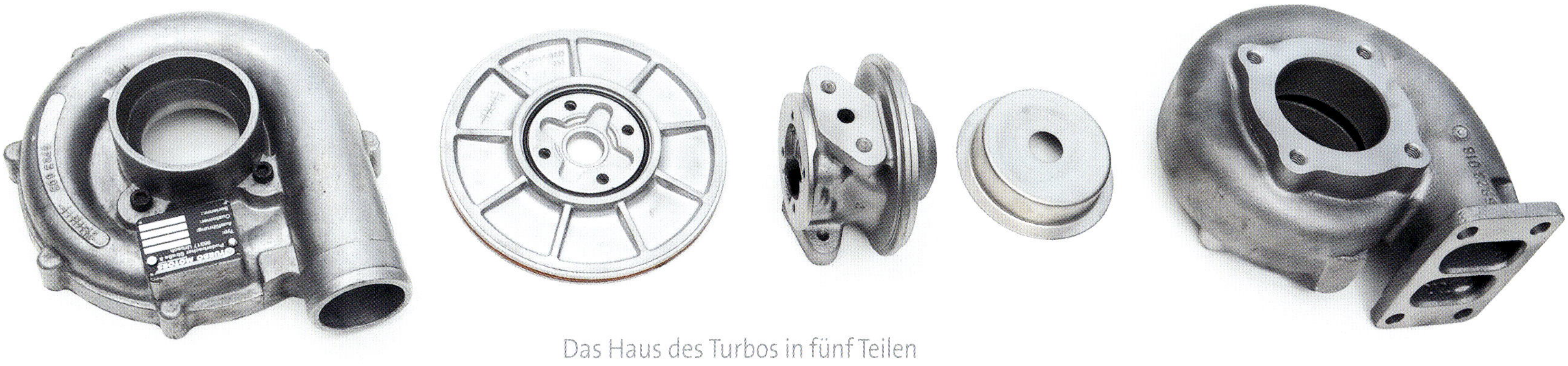

Das Haus des Turbos in fünf Teilen
Von links nach rechts: Verdichtergehäuse, Rückwand, Lagergehäuse, Hitzeschild und Turbinengehäuse

Das war's dann auch schon!

Eine Welle mit zwei Schaufelrädern – mehr bewegt sich in einem Turbolader eigentlich nicht. Kolbenringabdichtungen trennen die Gehäuseteile öldicht voneinander, die Verdichterwelle ist zweifach gleitgelagert.

Mögliche Probleme: Verkokte Ölablagerungen, riefige Wellen, deformierte Schaufelräder

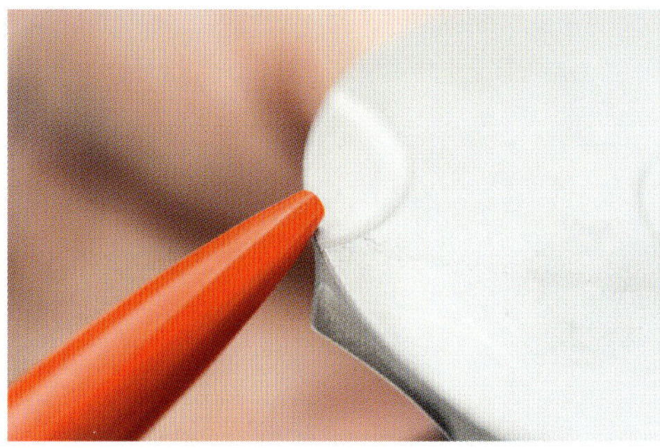

Minimaler Eingriff: Mit kleinen, in die Räder gefrästen Taschen in Turbinen- und Verteilerrad wird die Lader-Welle penibel ausgewuchtet.

Turboladers muss die Welle mit den Rädern übrigens am Ende aufs tausendstel Gramm genau gewuchtet weden, was angesichts der anliegenden Drehzahlen aber kaum jemanden verwundern dürfte."

Cool bleiben!

Die physikalische Regel ist altbekannt: Wird Luft komprimiert, erwärmt sie sich. Im Fall der Turboaufladung kann die Temperatur des Frischgases hinterm Verdichterrad bis zu 150 Grad Celsius betragen. Auch das trägt seinen Teil zur thermischen Belastung insgesamt bei, vor allem aber hat warme Luft eine geringere Dichte und somit auch weniger Sauerstoffgehalt, was natürlich Auswirkungen auf die Leistung des Motors hat. Aus diesem Grund ist in die meisten Turboladersysteme heute ein Ladeluftkühler zwischen Verdichterkammer und Ansaugtrakt integriert, in dem das aufgeheizte Frischgas deutlich heruntergekühlt wird.

Ein ganz ähnlicher Effekt lässt sich durch eine Wassereinspritzung beziehungsweise eine Wasser-Alkohol-Gemisch-Einspritzung direkt in den Ansaugtrakt erzielen. Sie wird entweder direkt per Motorsteuerung dosiert oder aber über einen Druckschalter gesteuert, und lässt sich recht problemlos auch in ältere Turbosysteme integrieren, was sowohl Leistung bringt als auch die thermische Belastung senkt.

Leistungssteigernd und materialschonend

Sowohl Wassereinspritzung (l.) als auch Ladeluftkühlung (r.) sollten ursprünglich weiter zur Leistungssteigerung dienen. Entsprechend ausgelegt senken sie aber auch die Belastungen für den Motor.

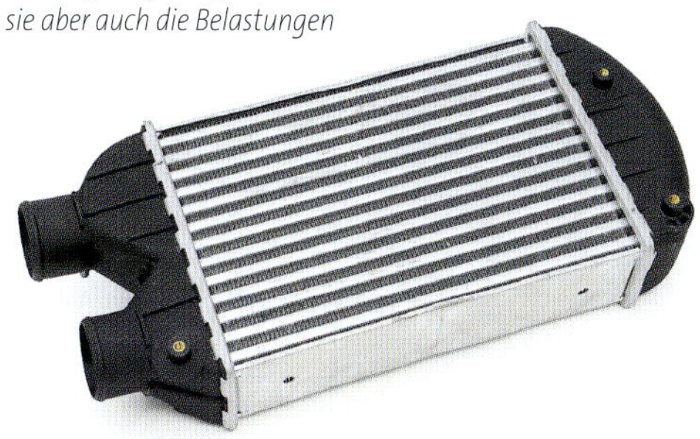

Die Vorteile des Turbos...

...gegenüber einem Kompressor liegen in seiner großen Effizienz. Sein Wirkungsgrad ist enorm hoch. Während der Kompressor über einen Riemen oder eine Verzahnung vom Motor angetrieben wird und so erst einmal Kraft frisst, stellt sich beim Turbolader nämlich gerade einmal das Turbinenrad dem Abgasstrom entgegen. Je nach Größe beziehungsweise Gewicht des Turboladers oder genauer gesagt seiner Verdichterwellen-Baugruppe bringt das aber ein Problem mit sich: Der Abgasstrom muss erst einmal einen entsprechenden Druck entwickeln um die Turbine zu wirksamer Mitarbeit zu überreden. Bei niedrigen Drehzahlen tut sich nichts bis wenig – wir befinden uns dann im so genannten Turboloch. Überschreitet die Drehzahlmessernadel aber eine gewisse Schwelle, geht's umso heftiger voran. Beim Beschleunigungsrennen mag das Unterhaltungswert haben, im Alltagsverkehr ist diese Charakteristik früher Turbos aber eher nervig. Am Rande: Bei den ersten, wenig erfolgreichen Turbomotorrädern war die Sache sogar ausgesprochen gefährlich. Wer in voller Schräglage am Scheitelpunkt einer Kurve am Gasgriff zog, hatte sehr, sehr schlechte Karten, wenn dann der Lader einsetzte...

Womit auch schon die Grenzen der Möglichkeiten des Turbos (abseits der Rennstrecke) aufgezeigt wären: Er lässt sich, um die Leistung weiter zu erhöhen, nicht einfach beliebig vergrößern, ohne dass dies Probleme mit der Gesamtcharakteristik des Motors mit sich bringen würde. Auch der Ladedruck lässt sich nur bedingt erhöhen, da mit ihm die Belastungen für die Innereien eines Motors stark steigen. Nicht umsonst quittierten beispielsweise mit einem May-Turbo nachgerüstete, scharf gefahrene Ford Capri umso schneller den Dienst, je mehr ihre Fahrer am „Dampfrad" spielten, mit dem sich der Ladedruck regeln ließ!

In der roten Zone: In der Kammer des Turbinenrads geht's heiß zur Sache.

Bei den meisten älteren Turbos lagert die Verdichterwelle im mittleren Gehäuseteil.

Das Verdichterrad presst die Luft meist mit rund 0,5 bis 0,8 bar Überdruck...

...durch den Auslassstutzen zum Einlasstrakt. Oft dazwischen: ein Ladeluftkühler.

Zuviel schadet nur: Eine Druckdose direkt am Lader betätigt über eine...

...Stange das Wastegate genannte Überdruckventil im Turbinentrakt, das Abgas am Turbinenrad vorbei lässt und so dessen Drehzahl senkt.

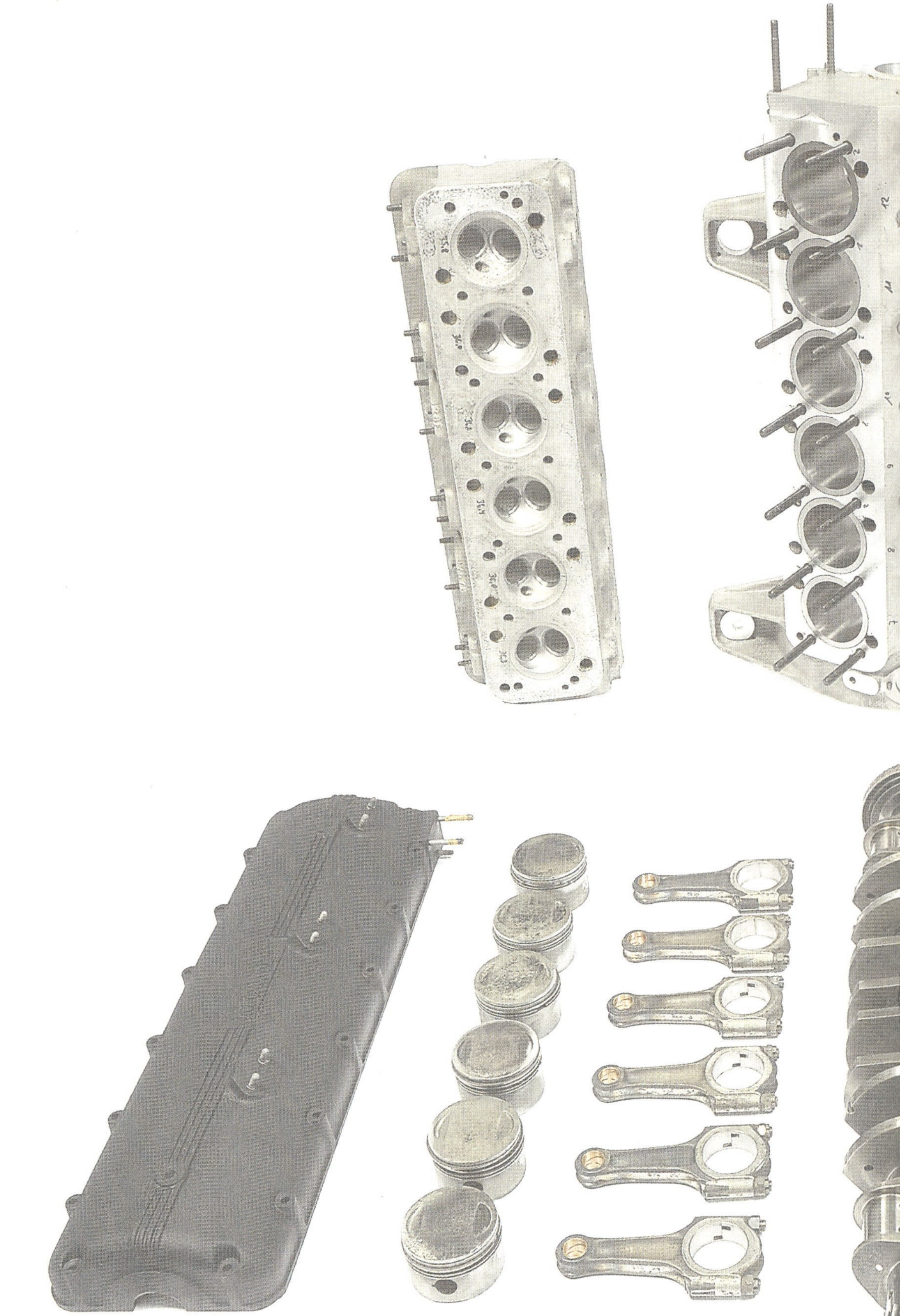